# 理工系のための数学入門

Introduction to Mathematics for Science and Engineering learners

# 確率・統計

菱田 博俊 ● 著

Probability and Statistics

Ohmsha

# はじめに

ビッグデータ時代、AI 第三世代などと言われていますが、人間が何をすべきかという、人間の役目（評価基準？）が根底から変わりつつあります。

その中で、データの取捨選択から分析評価までを適切に行う能力は、文部科学省もうたっている通り、とても重要と言えます。他方、高校の数学 A には場合の数と確率の話が、数学 I 及び B には統計学の基礎部分の話が載っていますが、高校ではいまだ幾何学や解析学のようには力を入れていない（入れられない）とも聞きます。

そこで、高校生（場合によっては中学生）から社会人までを広く対象とした、「基本的な統計学的手法を即道具として使えるようにする」入門書を執筆することとしました。データや AI の話に触れつつ、確率、集合の話から推定、検定の話までの基本と本質的な考え方を網羅しました。また、読者の皆さんがその手で確認しながら体得していく演習形式になっています。統計学ユーザーにこれからなろうとしている老弱男女の皆さんが、取りあえずこれだけできれば、身近なちょっとしたデータ処理は 9 割方できるようになると期待しています。

大学受験や企業内研修などにも、広く役立てて頂ければ幸甚です。

本書は 12 章構成です。順番に学習してください。大学で、連続した 14 回程度の講義で使用する場合などには、原則として毎回 1 章分を学習した後に、試験を実施し、その結果を振り返って頂ければよいでしょう。

各章のページ数は極力合わせましたが、それでもなお、内容の違いにつき、やむを得ずバラつきが発生しました。特に、第 12 章は初学者にはいささか高度な内容なので、状況次第では省略して、代わりにページ数の多い章を 2 回分に分割して頂ければよいと思います。

各章とも、必要に応じて「例」を挙げて原理や概要を解説し、「類題」でそれを確認しながら補強しています。そして、「Excel の問題」で実際に読者の皆様に PC を使って数値を取り扱って頂く構成になっています。例と類題は有機的に配列していますので、飛ばさずに学習してください。

　また、学習した内容の定着に役立つよう、各章とも、章末にできるだけたくさんの「練習問題」を用意しました。💎の数は難度を示します。簡単な問題から頑張って挑戦してみてください。

　統計学（science of statistics）は、見えている一部のデータから、見えていない真実を予測するための道具だと考えます。

　予測するには、単なる希望や憶測ではいけません。そこに論理展開が必要です。集合や確率の考え方は、基盤理論としてそれを支えます。

　また、学問と言わずに道具と言ったのは、使いこなせて初めて意味があるという思いがあります。つまり、知っているのではなく、使えることが重要なのです。道具は、良いに越したことはありませんが、たとえ、その道具がそこそこでも、それを使いこなせたときは、おそらく良い道具を使いこなせなかったときより良い効果を得られるものと確信しています。つまり、統計学を学ぶ目的は、統計学を道具として使いこなせるようになることと言えます。

　ところで、見えない真実は、とても貴重、……宝物のようです。データの中に宝物が隠れていることが、たくさんあるはずです。統計学は宝探しと言えますね。さあ、この本を読んで、隠れた宝を探し出しましょう。

　最後に、本書の編集・組版を頂いた Green Cherry、それと出版の協力を頂いたオーム社に謝意を表します。

令和 2 年 3 月

菱田　博俊

工学は、
　　人間社会の為に有意義な物や仕組みを、創出する
　　　学問です。

確率統計学は、
　　それを実現する為の助けとして、
　　　見えている現象から見えない真理に少しでも近づく為の
　　　　道具です。

# 目　次

## 本書中の「Excel の問題」について

　本書中にある「Excel の問題」の内容を PC で実行したことによる直接あるいは間接的な損害に対して、著作者およびオーム社は一切の責任を負いかねます。

　この「Excel の問題」で解説している実行方法は、2020 年 3 月時点のものです。将来にわたって保証されるものではありません。

　Excel は頻繁にバージョンアップがなされています。このため、本書で解説している実行方法で実行できなくなることもありますので、あらかじめご了承ください。

　本書の発行にあたって、読者の皆様に問題なく実践していただけるよう、できる限りの検証をしておりますが、以下の環境以外では構築・動作を確認しておりませんので、あらかじめご了承ください。

- PC 本体：Windows 10 Pro 64 bit（CPU：Intel Core i5、メモリ：8 GB)
- Excel 環境：Microsoft Excel 2016

　また、上記環境を整えたいかなる状況においても動作が保証されるものではありません。ネットワークやメモリの使用状況、および同一 PC 上にある他のソフトウェアの動作によって、本書のプログラムが動作できなくなることがあります。併せてご了承ください。

　本書の購入者に対する限定サービスとして、本書に掲載しているソースコードは、以下の手順でオーム社の Web ページからダウンロードできます。

① 　オーム社の Web ページ「https://www.ohmsha.co.jp/」を開きます。
② 　「書籍検索」で『理工系のための数学入門 確率・統計』を検索します。
③ 　本書のページの「ダウンロード」タブを開き、ダウンロードリンクをクリックします。
④ 　ダウンロードしたファイルを解凍します。

　なお、本書に掲載しているソースコードについては、オープンソースソフトウェアの BSD ライセンス下で再利用も再配布も自由です。

## 第 1 章

# データ取扱いの心得

まず本章で、データの取り扱いについて学びましょう。例えば、健康診断では、身長と体重を測り、これらをもとに健康の指標としてBMI 指数[1,2] を計算し、肥満度を考察します。ここで、身長、体重、BMI 指数がデータであり、これらのデータを分析することで肥満度が推論できます。この章で、データを取得してから推論するまでの全体的なイメージを押さえてください。ビッグデータ[3] 時代にしっかり対応できるよう、データ取り扱いの基本を学んでいきましょう。

## 1.1　何のための確率・統計か

　学歴社会の是非はともかく、多くの日本の高校生が大学受験に際して偏差値（117 ページ）に振り回されています。最後の模擬試験でとった偏差値が 58 の人は、偏差値 65 が必要の希望の国立大学を受けるか、ランクを下げるか迷うこともあるでしょう。偏差値の高い大学を卒業すれば、幸せになれるとは限りませんが、入れる大学に入るという考え方も本末転倒かもしれません。

　第一志望の大学に何浪してでも入りたいという信念があれば迷わないのでしょうが、実際にはいろいろな問題がのしかかってきます。妥協したからといって、一概に責められるべきではないでしょう。

　ここで、妥協の根拠は、覚悟（納得）するうえで重要です。例えば、家が貧しく給料のよい会社に早く就職したいという事情があれば、合格可能な範囲で

就職有利な大学（得てして偏差値の高い大学）を受験する決断ができます。もちろん必ず入試に受かるとは限りませんので、家計状況や社会経済状況などを勘案し、どの大学を受けるか、最悪一浪は我慢するか、などと検討を重ねることになります。

このように、人生ではとかく情報に基づいて判断することを求められます。さらに、AI[4~7)]が台頭した昨今、人間が頭に蓄えている知識自体の価値は下がり、専門家ですら AI に適わないと言われ始めています。このような時代に適応して、人間でないとできないこと、すなわち、課題を設定し、それに対して情報を入手し覚悟をもって判断することこそ、できるようになりたいものです（図 1.1）。

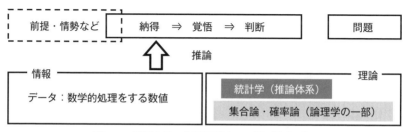

**図 1.1　情報を用いた問題解決への道（模式図）**

---

### 類題 1.1

　過酷な環境で使う機械を、1 種類の材料だけで作るとします。調査の結果、最終候補材は材料 A と B になりました。これらについて、主要な四つの強さの指標[18)]を測定し、表 1.1 の結果を得ました。そして、互いに比較できるよう偏差値に換算しました。

**表 1.1　強さ試験の結果**

|      | 材料A | 材料B |
|------|------|------|
| 靱性 | 66 | 62 |
| 硬度 | 71 | 75 |
| 耐食性 | 69 | 64 |
| 破断強度 | 68 | 73 |
| 平均 | 68.5 | 68.5 |

(1) 最も必要な強さが、確率 24% で靭性、29% で硬度、18% で耐食性、22% で破断強度、7% でその他であるらしいとの情報を入手しました。どちらの材料を選びますか。

(2) 全くそういった情報が入手できない場合、どちらの材料を選びますか。

**答え**

(1) まずは簡単に考えてみましょう。靭性と耐食性は材料 A がよいので、足して確率 $24 + 18 = 42\%$ で材料 A が有利です。他方、硬度と破断強度は材料 B がよいので、足して $29 + 22 = 51\%$ で材料 B が有利です。$51\% > 42\%$ ですから、材料 B を選ぶほうが確率論的には正しいと言えます。

(2) 情報は、表 1.1 に限られます。平均がわかりやすい指標になりますが、あいにく同じですね[19]。しからば、例えば「強さの最大値」と「安定した強さ」のどちらかを優先させることにしましょう。

前者ならば強さ 75 を硬度でマークした材料 B を、後者ならば強さ間のバラつきが小さい材料 A を選ぶべきでしょう。臨機応変に判断しながら、納得することが重要です。

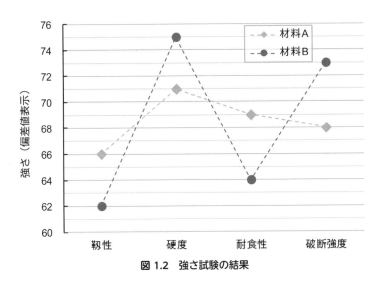

**図 1.2 強さ試験の結果**

図 1.2 に、強さ試験の結果を示します。数値をグラフにすると
見た目でよくわかりますよ[20]。

# 1.2　データの流れ

上記の通り決断するためには納得感、言い換えれば理屈を必要とします。確率統計は、不確かなことを決断するための理屈を提供してくれる「道具」です。

確率統計により、情報を数学的に処理して推論を導き出します。推論するための定量的な情報を、特に**データ**と呼ぶことにしましょう。

この節では、データを取得してから何らかの結論を出すまでの過程を大まかに把握しましょう。図 1.3（次ページ）に、データの流れを示します。

① 　データ取得：必要なデータとその高品質な取得方法を熟考します。
② 　データ管理：保管や処分のやり方やルールなどを議論し、いつでも安全に使えるようにします。
③ 　データ分析：取得したデータの特徴を求め、そこから隠れた真実を推定します。
④ 　結論導出：仮説、条件、前提等を踏まえて、推定内容を正確に理解したうえで、覚悟を決めて判断をします。

それぞれの過程で実施する詳細な内容については、後続の節で述べます。

細かい作業を実際にしていると、その意義や目的を見失ってしまうことも出てきます。具体的なデータ処理を行っているときにも、自分がいま行っている処理が、全体の流れのどの部分で、どんな役割を持っているのかを常に意識するようにしましょう。そうすれば、データの取り扱い能力も向上します。

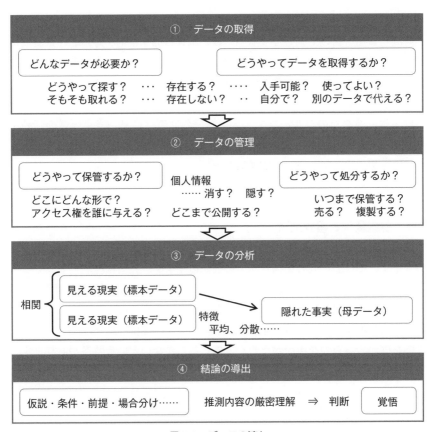

**図 1.3　データの流れ**

# 1.3　データの取得

　取得したデータから、まずは現状を把握します。続いて、未来を推定（予測、予見）します。これらの作業には、何より高品質なデータが不可欠です。たとえ、深層学習ができるニューラルネットワーク[4~7]のような優れた道具を用いたとしても、高品質なデータがなければ高精度の推定は不可能です。

　ビッグデータ時代の今日、高品質なデータを持つ意義は大きいです。無駄なく効率よく高品質のデータを得ることに、多くの人が知恵を傾けています。

## (1)　目的データ

　時間と費用を掛けて調査をする際には、調査目的を検討、理解し、最終的にどのようなデータを取得したいのかがブレないようにすることが肝心です。最終的に取得したいデータを**目的データ**と言います。目的データとは結論を導くために必要なデータです。

　例えば、あなたのグループで、メンバーの健康度に基づき、今後の活動を検討することにします。この場合、健康度が目的データとなります。ここで、データを提供するメンバーは**被験者**と呼ばれます。

　なお、データを物や事象から得ることもあります。

## (2)　主観調査と客観調査

　健康度には心理的な側面と生理的な側面があり、それらが一致しないこともあります。そこで、両方を調査する必要があります。

　心理的健康度は、被験者に尋ねることでわかります。具体的には、図 1.4 のような目盛りを用意し、チェックしてもらうような調査になります。このような被験者に直接聞く調査を**主観調査**と言います。主観調査で得たデータには、真偽を確かめる有効な手段が乏しく、信じるしかないという特徴があります。

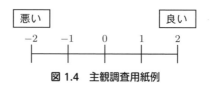

**図 1.4　主観調査用紙例**

　生理的健康度は、血圧や肥満度などの測定値や、BMI 指数などの指標値で表されます。BMI 指数は、身長と体重から簡便に計算できるので、精度は落ちますが多用されています。これらの測定値や指標値は、誰が調査してもほぼ同じになるという特徴があり、このような調査を**客観調査**と言います。

## (3)　直接データと間接データ

　次に、データを別の視点からみてみましょう。

　身長と体重などの測定データは、それ自体を直接取得できるので**直接データ**と言います。直接データは、調査しさえすれば確実に取得できます。

対して、BMI 指数のように別の情報から計算されるデータもあります。このデータは直接取得できないので、**間接データ**と言います。間接データの精度は、元データの精度を上回ることはあり得ません。したがって、統計調査においては、できるだけ直接データを取得すべきです。

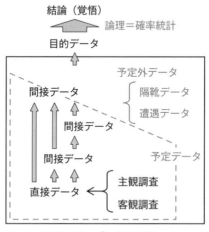

**図 1.5　データの分類**

## (4)　予定データと予定外データ

また、別の分類をします。予定して得たデータを**予定データ**、そうでないデータを**予定外データ**と言います。

先の例では、BMI 指数を求めるために身長と体重を調査したのだから、これらは全て予定データです。統計調査を成功させるには、しっかり計画し、予定データを過不足なく取得することが肝心です。被験者への負担や分析の手間を考えて、取得すべきデータを厳選しましょう。

しかし、最初から目的データが明確とは限りません。この場合には、次の予定外データをとります。

まず、目的データに近いと思われるデータを目指して、いろいろとデータの収集や処理を試みます。このようにして収集や処理されたデータを、かゆい部位に手が届かずかけないみたいなので、隔靴データと呼ぶことにしましょう。

また、データ処理をしているうちに、有益なデータの存在に気づくこともあります。これを遭遇データと呼びましょう。

本当の発見は予定外データにあることが多いです。取得したデータを、一生懸命分析して、隠れて見えなかった予定外データを見つけ出すことが肝心です。

**類題 1.2**

I 君は、高精度と定評のある深層学習ソフトウェアを入手しました。さっそく、Web 上から簡単に入手できるいくつかのデータを使って学習させました。高品質な推定結果を得られるでしょうか。

**答え**

Web 上から簡単に入手したデータが高品質とは思えません。ソフトウェアは良いに越したことはありませんが、データから導かれる推定精度を上げるためには、データ自体の品質こそが重要です。

> よい教育を受けることが大事なのは、人も機械も同じですね。

**類題 1.3**

近年、イヤフォンが原因の難聴が、若者を中心に世界的に増加しています[8~10]。そこで、周囲のイヤフォン使用者の耳年齢について調べました。本来、年齢相応に聞こえる周波数がありますが、耳年齢とはどの高さの周波数まで音が聞こえるかを測定し、相応の年齢を逆算したものです。調査に当たっては、イヤフォンをどの程度使っているかについても併せて尋ねることにします。

(1) 耳年齢は直接データと間接データのいずれでしょうか。
(2) 耳年齢は目的データでしょうか。
(3) 「イヤフォンをどの程度使っていましたか」という尋ね方は適切でしょうか。

| 答え |
| --- |

(1)　間接データ。聞こえた音の周波数が直接データです。

(2)　目的データです。イヤフォンをどの程度使っているかも目的データです。

(3)　不適切です。「毎晩寝る前に少し」「う～ん、あまり」「塾の行き帰りにたまに」「仕事の必需品だ」などのさまざまな回答が出てきて、調査後の処理に困ります。

# 1.4　データ倫理

## (1)　データの管理

　データを取得したら、それを使える状態に保持しつつ、特に個人情報が漏洩しないように管理しなければなりません。さらに、万一漏洩しても内容がわからないように暗号化する、個人名を切り離すなどの工夫を施します。

　一方、取得したデータが将来また必要になることもあります。そのときに備えて、データをいつ、どこで、どうやって、なぜ取得したのか、どのようなデータなのかをできるだけ詳細に記録しておくことも大切です。

## (2)　被験者への配慮

　個人情報を取得する際には、被験者に説明書を渡して説明し、同意を得て同意書に署名をもらう必要があります。

　情報提供の際には、アンケートへの記入や採血などのさまざまな負担が、被験者に掛かります。狭義には被験者を実際に傷つけるデータ取得方式を、広義には被験者に許容以上の苦痛を与えるデータ取得方式を、**侵襲式**と言います[21]。対義語は非侵襲式です。基本はもちろん、「極力、非侵襲式で」データを収集するのが望ましいと言えます。

## (3)　データに対する心構え

　身のまわりには、膨大な情報が溢れかえっています。情報化社会においては、有益あるいは有害な情報を選別し、利用や棄却する能力が問われます。情報に埋もれず、悪意のある第三者に個人情報を盗られないように身を守らねばなりません。

　取得したデータと、そこから導き出された結論には、データを取り扱った人の価値観や人間性が表れます。誰もがデータを扱う時代ですが、データの取り扱い方は人によって千差万別なのです。人から安心してデータを任してもらえる人になることが大切です。

## 類題 1.4

　18 人に対して、身長、体重、自覚健康度を無記名アンケートします。アンケート用紙の管理上の注意事項を挙げましょう。

### 答え

　少人数なので、筆跡などで個人を特定されない配慮が必須です。そのためにも、適切に保管します。アンケート用紙は施錠できる閉空間に入れ、鍵は責任者が持ちます。また、電子化したデータがあれば、それをパスワードでアクセス制限し、念のため暗号化します。

　一方、適切な人がデータを正しく、スムーズに使えるような配慮も必要です。そのために、いつ、どこでなどの調査内容に関する記録も併せて保管します。

## 類題 1.5

　次の各調査が侵襲式かどうかを考えましょう。

- (1) 脳波計を使って、睡眠の質を調べました。
- (2) 友人のせきがひどいので、本人に断って血中酸素濃度を測定しました。
- (3) ストレス度の測定をするために、指先から少しだけ採血しました。
- (4) 人体にかかわる調査をするために、自分の骨格を CT スキャンしました。
- (5) イヤフォンをこれまで何時間使ってきたかをアンケート調査しました。
- (6) 病歴についてアンケート調査しました。

答え

> どちらか迷うときは、侵襲式として考えて注意するのが無難です。
>
> (1) 侵襲式（心の作用を測定されてしまいます）。
> (2) 非侵襲（指先にクリップ形の測定子を挟むだけで、危険はありません）。
> (3) 侵襲式（採血は明らかに侵襲式です）。
> (4) 侵襲式（放射線を浴びてしまいます）。
> (5) 非侵襲式（被験者にかかる負担はアンケートに答える手間ぐらいでしょう）。
> (6) 回答が非強制であれば非侵襲式（治療に必要であれば、強制でも仕方ありません……）。

# 1.5 データの分析と考察

## (1) データの数学的処理

いくら時間をかけて集めた高品質なデータを基にしても、その後の処理に信頼性がなければ説得力はありません。つまり、誰もが立場によらず信頼することができる、客観性が担保された結果を得るために、数学を使って処理をするのです。統計学[11, 12, 22]は、この数学的処理の方法論を掘り下げます。そしてそれを、集合論[13]や確率論[14, 15]などの論理学[16]に属する理論が援護射撃しています。

統計学を用いたデータ処理は、さまざまです。例えば、取得したデータ群の特徴を明らかにしたり（第3、6、7、8、12章）、複数のデータ群の特徴を比較したり（第4章）、それらの関係性を議論したり（第4、5章）、さらには複数のデータ群から新しいデータを作り出したり（前述のBMI指数）します。

実際には、調べたい対象全数（**母集団**と言います）からデータを取得できないことが大半でしょう。したがって、取得した一部のデータ（**標本集団**と言います）から対象全体を推定（第9〜12章）する方法も必要です。

## (2) 結論の導出

そして、データからわかることを総合して、場合によってはデータからは読

み取れない情勢や仮説も加えながら、目的としている課題に対してどんなことが言えるかを論理的に考察し、結論を導きます。すなわち、データを取り扱うまでは「見えなかった」知見を、見つけ出すのです。

　データの取得から処理までが同じでも、人によって結論が異なることも少なくありません。それもまた、人間の成す人間のための行為ならではでしょう。データ処理をする人は、可能性の探索（想像）、今回達成できなかったこと（今後の課題）なども、結論とともに列挙し、それをメッセージとして残すことが大切です。

## 章　末　問　題

**1.1**　「予」が付く語句について、次の各問に答えなさい。

> 予測・予見（＝推定）：推論により未来を論じる行為。
> 予想・予期：ある基準に基づき期待して未来を論じる行為。
> 予報：科学モデルに則り合理的に未来を論じる行為。
> 予言：ある物事を実現前に言明する行為。主として神秘的現象を対象とし、呪術や宗教に用いられる。
> 予知・予感：前もって認識する行為。
> 予断：不完全な証拠に基づく未来への見解（判断）。
> 予定：意志を伴う未来の行為。

(1)　上記の語句のうち、内容に対する客観的根拠がないのはどれですか。

(2)　上記の語句のうち、確率論的根拠に基づいてなされるのはどれですか。

(3)　以下の五つの行為を、左から理論的といえる順番に並べなさい。
　　　予断　　予報　　予測　　予言　　予想

**1.2**　次のいくつかの語句どうしの関係について簡単に説明しなさい。

(1)　情報　　データ

(2)　予測　　予報　　予言　　予定

(3)　主観調査　　客観調査

(4)　直接データ　　間接データ　　予定データ　　隔靴データ
　　　遭遇データ

**1.3** 被験者からデータを得る際について、次の各問に答えなさい。

(1) 同意書には必ず署名してもらうべきか述べなさい。

(2) 自由回答肢形式の質問を 30 個用意しました。質問数が多いかどうか述べなさい。

(3) 謝礼は用意すべきか述べなさい。

(4) スマホやインターネットで回答を得ることに問題はあるか述べなさい。

(5) 被験者へのデータ分析結果の報告義務はあるか述べなさい。

**1.4** 統計学とは本質的にどのような学問と本書では解説しているか、簡潔にまとめなさい。

**1.5** データと真実の関係について、次の各問に答えなさい。

(1) 全数調査は常にできるか述べなさい。

(2) 身のまわりのデータや情報を列挙しなさい。

(3) 上記で挙げたデータや情報を、日頃それと認識して暮らしているか述べなさい。

(4) 情報は常に真実を表していると言えるか述べなさい。

(5) 情報は常に正確に得られると言えるか述べなさい。

**1.6** データ（情報）取得の際の注意事項について、次の各問に答えなさい。

(1) 被験者に負担が掛かるデータ（情報）の例を挙げ、なぜ負担が掛かるのかを簡単に説明しなさい。

(2) データ（情報）取得の際に重要なことを、簡単に述べなさい。

**1.7** 類題 1.4（10 ページ）の続きで、「累積使用時間」を目的データとして、イヤフォンをどの程度使っていたかを尋ねることにしました。

(1) 累積使用時間を目的データとしてよいか述べなさい。

(2) 累積使用時間だけで耳がどの程度傷んでいるかを論じられるか述べなさい。

(3) 累積使用時間は、直接データとして取得できるか述べなさい。

(4) 累積使用時間のデータを得るにはどのような尋ね方をすればよいか答えなさい。

💎 **1.8**　統計調査の報告書作成に関して、次の文章の空欄を埋めなさい。

　　　[ ① ]データを得た後には、結果を[ ② ]やグラフ等を用いてわかりやすく整理します。[ ① ]データが得られなかった場合には、できるだけそれに[ ③ ]データが得られるように統計学的な工夫を行います。

　　　データから[ ④ ]を考察する際には、論理的に導かれる[ ⑤ ]、[ ⑥ ]に基づいた可能性、単なる希望的な憶測などを明確に区別して、もともとの統計調査目的から外れないように、言いたいこと、言えることをまとめます。また、「データが足りなかった」等の[ ⑦ ]も記述しましょう。

💎 **1.9**　統計学でデータをどのように取り扱っていくかについて、次の各問に簡潔に答えなさい。

(1)　収集したデータの管理の際に厳守すべきことを挙げなさい。

(2)　収集したデータの分析に関する基本理念を述べなさい。

💎 **1.10**　ビッグデータを説明した次の文章を読み、各問に答えなさい。

　　　ビッグデータの定義はさまざまですが、「従来のデータベース管理システムでは記録、保管、解析が難しいような巨大なデータ群[17]」と一般的に解釈されています。ビッグデータは概して[ ① ]がさまざまで、時々刻々と[ ② ]が増え続けます。従来はデータとして扱い切れなかったビッグデータを③記録、保管し、④素早く解析することで、斬新な事実や仕組みを見出すことができると期待されています。

(1)　文中の①と②に適切な単語を入れなさい。

(2)　Web 上のビッグデータに該当するデータを挙げなさい。

(3)　一般の生活環境中のビッグデータに該当するデータを挙げなさい。

(4)　下線③に「記録、保管」とあるが、Web 上のビッグデータはどこに記録、保管されているか、述べなさい。

(5)　下線④に「素早く解析する」とありますが、そのために必要なことを挙げなさい。

(6)　ビッグデータにあてはまるのは、次のうちどれか、述べなさい。
　　　構造化データ　　非構造化データ　　定型データ　　非定型データ
　　　自己免疫性　　環境対応性　　時系列性　　リアルタイム性

(7)　ビッグデータを運用するうえで注意すべきことを考え、述べなさい。

**1.11** それぞれの場合に、データを新たに取得する具体的手法を述べなさい。

(1) 個人に直接尋ねる場合

(2) 結果的に個人から取得する場合

(3) 現象や社会を観察する場合

**1.12** 次の文献を、信頼性がある順番に並べかえなさい。

査読論文（真偽の審査を受けた論文）　　学会報告　　新聞記事や TV 情報

特許　　広告　　行政広報　　週刊誌　　Web 上の情報（発信者無記名）

〔総和〕

$$1 + 2 + \cdots + n = \sum_{k=1}^{n} k = \frac{1}{2}n(n+1)$$

(初項 $a_1$、末項 $a_n$、項数 $n$ の等差数列の合計) $= \frac{1}{2}n(a_1 + a_n)$

$$\sum_{k=1}^{n} k^2 = \frac{1}{6}n(n+1)(2n+1)$$

$$\sum_{k=1}^{n} k^3 = \left\{\frac{1}{2}n(n+1)\right\}^2$$

〔階乗〕

$$1 \times 2 \times \cdots \times n = \prod_{k=1}^{n} k \quad (n! \text{ と書きます。} 0! = 1 \text{ です})$$

Excel では、=FACT(n) という式で階乗の計算ができます。

第 **2** 章

# 確率集合論の基礎

この章では、高校で学ぶべき集合と確率の基礎を復習しながら、集合の考え方が確率の考え方につながっていることを学びます。順列や組合せについて具体的な例で考える際に、集合の考え方を利用すると全体を明るく見通せます。

それぞれの問題を解くときに、順列を使うのか、組合せを使うのかを判定できるようになりましょう。

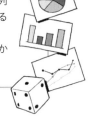

## 2.1　集合論の考え方

この節では、基本的な用語や式を**ヴェン図**[*1]を介してまとめます。式を駆使して問題を解くのもよいですが、ヴェン図から集合同士の関係性を考えることこそが**集合の本質**です。式とヴェン図が頭の中で連動できることが理想的です。

**例 2.1**

1〜20 の自然数を分類してみましょう。ここで、分類すべき対象である 1〜20 を、**要素＝元**と言います。要素数が少ない場合には、イメージを得るためにも、全ての要素をヴェン図で分類するのがお勧めです（図 2.1）。

---

[*1]　考案したイギリスの数学者 John Venn の名にちなんでいます。

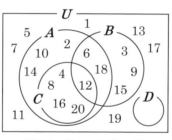

**図 2.1　例 2.1 のヴェン図**

　ヴェン図では、全ての要素を外枠で囲い**全体集合** $U$ とします。ここでは、$U$ の要素は $1$～$20$ で、$U$ の要素数 $n(U)$ は 20 です。数学的記述は以下の通りです。

$$U = \{1,\, 2,\, \cdots,\, 19,\, 20\}, \quad n(U) = 20.$$

　**部分集合**として、2 の倍数の集合 $A$、3 の倍数の集合 $B$、4 の倍数の集合 $C$、23 の倍数の集合 $D$ を考えます。これらを、同様に次のように記述します。部分集合は、全体集合に含まれます。

$$A = \{2,\, 4,\, 6,\, 8,\, 10,\, 12,\, 14,\, 16,\, 18,\, 20\}, \quad n(A) = 10$$
$$B = \{3,\, 6,\, 9,\, 12,\, 15,\, 18\}, \quad n(B) = 6$$
$$C = \{4,\, 8,\, 12,\, 16,\, 20\}, \quad n(C) = 5$$
$$D = \{\quad\} \equiv \emptyset, \quad n(D) = 0$$

ここで、$\emptyset$ は要素がないことを表し、要素のない $D$ を**空集合**と言います。

　$U$ において、例えば $A$ の要素を全て除いた集合を、$A$ の**補集合** $\overline{A}$ と言います。以下が成立します。

$$A + \overline{A} = U, \quad n(A) + n(\overline{A}) = n(U) \tag{2.1}$$

　全ての要素を、必ずいずれかの集合に属するように分類することを、「ミシィ*²に分類する」と言います。補集合はこの考え方の一種で、例えばケース

---

$A$、ケース $B$、ケース $C$ と考えた後、「その他のケース」を考えることに対応します。数学の答案論述をする際にも、研究をするうえでも、考え落としがないように常に補集合を意識しましょう。

$A$ と $B$ の両方に属する要素、すなわち 6 の倍数の集合を、**積集合（共通集合）** と言い、$A \cap B$ と表記します。また、$A$ と $B$ のどちらかに属する要素の集合を、**和集合（融合集合）** と言い、$A \cup B$ と表記します。$A \cap B$ と $A \cup B$ について、以下の式 (2.2) が成立します。

$$n(A \cup B) = n(A) + n(B) - n(A \cap B)$$
$$(A \cap B) \subset A, \quad (A \cap B) \subset B, \quad (A \cup B) \supset A, \quad (A \cup B) \supset B \tag{2.2}$$

この部分集合 $C$ は $A$ に完全に含まれるので、以下の関係が成立します。

$$A \supset C, \quad A \cap C = C, \quad A \cup C = A \tag{2.3}$$

さらに、この場合には派生的に以下の関係も成立します。

$$(A \cup B) \supset (C \cup B), \quad (A \cap B) \supset (C \cap B) \tag{2.4}$$

**類題 2.1**

　大小のサイコロを振って、出た目で 2 桁の数を作ります。具体的には、大きいサイコロの目を十の位、小さいサイコロの目を一の位にします。集合 $A$ を 3 の倍数、集合 $B$ を 30 以上 50 未満としたとき、次の各問に答えましょう。

(1) $n(A)$ と $n(B)$ を求めましょう。
(2) $A$ と $B$ の積集合の要素を求めましょう。
(3) $A$ と $B$ の和集合の補集合を求めましょう。
(4) 空集合を一つ考えてみましょう。

**答え**

　ヴェン図は**図 2.2** です。描ける限り描く習慣をつけましょう。

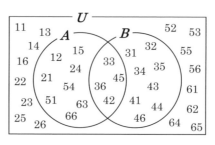

**図 2.2　類題 2.1 のヴェン図**

$$U = \{11, \cdots, 16, 21, \cdots, 26, 31, \cdots, 36, 41, \cdots,$$
$$46, 51, \cdots, 56, 61, \cdots, 66\}$$

です。

(1)　$A = \{12, 15, 21, 24, 33, 36, 42, 45, 51, 54, 63, 66\}, n(A) = 12$
　　　$B = \{31, 32, 33, 34, 35, 36, 41, 42, 43, 44, 45, 46\}, n(B) = 12$

(2)　$A \cap B = \{33, 36, 42, 45\}, n(A \cap B) = 4$

(3)　$\overline{A \cup B} = \{11, 13, 14, 16, 22, 23, 25, 26, 52, 53, 54, 56, 61, 62, 64,$
　　　$65\}, n(\overline{A \cup B}) = 16$

(4)　「70 以上」「19 の倍数」「一の位が 8 の数」等。

# 2.2　順　列

　**順列**とは、ある集合の中からいくつかの要素を取り出して一列に並べること
です。順列の公式は高校でも学びますが、樹形図を作成して具体的なイメー
ジを持つことが肝心です。式と樹形図を連動させて考えられるようになりま
しょう。

## (1)　直順列

**例 2.2**

　「A」「C」「E」「R」と書かれたカードが 1 枚ずつあります。これを並べて、
英配列を作ります。

　この程度の数であれば、全ての配列を一覧にする**樹形図**が簡明です。悩む前

に作ってみましょう。描けば、規則性に気づくこともあります。そのまま英単語として読める配列が多いですね。

$$4 \times 3 \times 2 \times 1 \left( = \frac{4!}{0!} = {}_4P_4 \right) = 24 \,[通り]$$

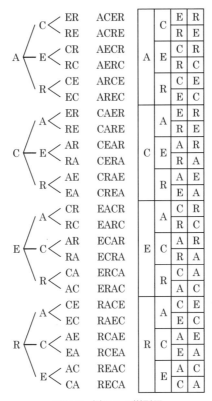

**図 2.3　例 2.2 の樹形図**

例 2.3

もし、この 4 枚中 3 枚だけを使うのであれば、樹形図の左の 3 列だけを考えればよいことになります。

$$4 \times 3 \times 2 \left( = \frac{4!}{1!} = {}_4P_3 \right) = 24 \,[通り]$$

3 枚使うということは、1 枚残すということです。この 1 枚を 4 枚目として

並べても、残しても、同じことですね。

　一般的に、全て異なる $n$ から $k$ を配列させるとき、式 (2.5) で計算される配列が作れます。これを $_nP_k$ と書きます[*3]。

$$_nP_k = \frac{n!}{(n-k)!} \tag{2.5}$$

**類題 2.2**

カード「A」「C」「E」「R」「T」から 3 枚を並べます。何通りできますか。

**答え**

$$_5P_3 = \frac{5!}{(5-3)!} = 5 \times 4 \times 3 = 60 \text{〔通り〕}$$

**例 2.4**

　カード「A」「E」「S」「S」「T」を、全て並べる場合はどうでしょうか。同じカードが 2 枚あります。

　1 枚目の「S」と 2 枚目の「S」は、どちらがどちらでも同じことになります。これらに数字を書き足して「S1」「S2」とすれば、

$$5 \times 4 \times 3 \times 2 \times 1 = 120 \text{〔通り〕}$$

です。しかし、実際には S1 と S2 は同じ文字なので、これを 2! で割らないといけません。つまり、

$$(5 \times 4 \times 3 \times 2 \times 1) \div (2 \times 1) = 60 \text{〔通り〕}$$

の並べ方があります。

　一般的に、$n$ 種類の要素があり、そのうち 1 種類の要素は $m$ 個、他の要素は 1 個ずつ混在するとき、式 (2.6) で計算される配列数が存在します。

$$\frac{_nP_n}{_mP_m} = \frac{n!}{m!} \tag{2.6}$$

---

[*3]　順列 (permutation) の頭文字をとっています。

**類題 2.3**

　色が赤、橙、黄、緑、緑、緑、水、青、紫のカードが 1 枚ずつあります。つまり、7 色のカードが、緑のカード以外は 1 枚ずつ、緑のカードは 3 枚あります。これらを全て並べる配列は何通りでしょうか。

**答え**

$$\frac{{}_9P_9}{{}_3P_3} = \frac{9!}{3!} = 9 \times 8 \times 7 \times 6 \times 5 \times 4 = 60480 \text{〔通り〕}$$

## (2)　円順列

**例 2.5**

　カード「A」「C」「E」「R」を、円状に並べましょう。見る方向が変わっても、時計回りに同じ並びであれば同じ配列、逆方向の並びは異なる配列、とみなすのが一般的です。つまり、時計回りに ACER と並べても、RACE、ERAC、CERA と並べても同じ配列で、RECA は異なる配列です。

　円順列の通り数は、並べるカードの数 4 で割ることで得られます。

$$(4 \times 3 \times 2 \times 1) \div 4 = 6 \text{〔通り〕}$$

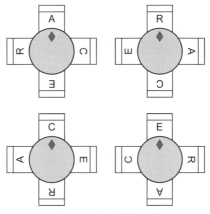

**図 2.4**　同じ円順列の例

一般的に、$n$ 個の物から $k$ 個を円状に並べる通り数は、

$$\frac{{}_nP_k}{k} \tag{2.7}$$

となります。

> **類題 2.4**
>
> 　5 人が円卓で会食をするとき、座り方は何通りあるでしょうか。

**答え**

$$\frac{{}_5P_5}{5} = (5 \times 4 \times 3 \times 2 \times 1) \div 5 = 24 \,[\text{通り}]$$

## (3)　重複順列

**例 2.6**

　「A」「C」「E」「R」と書かれたカードが無数あり、そこから 3 枚を配列する場合はどうでしょうか。

　これは、とったら選択肢に戻すのと同じことで、重複を許す順列です。この場合、何番目のカードも常に四つの可能性があります。

$$4 \times 4 \times 4 = 64 \,[\text{通り}]$$

> **類題 2.5**
>
> 　色が赤、黄、白のサイコロを同時に投げ、赤の目を百の位、黄の目を十の位、白の目を一の位にして 3 桁の数字を作ります。何通りの数値できますか。

**答え**

　各位とも、1~6 までとり得ますので、$6 \times 6 \times 6 = 216 \,[\text{通り}]$ の数字ができます。

　東京から名古屋まで新幹線、バス、または飛行機で、名古屋から大阪まで新幹線、または自動車で移動します。東京から大阪まで、何通りの交通手段の選び方がありますか。

**答え**

　東京–名古屋間の交通手段を十の位のカード、名古屋–大阪間の交通手段を一の位のカードだと考えるとの同じです。$3 \times 2 = 6$〔通り〕。

## (4)　条件付き順列

**例 2.7**

　「A」「C」「E」「R」と書かれたカードが 1 枚ずつあります。これを、「E」と「R」を隣り合わせて、英配列を作ることを考えます。

**図 2.5　例 2.7 のイラスト**

　この場合、「A」「C」「E と R」の 3 枚のカードと考えます（図 2.5）。「E」と「R」の順番が逆になるのはアリだとすると、$(3 \times 2 \times 1) \times (2 \times 1) = 12$〔通り〕です。

# 2.3　組合せ

　さて、次は組合せです。**組合せ**は、順列において同じ要素で並び順が異なるものを全て同じとみなしたものです。組合せ表を作成して、具体的なイメージを持ってください。組合せを学ぶうちに、順列の理解も深まるでしょう。

## (1)　基　本

**例 2.8　例 2.3 の派生**

　「A」「C」「E」「R」と書かれたカードから 2 枚を取り出します。並べず、何を持っているかだけを問います。可能なら、全数調査してみてください（図 2.6）。

全数調査すると、6 通りでした。この 6 という数値は、次のように計算できます。

まず、順列だとすると $_4P_2 = 12$［通り］です。しかし、並べないのであれば、例えば「AC」と「CA」は同じになります。2 枚を並べるのは $_2P_2 = 2$［通り］ですから、組合せは $12 \div 2 = 6$［通り］となります。

では、3 枚を取り出す場合はどうでしょうか？　全数調査すると、順列だと $_4P_3 = 24$［通り］で、3 枚を並べるのは $_3P_3 = 6$［通り］なので、$24 \div 6 = 4$［通り］となります。

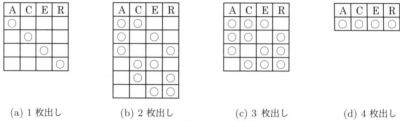

(a) 1 枚出し　　　(b) 2 枚出し　　　(c) 3 枚出し　　　(d) 4 枚出し

**図 2.6　例 2.8 の組合せ表**

一般的に、全て異なる $n$ 個の中から $k$ 個だけ選択するとき、異なる組合せ数は以下の式で計算できます。これを $_nC_k$ と書きます[*4]。

$$_nC_k = \frac{_nP_k}{_kP_k} = \frac{_nP_k}{k!} = \frac{n!}{(n-k)!k!} \tag{2.8}$$

**類題 2.7**

0〜9 のカードから 3 枚取り出す組合せは、何通りでしょうか。

**答え**

$$_{10}C_3 = \frac{10!}{(10-3)!3!} = 120 \text{［通り］}$$

---

[*4]　組合せ（combination）の頭文字をとっています。

## (2)　選択分類

**例 2.9**

8 人の中から、掃除当番 3 人を選びましょう。8 人ぐらいなら、組合せ表を描いて全数調査できます。組合せ表の規則性を知っていれば、勘定だけなら

$$21+15+10+6+3+1=56$$

と簡単にできます。慣れると図 2.7 の枠の中身を省略できるからです。

式で計算するのであれば、

$${}_8C_3=\frac{8!}{5!3!}=\frac{8\cdot7\cdot6}{3\cdot2\cdot1}=56$$

です。

| 市 | 仁 | 未 | 司 | 吾 | 霧 | 奈 | 耶 |
|---|---|---|---|---|---|---|---|
| ○ | ○ | ○ | | | | | |
| ○ | ○ | | ○ | | | | |
| ○ | ○ | | | ○ | | | |
| ○ | ○ | | | | ○ | | |
| ○ | ○ | | | | | ○ | |
| ○ | ○ | | | | | | ○ |
| ○ | | ○ | ○ | | | | |
| ○ | | ○ | | ○ | | | |
| ○ | | ○ | | | ○ | | |
| ○ | | ○ | | | | ○ | |
| ○ | | ○ | | | | | ○ |
| ○ | | | ○ | ○ | | | |
| ○ | | | ○ | | ○ | | |
| ○ | | | ○ | | | ○ | |
| ○ | | | ○ | | | | ○ |
| ○ | | | | ○ | ○ | | |
| ○ | | | | ○ | | ○ | |
| ○ | | | | ○ | | | ○ |
| ○ | | | | | ○ | ○ | |
| ○ | | | | | ○ | | ○ |
| ○ | | | | | | ○ | ○ |

| 市 | 仁 | 未 | 司 | 吾 | 霧 | 奈 | 耶 |
|---|---|---|---|---|---|---|---|
| | ○ | ○ | ○ | | | | |
| | ○ | ○ | | ○ | | | |
| | ○ | ○ | | | ○ | | |
| | ○ | ○ | | | | ○ | |
| | ○ | ○ | | | | | ○ |
| | ○ | | ○ | ○ | | | |
| | ○ | | ○ | | ○ | | |
| | ○ | | ○ | | | ○ | |
| | ○ | | ○ | | | | ○ |
| | ○ | | | ○ | ○ | | |
| | ○ | | | ○ | | ○ | |
| | ○ | | | ○ | | | ○ |
| | ○ | | | | ○ | ○ | |
| | ○ | | | | ○ | | ○ |
| | ○ | | | | | ○ | ○ |

| 市 | 仁 | 未 | 司 | 吾 | 霧 | 奈 | 耶 |
|---|---|---|---|---|---|---|---|
| | | ○ | ○ | ○ | | | |
| | | ○ | ○ | | ○ | | |
| | | ○ | ○ | | | ○ | |
| | | ○ | ○ | | | | ○ |
| | | ○ | | ○ | ○ | | |
| | | ○ | | ○ | | ○ | |
| | | ○ | | ○ | | | ○ |
| | | ○ | | | ○ | ○ | |
| | | ○ | | | ○ | | ○ |
| | | ○ | | | | ○ | ○ |

| 市 | 仁 | 未 | 司 | 吾 | 霧 | 奈 | 耶 |
|---|---|---|---|---|---|---|---|
| | | | ○ | ○ | ○ | | |
| | | | ○ | ○ | | ○ | |
| | | | ○ | ○ | | | ○ |
| | | | ○ | | ○ | ○ | |
| | | | ○ | | ○ | | ○ |
| | | | ○ | | | ○ | ○ |

| 市 | 仁 | 未 | 司 | 吾 | 霧 | 奈 | 耶 |
|---|---|---|---|---|---|---|---|
| | | | | ○ | ○ | ○ | |
| | | | | ○ | ○ | | ○ |
| | | | | ○ | | ○ | ○ |

| 市 | 仁 | 未 | 司 | 吾 | 霧 | 奈 | 耶 |
|---|---|---|---|---|---|---|---|
| | | | | | ○ | ○ | ○ |

**図 2.7　例 2.9 の組合せ表**
（漢字はそれぞれ名前の 1 文字目）

---

**類題 2.8**

　10 人から 3 人の掃除当番と、5 人の給食当番を選ぶ組合せ数を求めましょう。

---

**答え**

　3 グループ以上に選択分類するときは、2 グループずつ選択分類していきます。

　まず、3 人の掃除当番を選びます。

$$ {}_{10}C_3 = \frac{10!}{7!3!} = \frac{10 \cdot 9 \cdot 8}{3 \cdot 2 \cdot 1} = 120 $$

　残りから 5 人の給食当番を選びます。

$$ {}_7C_5 = \frac{7!}{2!5!} = \frac{7 \cdot 6}{2 \cdot 1} = 21 $$
$$ \therefore 120 \times 21 = 2520 \ [通り] $$

---

**類題 2.9**

　男子 18 人と女子 22 人からなるクラスがあります。この中から学級委員を選ぼうと思いますが、次のような選び方は何通りありますか。

(1)　男子 2 人と女子 2 人を選ぶ。

(2)　女子を少なくとも 1 人含むように 4 人選ぶ。

---

**答え**

(1)　男子 18 人から 2 人を選ぶのは、${}_{18}C_2$[通り]。女子 22 人から 2 人を選ぶのは ${}_{22}C_2$[通り]。したがって、それらの積として

$$ \frac{18 \cdot 17}{2 \cdot 1} \cdot \frac{22 \cdot 21}{2 \cdot 1} = 35343 \ [通り] $$

(2)　女子を含まない選び方の補集合です。全員 40 人から 4 人選ぶのは、

$$ {}_{40}C_4 = \frac{40 \cdot 39 \cdot 38 \cdot 37}{4 \cdot 3 \cdot 2 \cdot 1} = 91390 \ [通り] $$

　男子 18 人から 4 人を選ぶのは、

$$ {}_{18}C_4 \times {}_{22}C_0 = \frac{18 \cdot 17 \cdot 16 \cdot 15}{4 \cdot 3 \cdot 2 \cdot 1} \cdot 1 = 3060 \ [通り] $$

$$\therefore 91390 - 3060 = 88330 \text{〔通り〕}$$

## (3) 同じ物を含む順列

例 2.10 例 2.9 の派生

文化祭で教室の 9 か所の窓の枠を花で飾ります。赤花で 3 枠、黄花で 2 枠、緑花で 4 枠飾るとすると、この組合せ数の計算方法は 2 通りあります。

まず、9 の窓枠を配列する順列問題として捉え、例 2.4 の方式で計算します。赤三つと黄二つと緑四つが同じなので、

$$9! \div 3! \div 2! \div 4! = 1260 \text{〔通り〕}$$

となります。

次に、9 の窓枠を生徒だと思って、類題 2.9 の方式で計算します。9 か所の窓を赤と黄と緑の 3 ループに分類するので、以下の通りとなります。

$$_9C_3 \times {}_6C_2 \times {}_4C_4 = \frac{9 \cdot 8 \cdot 7}{3 \cdot 2 \cdot 1} \times \frac{6 \cdot 5}{2 \cdot 1} \times 1 = 1260 \text{〔通り〕}$$

当然ながら、どちらのやり方でも同じ計算をすることになっています。

類題 2.10

3 枚の「1」と書いてあるカード、2 枚の「4」カード、1 枚の「7」カードがあります。全部を使って 6 桁の数字を作るとき、何通りの数字ができますか。

答え

順列問題として捉えると、

$$6! \div 3! \div 2! \div 1! = 60 \text{〔通り〕}$$

グルーピング方式では、

$$_6C_3 \times {}_3C_2 \times {}_1C_1 = \frac{6 \cdot 5 \cdot 4}{3 \cdot 2 \cdot 1} \times \frac{3 \cdot 2}{2 \cdot 1} \times 1 = 60 \text{〔通り〕}$$

好きな方法で解いてください。

## (4)　重複組合せ

**例 2.11**　例 2.4 の派生

「A」「C」「E」「R」と書かれたカードが無限にある場合に、全部で 5 枚とる組合せを考えましょう。そのために、カードが 1 種類の場合から順に考え進めてみましょう（図 2.8 (a)）。

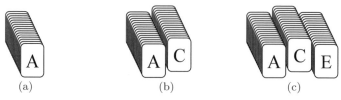

**図 2.8　無限にカードがある場合のイメージ**

「A」だけであれば<u>1 通り</u>です。一般的に $n$ 枚とったとしても、同様に 1 通りです。

「A」と「C」の 2 種類の場合（図 2.8 (b)）には、「AAAAA」、「AAAAC」、…、「ACCCC」、「CCCCC」なので<u>6 通り</u>です。一般的に $n$ 枚とる場合、片方のカードが 0 枚から $n$ 枚の可能性があるので、全部で $(n+1)$ 通り（※）です。

「A」「C」「E」の 3 種類の場合（図 2.8 (c)）には、「A」が 5 枚の場合は 1 通り、「A」が 4 枚の場合には「AAAAC」と「AAAAE」の 2 通りです。「A」が 3 枚の場合には「AAA」＋「CC」、「CE」、「EE」の 3 通りですが、以上を整理すると、要するに 3 種類の場合には「A」の残り枚数を 2 種類のカードで埋めることと同じで、「A」のカードが $k$ 枚のときには $(n-k+1)$ 通り（上の（※）参照）になり、これを $k = 0 \sim n$ で足した数、一般的に以下のようになり、$n = 5$ の場合には<u>21 通り</u>です。

すなわち、3 種類のカードから $n$ 枚を選ぶ場合の重複組合せの通り数の一般式は、

$$\sum_{k=0}^{n}(n-k+1) = \sum_{k=0}^{n}(k+1) = \frac{1}{2}(n+1)n + (n+1)$$

$$= \frac{1}{2}(n+1)(n+2) \ \text{［通り］} \tag{2.9}$$

となります。

さて、4 種類のカードを考えます。同様に、最初全て「A」にして、1 枚ずつ減らしていきます。今後は、残りを 3 種類で分け合うので、式 (2.9) の $n$ が 0〜5 まで足した数になります。

すなわち、4 種類のカードから $n$ 枚を選ぶ場合の重複組合せの通り数の一般式は、式 (2.10) となり、$n = 5$ の場合には 56 通りです。

$$\frac{1}{2} \sum_{k=0}^{n} (n+1)(n+2) = \frac{1}{2} \sum_{k=0}^{n} (n^2 + 3n + 2)$$

$$= \frac{1}{12} n(n+1)(2n+1) + \frac{3}{4} n(n+1) + (n+1)$$

$$= \frac{1}{6} n^3 + n^2 + \frac{11}{6} n + 1 \,[\text{通り}] \tag{2.10}$$

**例 2.12**

五つの白い玉と三つの赤い玉があり、これらの配列を考えます。これは、8 か所の席のどこに五つの白い玉を置くかと言う選択問題と同じです。

$$_8C_5 = {}_8C_3 = \frac{8 \cdot 7 \cdot 6}{3 \cdot 2 \cdot 1} = 56 \,[\text{通り}] \qquad (\text{式 (2.10) 参照})$$

さて、ここで、赤い玉を「境界線」としてみます。つまり、三つの赤い玉は、一つ多い四つの区間を形成します。その四つの区間を「A」「C」「E」「R」とすると、その区間にある白い玉の数は、ちょうど例 2.11 における各カードの枚数に相当します。数列を難しく計算するより、こちらのほうが楽ですね。

一般的に、$n$ 種類から $r$ 個を選択する重複組合せ数は、以下の通りです。

$$_{n+r-1}C_r \,[\text{通り}] \tag{2.11}$$

**類題 2.11**

$n = 1, 2, 3, 4$、$r = 5$ の場合、つまり例 2.11 の答えを、例 2.12 のやり方でそれぞれ出してみましょう。

**答え**

$n = 1$、$r = 5$ の場合、$_{1+5-1}C_5 = {}_5C_5 = 1 \,[\text{通り}]$。

$n = 2$、$r = 5$ の場合、$_{2+5-1}C_5 = {}_6C_5 = 6 \,[\text{通り}]$。

> $n = 3$、$r = 5$ の場合、$_{3+5-1}C_5 = {}_7C_5 = 21$〔通り〕。
>
> $n = 4$、$r = 5$ の場合、$_{4+5-1}C_5 = {}_8C_5 = 56$〔通り〕。
>
> 例 2.10 の通り数と一致します。

# 2.4 確 率

起こり得る全ての**事象**のうち、所定の事象 $X$ がどの程度起こり得るかを示す数値を、**確率** $P(X)$ と言います。例えば、$P(X) = 15$〔%〕とは、「もし今の状況が 100 回あったならば、そのうち 15 回は事象 $X$ が起こっているだろうと考えることが相応」という意味です。したがって、$\underline{P(X) = 99}$〔%〕で起こると予測した事象 $X$ が実際には起こらないことも、あり得ます。

起こり得る事象全体を**全体集合**、所定の事象を**部分集合**として捉えます。すると、確率は集合の考え方で求められます。起こり得る事象は全ての要素に対応し、いずれかの要素を起こすことを**試行**と言います。各要素一つだけで構成される集合を**根源事象**と言います。まずは、根源事象の確率を求めましょう。

## (1) 根源事象が平等に起こる場合

**例 2.13** 　**例 2.1 の派生**

材質的にも幾何学的にも正確に作られた、1~20 の目が出る正二十面体のサイコロがあります。どの目の出やすさも同じで、全ての要素は確率 $\dfrac{1}{20}$ で得られます。すなわち、全ての根源事象は確率 $\dfrac{1}{20}$ で発生します。

例 2.1 の 1~20 の数値を、このサイコロで出すことにします。起こり得る全ての要素 = 根源事象は 1~20 であり、どれも $\dfrac{1}{20}$ の確率で起こります。図 2.1 のヴェン図の要素に、$\left(\dfrac{1}{20}\right)$ と言う数値を追記しましょう（図 2.9）。

事象 $A$「2 の倍数となる」の確率を考えます。この中に、発生確率 $\dfrac{1}{20}$ の要素 = 根源事象が 10 入っていますので、事象 $A$ の確率

$$P(A) = 10 \times \left(\frac{1}{20}\right) = 50 \,[\%]$$

です。

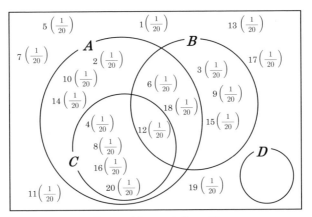

**図 2.9　例 2.13 のヴェン図**

---

**類題 2.12**

例 2.13 について、次の確率を求めましょう。

(1)　事象 $B$ が起こる確率 $P(B)$。

(2)　事象 $B$ と事象 $C$ のいずれかが起こる確率 $P(B \cup C)$。

(3)　事象 $A$ と事象 $B$ が同時に起こる確率 $P(A \cap B)$。

(4)　事象 $D$ が起こる確率 $P(D)$。

---

**答え**

(1)　$n(B) = 6$ なので、$P(B) = 6 \times \left( \dfrac{1}{20} \right) = \dfrac{3}{10} = 30$ 〔%〕。

(2)　$n(B \cup C) = 10$ なので、$P(B \cup C) = 10 \times \left( \dfrac{1}{20} \right) = 50$ 〔%〕。

(3)　$n(A \cap B) = 3$ なので、$P(A \cap B) = 3 \times \left( \dfrac{1}{20} \right) = 15$ 〔%〕。

(4)　$n(D) = 0$ なので、$P(D) = 0$ 〔%〕。この $D$ を**空事象**と言います。

## (2)　根源事象が不平等に起こる場合

**例 2.14**　例 2.13 の派生その 1（例 2.1 の追加の派生その 1）

サイコロが不正確に作られ、偏った目の出方をする場合を考えます。

10 の目だけが他の目の倍出やすい場合、事象 $B$ が起こる確率 $P(B)$ を求めてみましょう。10 の目が二つある正二十一面体（実在しませんが）だと思えばよいです。つまり、10 以外の根源事象は確率 $\dfrac{1}{21}$ で、10 は確率 $\dfrac{2}{21}$ で発生します。すなわち、$n(B) = 6$ なので、

$$P(B) = 6 \times \left( \frac{1}{21} \right) = \frac{2}{7} \approx 28.6 \ [\%]$$

です。

---

**類題 2.13**

例 2.13 において、偶数の目が奇数の目の倍出やすい場合、事象 $C$ が起こる確率 $P(C)$ を求めましょう。

---

**答え**

偶数の目が二つある正三十面体（やはり実在しません）を想像しましょう。つまり、各偶数の根源事象は確率 $\dfrac{2}{30}$ で、各奇数は確率 $\dfrac{1}{30}$ で発生します。事象 $C$ は偶数なので、$n(C) = 5$ より、

$$5 \times \frac{2}{30} = \frac{1}{3} \approx 33.3 \ [\%]$$

です。

## (3)　余事象

**例 2.15**　例 2.13 の派生その 2（例 2.1 の追加の派生その 2）

「事象 $X$ が起こらない」という、補集合に対応する事象を**余事象（補事象）** $\overline{X}$ と言います。次式が成立します。

$$P(X) + P(\overline{X}) = 1 \ (= 100 \ [\%]) \tag{2.12}$$

> **類題 2.14**
>
> 例 2.13 において、次の確率を求めましょう。
>
> (1) 余事象 $\overline{A}$ が起こる確率 $P(\overline{A})$。
> (2) 「事象 $B$ と事象 $C$ のいずれかが起こる」ことがない確率 $P(\overline{B \cup C})$。
> (3) 事象 $A$ と事象 $B$ の積事象の余事象が起こる確率 $P(\overline{A \cap B})$。
> (4) 「事象 $D$ が起こる」ことがない確率 $P(\overline{D})$。

**答え**

(1) $n(A) = 10$ より、$P(A) = 10 \times \left( \dfrac{1}{20} \right) = 50$ 〔%〕。

$\therefore$ $P(\overline{A}) = 50$ 〔%〕

(2) $P(B \cup C) = 50$ 〔%〕より、$P(\overline{B \cup C}) = 50$ 〔%〕。

(3) $P(A \cap B) = 15$ 〔%〕より、$P(\overline{A \cap B}) = 85$ 〔%〕。

(4) $P(D) = 0$ 〔%〕より、$P(\overline{D}) = 100$ 〔%〕。

## (4) 排反事象

4 個の赤球と 6 個の白球を入れた箱があります。このうち一つをとったとき、その球が赤である事象 $R$ と白である事象 $W$ は、同時には起こり得ません。このとき、この二つの事象を**排反事象**と呼び、それぞれの事象は互いに**排反**と言います。

一般的には式 (2.13) が、互いに排反な事象の場合には式 (2.14) が成立します。

$$P(A \cup B) = P(A) + P(B) - P(A \cap B) \tag{2.13}$$

$$P(R \cup W) = P(R) + P(W), \quad P(R \cap W) = 0 \tag{2.14}$$

**例 2.16**

4 個の赤球と 6 個の白球を入れた箱から 3 個を取り出すとき、赤球 1 個と白球 2 個を取り出す確率を求めてみましょう。赤白白となる確率は、

$$\frac{4}{10} \times \frac{6}{9} \times \frac{5}{8} = \frac{1}{6}$$

白赤白でも、白白赤でもよいので、答えは $\frac{1}{6} \times 3 = \frac{1}{2}$ です。

　これを、別の見方で考えます。

　まず、これは順列ではなく組合せです。10 個から 3 個を取り出す組合せは ${}_{10}C_3$ です。次に、取り出した 3 個が赤球 1 個と白球 2 個になる組合せですが、結局 4 個の赤球から 1 個（${}_4C_1$〔通り〕）と、6 個の白球から 2 個（${}_6C_2$〔通り〕）を取り出す必要があります。したがって、全体として組合せは ${}_4C_1 \times {}_6C_2$ で、確率は

$$ {}_4C_1 \times {}_6C_2 \div {}_{10}C_3 = \frac{1}{2} $$

と求められます[*5]。

> **類題 2.15**
>
> 　4 個の赤球、6 個の白球に追加して、5 個の黄球を入れました。この箱から 3 個球を取り出すときに、全ての色がそろう確率を求めましょう。

**答え**

　4 個の赤球から 1 個取り出す組合せは ${}_4C_1$、6 個の白球から 1 個取り出す組合せは ${}_6C_1$、5 個の黄球から 1 個取り出す組合せは ${}_5C_1$ です。また 15 個の球から 3 個を取り出す組合せは ${}_{15}C_3$ です。

$$ \therefore {}_4C_1 \times {}_6C_1 \times {}_5C_1 \div {}_{15}C_3 = \frac{24}{91} \approx 26.4 \ [\%] $$

## (5)　独立施行

　今夜、プロ野球で近鉄が勝つかどうかと、プロサッカーで関鉄が勝つかどうかは、全く関係ありません[*6]。このとき、これらの試行は**独立**であると言いま

---

[*5]　例 2.16 では組合せで確率を出しましたが、順列で確率を求めても同じになります。

$$ \frac{{}_4C_1 \cdot {}_6C_2}{{}_{10}C_3} = \frac{\frac{{}_4P_1}{1} \cdot \frac{{}_6P_2}{2 \cdot 1}}{\frac{{}_{10}P_3}{3 \cdot 2 \cdot 1}} = 3\frac{{}_4P_1 \cdot {}_6P_2}{{}_{10}P_3} $$

係数の 3 は、赤と白の配列が「赤白白」「白赤白」「白白赤」の 3 通りあるからです。順列を全て考慮するのが面倒な場合には、組合せで確率を求めればよいと言うことです。

[*6]　近鉄球団は 2004 年に解散しました。関鉄イレブンは実在しません。

す。近鉄と関鉄の両方が勝つ確率は、近鉄が勝つ確率と関鉄が勝つ確率の積になります。ヴェン図を作るのであれば、二つの無関係なヴェン図を別々に作ることになります。

---

**類題 2.16**

トランプ 10 枚に 2 枚ジョーカーが含まれるとき、次の確率を求めましょう。

(1) 1 枚引いてはそれを戻すとき、3 回ともジョーカーを引かない確率。

(2) 引いたカードを戻さないとき、3 回ともジョーカーを引かない確率。また、このとき、1 回目、2 回目、3 回目の試行は独立でしょうか。

---

**答え**

(1) $\left(\dfrac{8}{10}\right)^3 = 51.2\%$

このように同じ試行を繰り返すことを、**反復試行**と言います（第 7 章、二項分布参照）。

(2) $\left(\dfrac{8}{10}\right) \times \left(\dfrac{7}{9}\right) \times \left(\dfrac{6}{8}\right) \approx 46.7\%$

独立ではありません。

## (6) 条件付き確率

**例 2.17**　例 2.13 の派生その 3（例 2.1 の追加の派生その 3）

図 2.9（33 ページ）に戻ります。サイコロを振ったら、偶数が出た（事象 $A$ が起きた）ことは確認できました。目が 4 の倍数（事象 $C$）である確率を求めてみましょう。

偶数であることがわかった時点で、事象全体が 2, 4, 6, 8, 10, 12, 14, 16, 18, 20 の 10 要素になります。したがって、$n(C) = 5$ より確率は $\dfrac{5}{10} = \dfrac{1}{2}$ です。

このように、一部が判明している状況下での確率を**条件付き確率**と称します。本例の場合には $P_A(C)$ と書き、式 (2.15) が成立します。

$$P_A(C) = \frac{n(A \cap C)}{n(A)} = \frac{P(A \cap C)}{P(A)} \tag{2.15}$$

類題 2.17

　某祭礼の参加者の内訳は、女性は 72%、未成年女性は 48%、成人は 40% でした。次の確率を求めましょう。

(1)　女性参加者に年齢を尋ねたとき、その人が未成年である確率。

(2)　女性参加者に年齢を尋ねたとき、その人が成年である確率。

(3)　参加者が男性未成年である確率。

答え

(1)　女性である事象を $A$、未成年である事象を $B$ とします。式 (2.15) より、$P_A(B) = \dfrac{0.48}{0.72} = \dfrac{2}{3} \approx 66.7\ [\%]$。

(2)　未成年女性の割合がわかっていなければ 40% でよいのですが、わかっているので違ってきます。(1) の答えより、$\dfrac{1}{3} \approx 33.3\ [\%]$。

(3)　男性来場者は $100 - 72 = 28\ [\%]$。成人女性来場者は $72 - 48 = 24\ [\%]$。連立方程式を解いて、表 2.1 が作れます。したがって、12%。

表 2.1　類題 2.17 の未成人／成人、性別割合表

|  | 未成人 | 成人 | 計 |
|---|---|---|---|
| 男性 | 12 | 16 | 28 |
| 女性 | 48 | 24 | 72 |
| 計 | 60 | 40 | 100 |

## 章 末 問 題

💎 **2.1** 次の集合が図 2.10 のヴェン図のどの部分を指しているか、示しなさい。

(1) $\overline{E}$             (2) $\overline{B \cup D}$          (3) $C \cup (B \cap \overline{E})$

(4) $(E \cap C) \cap \overline{(B \cap E)}$      (5) $(A \cup C) \cap \overline{E}$        (6) $\overline{\overline{A} \cup (C \cap E)}$

(7) $\overline{\overline{(A \cap B)} \cup \overline{(C \cap E)}}$

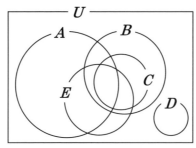

**図 2.10　章末問題 2.1 のヴェン図**

💎 **2.2** 次の値を計算しなさい。

(1) $_n P_1$        (2) $_n P_n$        (3) $_8 P_3$        (4) $_7 P_4$

(5) $_7 P_3$        (6) $_n C_1$        (7) $_n C_n$        (8) $_6 C_2$

(9) $_7 C_4$        (10) $_7 C_3$        (11) $_n C_k + _n C_{k-1}$

💎 **2.3** 50 までの自然数について、次の各問に答えなさい。

(1) 5 と 7 のいずれかで割り切れる数は、いくつありますか。

(2) 4 の倍数であって、5 の倍数でない数は、いくつありますか。

(3) 5 でも 7 でも割り切れない数は、いくつありますか。

(4) 1~50 の数をそれぞれカードに書き、箱に入れました。この中から 1 枚を取り出したとき、書かれた数が 5 と 7 のいずれかで割り切れる確率を求めなさい。

💎 **2.4** 無数にあるカード「A」「E」「S」「S」「T」から 3 枚を取り出します。

(1) 文字列として並べるとき、何通りの配列が考えられますか。

(2) そのうち、「S」が 2 枚続く配列は何通りありますか。

(3) 無作為に 3 枚を取り出し並べたとき、「S」が 2 枚並ばない確率を求めなさい。

**❖ 2.5** 　赤、黄、緑 3 色のサイコロを同時に投げます。次の各問に答えなさい。

    (1)　次の文章の空欄に適切な単語を入れなさい。

        それぞれのサイコロを振る [ ① ] は、互いに他の結果に影響を及ぼさないので [ ② ] です。

    (2)　目の和が 10 になる事象を $A$ とします。確率 $P(A)$ を求めなさい。

    (3)　事象 $A$ と互いに排反となる事象 $B$ の例を考えなさい。

**❖ 2.6** 　180 の正の約数はいくつあるか、数えなさい。

**❖ 2.7** 　サイコロを振って、3 の倍数が出たら 2 マス進み、それ以外だったら 1 マス戻る双六をしています。次の各問に答えなさい。

    (1)　サイコロを 1 回振って、3 の倍数が出る確率を求めなさい。

    (2)　サイコロを 6 回振って、元の位置にいる場合は何通りか答えなさい。

    (3)　サイコロを 6 回振って、元の位置にいる確率を求めなさい。

    (4)　一般的に、1 回の試行で事象 $X$ が確率 $P(X)$ で起こるときに、$n$ 回の反復試行中に事象 $X$ が $r$ 回起こる確率を求めなさい。

**❖ 2.8** 　次のそれぞれの確率を求めなさい。

    (1)　10 本中 3 本が当たりのくじを 2 回引いたとき、少なくとも 1 本は当たる確率。

    (2)　自分を含む 8 人から代表者 1 名と会計 1 名をくじで選ぶとき、自分がいずれかに選ばれてしまう確率。

    (3)　3 個の赤球と 5 個の白球が入っている袋 A から 1 個の球を取り出し、すでに 2 個の赤球と 3 個の白球が入っている袋 B に入れ、その後で袋 B から球を一つ A に移したとき、最初と同じ状態に戻る確率。

**❖ 2.9** 　水平な平行線 1~6 から 2 本、それらに垂直な平行線 A~F から 2 本を選び、四つの交点を結んで長方形を作ろうと思います（次ページの図 2.11）。何通りの長方形ができるか考えなさい。ただし、各平行線の間隔は不均一で、どの 2 本を選んでも同じ間隔にならないものとします。

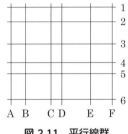

**図 2.11　平行線群**

**2.10** ジョーカーを除くトランプ 52 枚から 12 枚が配布され、確認したところ
♠ 6 枚、♢ 3 枚、♡ 2 枚、♣ 1 枚でした。これが珍しいかどうかを考えます。

(1) このカードの組合せが手元にくるのは、何通りありますか。

(2) 52 枚から 12 枚が手元にくる組合せは、何通りありますか。

(3) この状況になる確率を求めなさい。例えば、確率 1% 未満の現象を珍し
いとすると、この状況は珍しいと言えるか述べなさい。

**2.11** 図 2.12 のように方形状に道が交差する町を、A 点から B 点まで最短距離で
観光します。

(1) 全部で何通りのルートがありますか。

(2) 途中で時計台（図中の△）に立ち寄るルートは何通りでしょうか。

(3) C 点を通らないルートは何通りありますか。

(4) 緑地（図中の点ハッチング箇所）を極力避けるルートは、何通りありま
すか。

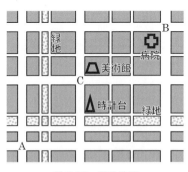

**図 2.12　町の地図**

**2.12** 円に内接する $n$ 多角形があります。この頂点を三つ選んで、それらを結んだ三角形を作ります。

    (1)    どの 2 頂点の距離も全て異なる場合、形の違う三角形は何通り作れますか。

    (2)    この $n$ 多角形が正六角形の場合、形の違う三角形は何通り作れますか。

    (3)    この $n$ 多角形が正十七多角形の場合、形の違う三角形は何通り作れますか。

**2.13** ある農家が、ミカンを 30 g より重い L サイズと、軽い S サイズに仕分けする機械を導入しました。しかし使ってみると、S と判定されたミカンの中に L が 5% 混入していて、L と判定されたミカンの中に S が 4% 混入していました。

    (1)    農家の手で正確に仕分けして、L と S の個数の比が $8:5$ のミカンの山を作りました。機械でこの山を判定させると、L と S の個数の比はどうなると予測されますか。

    (2)    機械で判定された L サイズのミカンを一つ選んだとき、それが実際には S サイズである確率を求めなさい。

**2.14** 等式 $x + y + z = 13$ を満たす、負でない整数 $x, y, z$ の組はいくつありますか。

**2.15** 全体集合 $U$ 中に部分集合 $A$ と $B$ があり、これらの和集合は空集合です。

    (1)    $n(A \cup B)$ と $n(A)$ と $n(B)$ の関係を式で表しなさい。

    (2)    $U = \{0, 1, \cdots, 99, 100\}$ としたときの、$A$ と $B$ の一例を考えなさい。

**2.16** 某中学校には、数学を教える A 先生と B 先生がいて、全然教え方が違います。1 学期の試験で 80 点を超えた生徒は、A 先生が教えたクラスでは 85%、B 先生が教えたクラスでは 80% でした。次の各問に答えなさい。

    (1)    先生 A が教える生徒数と先生 B が教える生徒数の比は、$16:29$ です。これらの生徒全員から無作為に選んだ 1 人が 80 点未満である確率を求めなさい。

    (2)    その生徒が、80 点未満だった場合に A 先生のクラスである確率を求めなさい。

**2.17** 双子の姉妹、優美と隆美が、総勢 7 人のグループに所属しています。次の各問に答えなさい。

(1) この 7 人を 1 列に並べるとき、何通りの配列が考えられますか。

(2) くじで配列を決めるとき、この双子姉妹が列の両端になる確率を求めなさい。

(3) くじで配列を決めるとき、この双子が並ばない確率を求めなさい。

**2.18** ホールケーキに 14 個のイチゴと 10 個のブルーベリーを、無作為に円順列で並べます（図 2.13）。その後に、ホールケーキを線対称に二等分します。

(1) イチゴとブルーベリーの円順列は、何通りできますか。

(2) 切った後の両ピースケーキにイチゴ 7 個、ブルーベリー 5 個が並んでいるように切ることができる確率を求めなさい。

(3) イチゴとブルーベリーの数がいかなる条件を満たすとき、二等分する際にイチゴとブルーベリーの数まで含めて平等に切れますか。

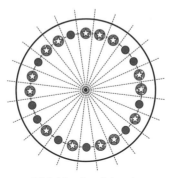

**図 2.13　ホールケーキ**

（京都大、2006 年度・類題）

　期待値と平均は、よく同じもののように解説されますが、異なる概念なので注意しましょう。

　**平均**は、その集合内に実在する全要素の、値の総和を要素数で割った値です。
《**例**》サイコロを 6 回振ったら、たまたま 1 から 6 まで 1 回ずつ出ました。出た目の平均は 3.5 です。

　一方、**期待値**は見込みを意味します。平均が実際の現象の話をしているのに対して、期待値はいまだ起こっていない現象の話をしています。
《**例**》サイコロをもし振ったら、1 から 6 まで同確率で何が出てもおかしくないので、まあ、3.5 程度の値が出るだろうと期待できます。
　例えば、サイコロを振って出た目の数だけコインをもらえて、1 回振るのにコインが必要だとします。その必要枚数が 3.5 より多いと不利な勝負で、3.5 より少ないと有利な勝負と言えます。

　後述の式 (3.1)、式 (3.6) が、一般的に使う平均の定義式です。これに対して、期待値の式は要素 $x_i$ が出る確率が $p_i$ であるときに、式 (L-3) で計算されます。これは後述の式 (3.6) と同じです。

$$\sum_{i=1}^{n} x_i p_i \tag{L-3}$$

　同じ確率分布においては、両者は一致します。また、前者が標本平均（第 9 章）、後者が母平均（第 9 章）の場合もあります。

# 第 **3** 章

# データ群の特徴量

本章では、一つのデータ群に着目して、そのデータ群の特徴を考えます。度数分布表とヒストグラムは、便利なデータ提示方法です。

また、平均、中央値、分散など、データ群の特徴を示す値から、つど相応しい代表値を選べるようにしましょう。なかでも、平均と分散は頻繁に使われます。

できれば、Excel で実践しながら読み進めてください。

## 3.1 データ群

まず、データやデータ群のさまざまな用語をまとめておきます。2.1 節（17 ページ）に挙げた用語と比較しておいてください。

**例 3.1**

表 3.1 の (a) 及び (b)（次ページ）は、それぞれがまとまった**データ群**です。専門的には、データ群を**集団**、**事象**または**空間**等とも言います。女子集団を $X_f$、男子集団を $X_m$ と書くことにしましょう。

各集団は、6 人のデータ提供者 $i = 1, \ldots, 6$ の氏名、年齢、身長、体重の 4 種類のデータ $j = 1, \ldots, 4$ から成ります。提供者 $i$ を**要素**または**個体**と言い、その数を要素（個体）の**大きさ**と呼び、$i$ が有限の集団を**有限集団**、**有限事象**または**有限空間**と称し、無限の集団を**無限集団**、**無限事象**または**無限空間**と称

45

します。$X_f$ と $X_m$ はいずれも、有限集団です。

　データの種類 $j$ を**特性**と言い、$j = 1$ のデータを**一重分類**のデータ、$j > 1$ のデータを**多重分類**のデータと呼びます。$X_f$ と $X_m$ はいずれも、大きさが $6 \times 4 = 24$ の多重分類のデータ群です。

**表 3.1　データ例**[23, 24]

(a) 女子集団

| 2014年女子 | | 年齢 | 身長 | 体重 |
|---|---|---|---|---|
| 個人値 | 優美子 | 26 | 169.5 | 60.0 |
| | 智　美 | 25 | 170.3 | 60.7 |
| | 蓮　香 | 23 | 164.5 | 55.7 |
| | 貴美子 | 22 | 165.3 | 59.5 |
| | 実　絆 | 22 | 163.4 | 56.3 |
| | 霞 | 21 | 158.0 | 51.0 |
| 全国平均値 | 1994年 | 25 | 157.5 | 51.2 |
| | 2004年 | 25 | 158.3 | 50.9 |

(b) 男子集団

| 2014年男子 | | 年齢 | 身長 | 体重 |
|---|---|---|---|---|
| 個人値 | 敬 | 25 | 178.0 | 74.0 |
| | 隆太郎 | 24 | 172.0 | 66.2 |
| | 大　地 | 22 | 171.0 | 70.0 |
| | 沙次郎 | 22 | 172.2 | 66.4 |
| | 周　夫 | 21 | 166.6 | 74.6 |
| | 譲 | 20 | 171.0 | 56.0 |
| 全国平均値 | 1994年 | 25 | 170.8 | 64.4 |
| | 2004年 | 25 | 171.8 | 66.5 |

$X_f$ と $X_m$ は、数学的には次のように表記します。

$$\begin{cases} X_f \ni x_{f,ij} & (i = 1, \ldots, 6, \ j = 1, \ldots, 4) \\ X_m \ni x_{m,ij} & (i = 1, \ldots, 6, \ j = 1, \ldots, 4) \end{cases}$$

> **類題 3.1**
>
> 被験者 12 人に、血液型、性格を尋ねて得たデータ $X \ni x_{ij}$ があります。
>
> (1) 要素（個体）、特性、集団の大きさは、それぞれいくらでしょうか。
> (2) このデータは、一重分布ですか、それとも多重分布ですか。
> (3) この集団は、有限集団ですか、それとも無限集団ですか。

**答え**

(1) 要素の大きさは 12、特性の大きさは 2、集団の大きさは $12 \times 2 = 24$ です。

(2) 特性の大きさが 1 より大きいので、多重分布です。

(3) 要素の大きさが有限なので、有限集団です。

# 3.2 度数分布表

次に、度数分布表やヒストグラムの基本をまとめておきます。多くの呼称が出てきます。後述の確率密度分布と対応するので、しっかり確認しておきましょう。

**例 3.2**

大勢の年収がわかっているとき、それを単純に年収軸にプロットするとあまり見やすいグラフになりません。

そこで、年収 100 万円毎に（1000 万円〜2500 万円は 500 万円毎に、2500 万円以上は一まとめに）人数を勘定して、**表 3.2** の**度数分布表**を作りました。細かい個々の年収の数値が隠れてしまいましたが、一方で個人情報が見えなくなったので公表できるようになりました。

度数分布表において、各年収範囲を**階級**、各階級に該当する人数を**度数**と言います。（　）内は範囲の**中央値**で、階級を代表する**階級値**になります。「階級値の年収の人が度数の数だけ存在している」と考えるのです。

表 3.2 の男性/2006 年のデータ 4 列中、左から 1 列目は度数、2 列目は全体中のその割合です。また 3 列目は度数を上から累積した**累積度数**で、4 列目は全体中のその割合です。

表 3.2　男女給与所得者の 2006 年と 2010 年の年収別人数[25)] の度数分布表

| 人数 $N$〔千人〕 年収〔万円〕 | 男性 | | | | | | |
| --- | --- | --- | --- | --- | --- | --- | --- |
| | 2006年 | | | | 2010年 | | |
| 0 ～ 100 （　50） | 723 | .026 | 723 | .026 | 715 | | |
| 100 ～ 200 （ 150） | 1902 | .069 | 2625 | .096 | 1962 | | |
| 200 ～ 300 （ 250） | 3287 | .120 | 5912 | .215 | 3718 | | |
| 300 ～ 400 （ 350） | 4846 | .177 | 10758 | .392 | 5322 | | |
| 400 ～ 500 （ 450） | 4721 | .172 | 15479 | .564 | 4917 | | |
| 500 ～ 600 （ 550） | 3551 | .129 | 19030 | .693 | 3478 | | |
| 600 ～ 700 （ 650） | 2492 | .091 | 21522 | .784 | 2230 | | |
| 700 ～ 800 （ 750） | 1815 | .066 | 23337 | .850 | 1605 | | |
| 800 ～ 900 （ 850） | 1227 | .045 | 24564 | .895 | 1045 | | |
| 900 ～ 1000 （ 950） | 806 | .029 | 25370 | .924 | 689 | | |
| 1000 ～ 1500 （1250） | 1545 | .056 | 26915 | .981 | 1193 | | |
| 1500 ～ 2000 （1750） | 329 | .012 | 27244 | .993 | 253 | | |
| 2000 ～ 2500 （2250） | 100 | .004 | 27344 | .996 | 73 | | |
| 2500 ～ （　—　） | 102 | .004 | 27446 | 1 | 88 | | |
| 合計 | 27446 | | 累積 | | 27288 | | 累積 |

| 人数 $N$〔千人〕 年収〔万円〕 | 女性 | | | | | | |
| --- | --- | --- | --- | --- | --- | --- | --- |
| | 2006年 | | | | 2010年 | | |
| 0 ～ 100 （　50） | 2876 | | | | 2896 | | |
| 100 ～ 200 （ 150） | 4721 | | | | 4879 | | |
| 200 ～ 300 （ 250） | 3893 | | | | 4287 | | |
| 300 ～ 400 （ 350） | 2761 | | | | 2904 | | |
| 400 ～ 500 （ 450） | 1529 | | | | 1607 | | |
| 500 ～ 600 （ 550） | 762 | | | | 797 | | |
| 600 ～ 700 （ 650） | 367 | | | | 364 | | |
| 700 ～ 800 （ 750） | 187 | | | | 188 | | |
| 800 ～ 900 （ 850） | 102 | | | | 116 | | |
| 900 ～ 1000 （ 950） | 75 | | | | 51 | | |
| 1000 ～ 1500 （1250） | 109 | | | | 101 | | |
| 1500 ～ 2000 （1750） | 35 | | | | 23 | | |
| 2000 ～ 2500 （2250） | 12 | | | | 9 | | |
| 2500 ～ （　—　） | 9 | | | | 10 | | |
| 合計 | 17438 | | 累積 | | 18232 | | 累積 |

全域にわたり同じ階級幅をとるべきですが、あまりに度数が小さくなると個人が特定できてしまう等の理由につき、階級幅を途中で変えることもあります。
このとき、ヒストグラムでは階級幅を変えた箇所が不連続になるので気をつけましょう。

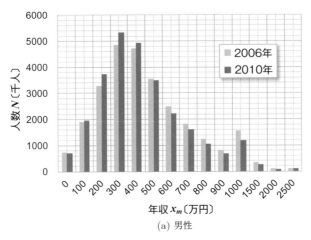

(a) 男性

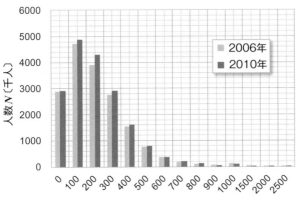

(b) 女性の年収分布

**図 3.1 年収分布**

度数分布表から図 3.1 の**ヒストグラム**を作ると、全体的な特徴がわかりやすくなります。階級値と階級値の間にはデータがないので、線でつなぎませんので注意してください。

---

**類題 3.2**

表 3.2 の空欄を埋めましょう。

**答え**

　表 3.3 の通りです。Excel を使って作れるよう練習してください。

**表 3.3　男女給与所得者の 2006 年と 2010 年の年収別人数[25] の度数分布表（完全版）**

| 人数$N$〔千人〕 / 年収〔万円〕 | 男性 | | | | | | | |
| --- | --- | --- | --- | --- | --- | --- | --- | --- |
| | 2006年 | | | | 2010年 | | | |
| 0 ～ 100 （ 50 ） | 723 | .026 | 723 | .026 | 715 | .026 | 715 | .026 |
| 100 ～ 200 （ 150 ） | 1902 | .069 | 2625 | .096 | 1962 | .072 | 2677 | .098 |
| 200 ～ 300 （ 250 ） | 3287 | .120 | 5912 | .215 | 3718 | .136 | 6395 | .234 |
| 300 ～ 400 （ 350 ） | 4846 | .177 | 10758 | .392 | 5322 | .195 | 11717 | .429 |
| 400 ～ 500 （ 450 ） | 4721 | .172 | 15479 | .564 | 4917 | .180 | 16634 | .610 |
| 500 ～ 600 （ 550 ） | 3551 | .129 | 19030 | .693 | 3478 | .127 | 20112 | .737 |
| 600 ～ 700 （ 650 ） | 2492 | .091 | 21522 | .784 | 2230 | .082 | 22342 | .819 |
| 700 ～ 800 （ 750 ） | 1815 | .066 | 23337 | .850 | 1605 | .059 | 23947 | .878 |
| 800 ～ 900 （ 850 ） | 1227 | .045 | 24564 | .895 | 1045 | .038 | 24992 | .916 |
| 900 ～ 1000 （ 950 ） | 806 | .029 | 25370 | .924 | 689 | .025 | 25681 | .941 |
| 1000 ～ 1500 （ 1250 ） | 1545 | .056 | 26915 | .981 | 1193 | .044 | 26874 | .985 |
| 1500 ～ 2000 （ 1750 ） | 329 | .012 | 27244 | .993 | 253 | .009 | 27127 | .994 |
| 2000 ～ 2500 （ 2250 ） | 100 | .004 | 27344 | .996 | 73 | .003 | 27200 | .997 |
| 2500 ～ （ － ） | 102 | .004 | 27446 | 1 | 88 | .003 | 27288 | 1 |
| 合計 | 27446 | | 累積 | | 27288 | | 累積 | |

| 人数$N$〔千人〕 / 年収〔万円〕 | 女性 | | | | | | | |
| --- | --- | --- | --- | --- | --- | --- | --- | --- |
| | 2006年 | | | | 2010年 | | | |
| 0 ～ 100 （ 50 ） | 2876 | .165 | 2876 | .165 | 2896 | .159 | 2896 | .159 |
| 100 ～ 200 （ 150 ） | 4721 | .271 | 7597 | .436 | 4879 | .268 | 7775 | .426 |
| 200 ～ 300 （ 250 ） | 3893 | .223 | 11490 | .659 | 4287 | .235 | 12062 | .662 |
| 300 ～ 400 （ 350 ） | 2761 | .158 | 14251 | .817 | 2904 | .159 | 14966 | .821 |
| 400 ～ 500 （ 450 ） | 1529 | .088 | 15780 | .905 | 1607 | .088 | 16573 | .909 |
| 500 ～ 600 （ 550 ） | 762 | .044 | 16542 | .949 | 797 | .044 | 17370 | .953 |
| 600 ～ 700 （ 650 ） | 367 | .021 | 16909 | .970 | 364 | .020 | 17734 | .973 |
| 700 ～ 800 （ 750 ） | 187 | .011 | 17096 | .980 | 188 | .010 | 17922 | .983 |
| 800 ～ 900 （ 850 ） | 102 | .006 | 17198 | .986 | 116 | .006 | 18038 | .989 |
| 900 ～ 1000 （ 950 ） | 75 | .004 | 17273 | .991 | 51 | .003 | 18089 | .992 |
| 1000 ～ 1500 （ 1250 ） | 109 | .006 | 17382 | .997 | 101 | .006 | 18190 | .998 |
| 1500 ～ 2000 （ 1750 ） | 35 | .002 | 17417 | .999 | 23 | .001 | 18213 | .999 |
| 2000 ～ 2500 （ 2250 ） | 12 | .001 | 17429 | .999 | 9 | .000 | 18222 | .999 |
| 2500 ～ （ － ） | 9 | .001 | 17438 | 1 | 10 | .001 | 18232 | 1 |
| 合計 | 17438 | | 累積 | | 18232 | | 累積 | |

# 3.3　平　均

**平均**は、データ群の特徴を現す代表値の一つであり、その分布の全体的な位置を示します。一般的には、代表値に平均値を選ぶことが多いです。

## (1)　相加平均

$n$ 個のデータ $x_i$ の重要性が同等なとき、平均として**相加平均**（**算術平均**）$\mu_x$ が合理的です。最も基本的な平均であり、式 (3.1) で定義されます[1]。

$$\mu_x \equiv \frac{1}{n} \sum_{i=1}^{n} x_i \tag{3.1}$$

## (2)　相乗平均

**例 3.3**

優美子（ゆみこ）の預金が、2017 年に 1000 円、2018 年に 1100 円、2019 年に 1320 円に増えました。

2018 年の前年比率は $1100 \div 1000 = 110$ 〔%〕、2019 年は $1320 \div 1100 = 120$ 〔%〕です。

また、2019 年の前々年比率は $1320 \div 1000 = 132$ 〔%〕なので、平均比率はその平方根です。このとき、$\sqrt{1.32} = \sqrt{1.1 \times 1.2}$ です。

$n$ 個のデータ $x_i$ の比率や対数の平均を求めたい場合、式 (3.2) で定義される**相乗平均**（**幾何学的平均**）$\mu_{G,x}$ を用いるのが適切です。相乗平均は、対数の相加平均です。比率は負ではない前提です[2]。

$$\mu_{G,x} \equiv \sqrt[n]{\prod_{i=1}^{n} x_i} \tag{3.2}$$

$$\left( \because \ \ln \mu_{G,x} \equiv \frac{1}{n} \sum_{i=1}^{n} \ln x_i = \frac{1}{n} \ln \prod_{i=1}^{n} x_i \right)$$

---

[1]　本書では "$\equiv$" で定義を表します。

[2]　原則、自然対数は $\log_e$、常用対数は $\log_{10}$ と記します。しかし、$\log_e$ を、log と底を省略したり、ln と短く記すこともあります。一方で、log だけでは底が省略されているのか、書き忘れているのか不安になることもあるでしょう。本書では、ln と記します。なお、皆さんが手計算する際には、底は省略しない癖を付けてください。

相乗平均は、幾何学的な意味を持ちます。例えば、二次元ユークリッド空間において、2 辺が $x_1$ と $x_2$ の長方形と同じ面積の正方形の 1 辺が、この相乗平均になります。

同様に、三次元ユークリッド空間において、3 辺が $x_1$ と $x_2$ と $x_3$ の直方体と同じ体積の立方体の 1 辺が、この相乗平均になります。

---

**類題 3.3**

表 3.4 に示す昔の生産量の記録について、次の各問に答えましょう。

**表 3.4　生産量の推移**

|  | 生産量 | 前年比率 |
|---|---|---|
| 2014年 | 100 | − |
| 2015年 | 105 | 1.050 |
| 2016年 | 108 | 1.029 |
| 2017年 | 114 | 1.056 |
| 2018年 | 120 | 1.053 |
| 2019年 | 122 | 1.017 |

(1)　2014〜2019 年の平均増産量を求めましょう。

(2)　2014〜2019 年の平均増産率を求めましょう。

(3)　相加平均と相乗平均のどちらを、どんな場合に使うべきか考えましょう。

---

**答え**

(1)　$(122 - 100) \div 5 = 4.4$

(2)　$\sqrt[5]{1.050 \times 1.029 \times 1.056 \times 1.053 \times 1.017} = \sqrt[5]{\dfrac{122}{100}} \, (\approx 1.041)$

(3)　増産を絶対量としてみるべきであれは相加平均、前年生産量の影響を受ける場合にその影響を知りたいのであれば相乗平均を用います。

## (3)　調和平均

**例 3.4**

自宅から駅までの 1800 m を、自転車で通学します。自転車の速さは通常 15 km/h ですが、往きは追い風で 20 km/h となり 0.09 h（= 5.4 min）掛かり、復りは向かい風で 10 km/h となり 0.18 h（= 10.8 min）掛かりました。このとき、往復の速さの平均は、

$$1800 \text{ [m]} \times 2 \div (0.09 + 0.18) = 13.\dot{3} \text{[km/h]}$$

と言えますが、この値は、

$$\left( \frac{1}{20} + \frac{1}{10} \right) \div 2 = \frac{1}{13.\dot{3}}$$

と求められます。

　逆数の相加平均を、**調和平均** $\mu_{H,x}$ と言い、式 (3.3) で定義されます。同一量の変化率の統合化[*3]において、有効な概念です。

$$\frac{1}{\mu_{H,x}} \equiv \frac{1}{n} \sum_{i=1}^{n} \frac{1}{x_i}$$

すなわち、

$$\mu_{H,x} = \frac{n}{\displaystyle\sum_{i=1}^{n} \frac{1}{x_i}} \tag{3.3}$$

---

**類題 3.4**

　数学と国語の試験を受けました。

(1)　数学 I の 2 題に 30 分、数学 II の 2 題に 40 分、数学 III の 2 題に 45 分をかけて解きました。数学全体を解く速さが、数学 I、数学 II、数学 III、それぞれを解く速さの調和平均になっていることを確認しましょう。

(2)　現代国語の 10 題に 40 分、古文の 5 題を 20 分、漢文の 5 題を 15 分かけて解きました。国語全体を解く速さと、それぞれの科目を解く速さの関係は調和平均になっているでしょうか。

---

[*3]　$T \div v_i = t_i \ (i = 1 \sim n)$ を考えます。$T \left( \displaystyle\sum_{i=1}^{n} \frac{1}{v_i} \right) = \displaystyle\sum_{i=1}^{n} t_i$ なので、

$$\sum_{i=1}^{n} \frac{1}{v_i} = \frac{1}{\dfrac{T}{\displaystyle\sum_{i=1}^{n} t_i}}$$

この考え方が、調和平均の根源にあります。

**答え**

(1) 数学 I を解く速さは $\dfrac{2}{30} = \dfrac{1}{15}$、数学 II の速さは $\dfrac{2}{40} = \dfrac{1}{20}$、数学 III の速さは $\dfrac{2}{45}$。他方、全体の速さは

$$\frac{2+2+2}{30+40+45} = \frac{6}{115}$$

それぞれを解く速さの調和平均は

$$\frac{15+20+22.5}{3} = 19.1\dot{6} = \frac{115}{6}$$

と、全体の速さの逆数です。

(2) 現代国語を解く速さは $\dfrac{10}{40} = \dfrac{1}{4}$。古文の速さは $\dfrac{5}{20} = \dfrac{1}{4}$。漢文の速さは $\dfrac{5}{15} = \dfrac{1}{3}$。他方、全体の速さは

$$\frac{10+5+5}{40+20+15} = \frac{4}{15}$$

$$\therefore \frac{4+4+3}{3} = 3.67 \neq \frac{15}{4} = 3.75$$

それぞれの問題数が異なるので、調和平均の概念は使えません[*3]。

## (4)　さまざまな平均

式の特徴を示す値（母数）$l$ を用いて、**一般化平均**を式 (3.4) で定義できます。

$$\mu_{M,x} \equiv \sqrt[l]{\frac{1}{n}\sum_{i=1}^{n} x_i{}^l} \tag{3.4}$$

$l = 1$ のときは相加平均、$l = -1$ のときは調和平均、$l \to 0$ の極限では相乗平均と同義になります。また、$l = 2$ のときを**二乗平均平方根**と言います。後述の標準偏差は、この一種です。

相加平均、相乗平均、調和平均を、**ピタゴラスの平均**と総称します。これらの値の大小関係は、必ず相加平均 $\geq$ 相乗平均 $\geq$ 調和平均となります[*4]。

---

[*4]　本書では、等号付き不等号 $\leqq$ と $\geqq$ は、印刷に用いる編集ソフトウェアの都合で $\leq$ と $\geq$ とさせて頂きます。大学 2 年生以上の理工系学生以外の方には不慣れかと思われますが、慣れて頂ければ幸いです。

**類題 3.5**

式 (3.4) における母数 $l$ に 1 と $-1$ を代入して、それぞれの場合に相加平均と調和平均になるかを確認しましょう。

**答え**

- $l = 1$ のとき、

$$\mu_{M,x} = \frac{1}{n} \sum_{i=1}^{n} x_i$$

で、確かに式 (3.1) と一致します。

- $l = -1$ のとき、

$$\mu_{M,x} = \left( \frac{1}{n} \sum_{i=1}^{n} \frac{1}{x_i} \right)^{-1}$$

で、確かに式 (3.3) と一致します。

## (5)　連続分布における平均

入力データ $x_i$ と出力データ $y_i = f(x_i)$ が連続値の場合、平均 $\mu_y$ は一般的に相加平均で定義され、式 (3.5) の通りとなります。

$$\mu_y = \frac{1}{x_2 - x_1} \int_{x_1}^{x_2} f(x) \, dx \tag{3.5}$$

## (6)　移動平均

時々刻々と発生し続けているデータの平均は、期間（範囲）を定めて、その平均を計算します。移動平均は、最新のデータ $n$ 個から求めることが多いです。

**類題 3.6**

本年度の所属する野球チームの勝敗は、初戦（左端）から最近（右端）まで次の通りです。移動平均の概念を使って、成績を分析してみましょう。

×○××× 　○××○× 　×○×○× 　○○×○× 　○○○×○ 　○

**答え**

　まず、全体としては 13 勝 13 敗で、勝率は 50% です。しかし、最新の 10 試合を見ると 7 勝 3 敗と、勝率 70% です。

　勝点を 1 点として移動平均を求めると、最新 10 試合では 0.7、中間の 10 試合（例えば 8 試合目〜17 試合目）では 0.5、最初の 10 試合では 0.3 です。

　尻上がりに調子が出てきていると言えます。

## (7)　加重平均

　要素の重要性に差があるとき、その重要性を数値化した**重み** $w_i$ を設定し、平均するときに式 (3.6) を用いて考慮します。これを**加重平均**と言います。また、加重平均は $w_i = 1$ で相加平均と一致します。

$$\mu_x = \frac{\displaystyle\sum_{i=1}^{n} w_i x_i}{\displaystyle\sum_{i=1}^{n} w_i} = \sum_{i=1}^{n} \frac{w_i}{W} x_i \quad \left(\text{ただし、} \sum_{i=1}^{n} w_i = W \text{（定数）}\right) \quad (3.6)$$

**例 3.5**　**第 2 章の例 2.1 の続き**

　正二十面体のサイコロを振って、出た目の数だけコインをもらいます。まず、サイコロが均一でどの目も同じ確率で出るのであれば、もらえるコインの数 $x_i = 1, \ldots, 20$ が、それぞれ確率 $\frac{1}{20}$ で出ます。

　式 (3.6) において、$\frac{w_i}{W}$ を目 $x_i$ が出る確率だとすると、$\mu_x$ は期待値の $\frac{210}{20} = 10.5$ を計算します。

　コインを平均的に 10.5 個もらえそうである、と言えます。

**類題 3.7**

　その正二十面体のサイコロが、1 の目と 13 の目だけほかより 2 倍出やすかった場合の期待値を求めてみましょう。

**答え**

1と13だけ重みは2（確率は $\frac{2}{22}$）、ほかは1（確率は $\frac{1}{22}$）です。
したがって、期待値は $\frac{224}{22} = 10.2$。

### (8) 度数分布表の平均の求め方

度数分布表の平均は、（階級値）×（度数）÷（総度数）で求めます。度数が加重平均の重みに相当しています。

ところで、表3.2には、平均を求める際の致命的なデータの欠落があります。最後の階級幅が「2500万円以上」であり、階級値が算出できません。

意外と巷には、このようなデータが多くみられます。一方で、この階級値は大きいので、無視もできません。

そんな場合には、この階級の手前まで、と話を限定するか、何らかの仮定を置いて階級値を設定する工夫が必要です。

---

**類題 3.8**

表3.2の各平均年収を、最後の階級値を4000万円にして求めましょう。

---

**答え**

- 男性：540.9万円（2006年）、509.2万円（2010年）。
- 女性：269.3万円（2006年）、267.5万円（2010年）。

後述の類題3.12（62ページ）を参照してください。

# 3.4 偏差・変動・分散・標準偏差

データ群の特性として、全体的な位置のほかに、バラつきの大きさも重要です。一般的には、全体的な位置（つまり平均）からのバラつきを考えます。

**例 3.6 例 3.1 の再掲**

女子の年齢、身長、体重について、バラつきを調べましょう。各データの平均 $\mu_x$ からの距離を**偏差** $\Delta x_i$ と言います。

平均の性質上、偏差の総和は 0 になります。これでは、データ群全体のバラつきを数値化できません。

$$\Delta x_i \equiv x_i - \mu_x, \qquad \sum_{i=1}^{n} \Delta x_i = 0 \tag{3.7}$$

そこで、2 乗します。偏差の 2 乗の総和を**変動** $S$ と言います。データが平均から離れるほど、変動は大きくなります。単位も、元データの 2 乗となります。

$$S \equiv \sum_{i=1}^{n} \Delta x_i{}^2 = \sum_{i=1}^{n} (x_i - \mu_x)^2 \tag{3.8}$$

ところが、データ数が多くても変動は大きくなります。したがって、データ数で割り、バラつきの大きさのみを反映させます。変動をデータ数で割った値を**分散** $\sigma^2$ と言います。単位は、元データの 2 乗のままです。後述の不偏分散は違う数値ですので、注意しましょう。

$$\sigma^2 \equiv \frac{S}{n} = \frac{1}{n} \sum_{i=1}^{n} \Delta x_i{}^2 = \frac{1}{n} \sum_{i=1}^{n} (x_i - \mu_x)^2 = \frac{1}{n} \sum_{i=1}^{n} x_i{}^2 - \mu_x{}^2 \tag{3.9}$$

最後に、単位を元データと同じにします。分散の平方根を**標準偏差** $\sigma$ と言います。平均で割ると、後述の**変動係数**（4.4 節）になります。

$$\sigma \equiv \sqrt{\frac{S}{n}} = \sqrt{\frac{1}{n} \sum_{i=1}^{n} \Delta x_i{}^2} = \sqrt{\frac{1}{n} \sum_{i=1}^{n} (x_i - \mu_x)^2} \tag{3.10}$$

**類題 3.9**

表 3.1 (a) の各データの偏差、データ群の分散と標準偏差を求めましょう。また、それぞれの分散と標準偏差の単位を確認しましょう。

**答え**

表 3.5 のようになります。年齢、身長、体重それぞれについて単位は、分散が〔歳²〕、〔cm²〕、〔kg²〕、標準偏差が〔歳〕、〔cm〕、〔kg〕です。

表 3.5　女子集団のデータ例（バラつきに関する間接データ付き）[23, 24]

| 2014年女子 | | 年齢 | | | 身長 | | | 体重 | | |
|---|---|---|---|---|---|---|---|---|---|---|
| | | 実値 | 偏差 | 偏差$^2$ | 実値 | 偏差 | 偏差$^2$ | 実値 | 偏差 | 偏差$^2$ |
| 個人値 | 優美子 | 26 | 2.83 | 8.03 | 169.5 | 4.33 | 18.78 | 60.0 | 2.80 | 7.84 |
| | 智　美 | 25 | 1.83 | 3.36 | 170.3 | 5.13 | 26.35 | 60.7 | 3.50 | 12.25 |
| | 蓮　香 | 23 | −0.17 | 0.03 | 164.5 | −0.67 | 0.44 | 55.7 | −1.50 | 2.25 |
| | 貴美子 | 22 | −1.17 | 1.36 | 165.3 | 0.13 | 0.02 | 59.5 | 2.30 | 5.29 |
| | 実　絆 | 22 | −1.17 | 1.36 | 163.4 | −1.77 | 3.12 | 56.3 | −0.90 | 0.81 |
| | 霞 | 21 | −2.17 | 4.69 | 158.0 | −7.17 | 51.36 | 51.0 | −6.20 | 38.44 |
| | 相加平均 | 23.17 | | 3.14 | 165.2 | | 16.68 | 57.2 | | 11.15 |
| | 平方根 | | | 1.77 | | | 4.08 | | | 3.34 |
| 全国平均値 | 2004年 | 25 | | | 157.5 | | | 51.2 | | |
| | 2014年 | 25 | | | 158.3 | | | 50.9 | | |

（3.14 に「分散」の吹き出し／4.08 に「標準偏差」の吹き出し）

---

**類題 3.10　[x] Excel の問題**

以下の段取りで、表 3.5 (a) を Excel シート上に再現してみましょう[*5]。

(1)　次ページにある図 3.2 のデータ（セル D7:D12 とします）の平均を計算しましょう。

(2)　図 3.2 のデータ（セル D7）の偏差を、平均（セル D13）から計算しましょう。

(3)　図 3.2 のデータ（セル E10）の偏差を 2 乗しましょう。

**答え**

ちなみに、アイコンは図 3.2 の I13 にあります。

(1)　=average(D7:D12) という式で計算できます。

(2)　=D7-D$13 という式で計算できます。

　　　これを Ctrl + c で複写し、直下のセルに Ctrl + v でペーストすると、「=D8-D$13」と入力されます。Excel では、上下方向に複写すると行番地（数字）が、左右方向に複写すると列番地（ア

---

*5　viii ページでダウンロード方法を説明しているファイルを入手していただくと、問題に取り組んでいただきやすいかもしれません。以下の設問中の D7:D12 などは、これらのファイルの該当するセルを指しています。

ルファベット）が、ずらしたセルの分だけ自動的にずれます。$を付けると、ずれなくなります。

(3)　=E10^2 という式で計算できます。

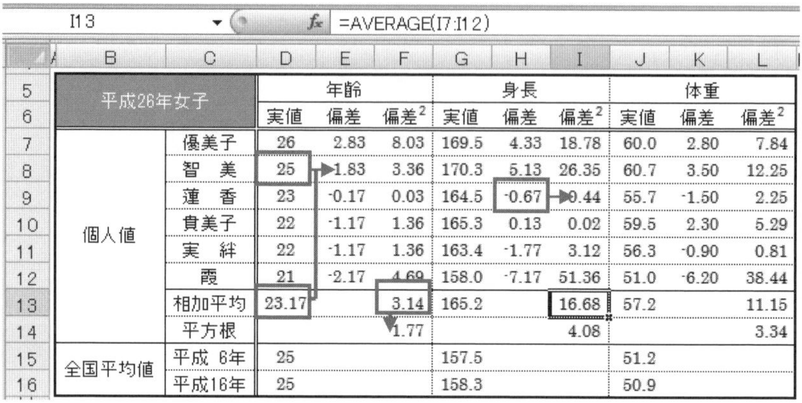

| | | | =AVERAGE(I7:I12) |
|---|---|---|---|

| | B | C | D | E | F | G | H | I | J | K | L |
|---|---|---|---|---|---|---|---|---|---|---|---|
| 5 | 平成26年女子 | | 年齢 | | | 身長 | | | 体重 | | |
| 6 | | | 実値 | 偏差 | 偏差² | 実値 | 偏差 | 偏差² | 実値 | 偏差 | 偏差² |
| 7 | 個人値 | 優美子 | 26 | 2.83 | 8.03 | 169.5 | 4.33 | 18.78 | 60.0 | 2.80 | 7.84 |
| 8 | | 智　美 | 25 | -1.83 | 3.36 | 170.3 | 5.13 | 26.35 | 60.7 | 3.50 | 12.25 |
| 9 | | 蓮　香 | 23 | -0.17 | 0.03 | 164.5 | -0.67 | 0.44 | 55.7 | -1.50 | 2.25 |
| 10 | | 貴美子 | 22 | -1.17 | 1.36 | 165.3 | 0.13 | 0.02 | 59.5 | 2.30 | 5.29 |
| 11 | | 実　絆 | 22 | -1.17 | 1.36 | 163.4 | -1.77 | 3.12 | 56.3 | -0.90 | 0.81 |
| 12 | | 霞 | 21 | -2.17 | 4.69 | 158.0 | -7.17 | 51.36 | 51.0 | -6.20 | 38.44 |
| 13 | | 相加平均 | 23.17 | | 3.14 | 165.2 | | 16.68 | 57.2 | | 11.15 |
| 14 | | 平方根 | | | 1.77 | | | 4.08 | | | 3.34 |
| 15 | 全国平均値 | 平成 6年 | 25 | | | 157.5 | | | 51.2 | | |
| 16 | | 平成16年 | 25 | | | 158.3 | | | 50.9 | | |

**図 3.2　表 3.5 (a) の作り方の説明図**

# 3.5　代表値

　平均や標準偏差のように、そのデータ群の特性を示す値を**代表値**と総称します。一般的に平均が常用されますが、ピークが複数ある分布や平均周囲にデータが少ない分布の代表値としては、平均は適切ではありません。そういった場合などに用いられるその他の代表値を、以下に示します。

## (1)　最大値と最小値

### 例 3.7

　表 3.1 (a) の女子集団の身長データにおいては、**最大値** $x_{\max}$ は智美の170.3 cm で、**最小値** $x_{\min}$ は霞の 158.0 cm です。最大値と最小値は、存在しているデータにおけるバラつきの上下限を示すので、データ群の重要な特徴となるときがあります。

## (2) 中央値と四分位値

**例 3.8** **例 3.7 の続き**

**中央値** $x_{\mathrm{med}}$ は、大きい順に並べた要素の真ん中の値です[6]。要素数が奇数のときには要素の値そのものとして存在しますが、この女子身長データは 6 要素なので、前後の 2 要素、美貴子165.3 cm と蓮華164.5 cm の平均 164.9 cm を中央値とします。

中央値は、平均値より的確な代表値となることもあります。例えば、平均値が極端に離れたデータの影響を受けるのに対して、 中央値は受けにくいです。

また、データ数が多くなると、**四分位値**も意味を成してきます。中央値の要素より小さい要素群と大きい要素群に分け、前者の中央値を**第一四分位値** $x_{1Q}$、後者の中央値を**第三四分位値** $x_{3Q}$ とします。第二四分位値 $x_{2Q} =$ 中央値です。複数のピークを持つ分布のバラつきの表現には、 分散より四分位値が適しています。この女子の身長データには中央値の要素がないので、美貴子と蓮華の間で 3 人ずつの短身グループと長身グループに分け、各グループの中央値、すなわち、実絆の 163.4 cm を $x_{1Q}$、優美子の 169.5 cm を $x_{3Q}$ とします。

式 (3.11) で定義する**四分偏差値** $x_Q$（**四分位範囲**、四分位数範囲）を代表値にすることもあります。これは中央値周囲の全要素の半数の値の幅を意味し、値が小さいほどデータが中央に密集していることを示します。

$$x_Q \equiv \frac{1}{2}\,\mathrm{IQR} = \frac{1}{2}(x_{1Q} - x_{3Q}), \quad \mathrm{IQR} \equiv x_{1Q} - x_{3Q} \tag{3.11}$$

**類題 3.11**

表 3.1 の男子身長データについて、平均値、中央値、第一四分位値、第三四分位値を求めてみましょう。

**答え**

- 平均値は 171.8 cm（相加平均として）。
- 中位値は大地と譲の 171.0 cm と、隆太郎の 172.0 cm の間。3 人いる

---

[6]　階級の値を代表する階級範囲の中央の値は普通「中央値」と言いますが、データ群の要素の値としての中央値は「中位値」や「中間値」と呼ぶこともあります。

ので、この場合の値は

$$(171.0 \times 2 + 172.0) \div 3 = 171.3$$

● 第一四分位値は沙次郎の 171.0 cm。
● 第三四分位値は大地と譲の 172.2 cm。

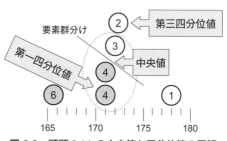

**図 3.3　類題 3.11 の中央値と四分位値の図解**

## (3)　最頻値

ヒストグラムのピークを示す値を、**最頻値（並み数）** と言います。

**例 3.9**　例 3.2 の派生

表 3.2 の 2006 年男性データの度数分布表の最頻値は、350 万円の階級です。ただし、450 万円の度数も大差なく、階級範囲が 100 万円と狭くなく不連続であることから、詳細に求めることもあります。以下の (3) を参照してください。

**類題 3.12**　🅇 Excel の問題

表 3.2 の 2006 年男性データ（中央値 ＝ セル Z4:Z17、度数 ＝ セル AA4:AA17 とします）から、以下の値を求めてみましょう。

(1)　最大値、平均値、最小値
(2)　第一四分位値、中央値、第三四分位値
(3)　最頻値

**答え**

(1) ● 最大値：=MAX(Z4:Z17)

● 平均値：=SUMPRODUCT(Z4:Z17,AA4:AA17)/SUM(AA4:AA17)

● 最小値：=MIN(Z4:Z17)

(2) まず、累積度数（AA4:AA17）を計算しておきます。また合計度数の $\frac{1}{4}$ 倍（AB25）、$\frac{1}{2}$ 倍（AA23）、$\frac{3}{4}$ 倍（AB24）を計算しておきます。

● 第一四分位値：=(Z10*(AB25-AB9)+Z9*(AB10-AB25))/AA10

● 中央値：=(-(AA23-AB8)*Z7-(AB7-AA23)*Z8)/(AB8-AB7)

● 第三四分位値：=($Z7*(AB24-AB6)+$Z6*(AB7-AB24))/AA7

(3) 最頻値：=(AA7*Z7+AA8*Z8)/(AA7+AA8)

　同じようにして、その他のデータ群についても、各値を計算してみましょう。表 3.6 に一覧にします。

表 3.6　男女給与所得者の 2006 年と 2010 年の年収別人数度数分布の代表値[25]

| 男性の年収〔万円〕 | | | 性 | 女性の年収〔万円〕 | | |
|---|---|---|---|---|---|---|
| 2006年 | 増減 | 2010年 | 年 | 2006年 | 増減 | 2010年 |
| 612.4 | 減 | 565.9 | 第一四分位数 | 307.5 | 減 | 305.5 |
| 412.8 | 減 | 389.2 | 中央値 | 178.8 | 増 | 181.3 |
| 269.6 | 減 | 258.0 | 第三四分位数 | 81.4 | 増 | 84.1 |
| 171.4 | 減 | 153.9 | 四分偏差 | 113.1 | 減 | 110.7 |
| 399.3 | 減 | 398.0 | 最頻値 | 195.2 | 増 | 196.8 |
| 540.9 | 減 | 509.2 | 平均 | 269.3 | 減 | 267.5 |

# 3.6　線形変換と独立事象の和積

## (1) 線形変換

　集団 $X \ni x_i\ (i = 1, \ldots, n)$ に対して、$x_i$ を線形変換 $y_i = ax_i + b$ した新しい集団 $Y \ni y_i\ (i = 1, \ldots, n)$ を作れます。このとき、変換前後の各集団の総和、平均、偏差、変動、分散、標準偏差は、表 3.7 の通りになります。

**表 3.7　線形変換前後の代表値一覧**

| 集団 $X$ | 代表値 | 集団 $Y$ |
|---|---|---|
| $T_x \equiv \sum\limits_{i=1}^{n} x_i$ | 総和 | $T_y \equiv \sum\limits_{i=1}^{n} y_i = \sum\limits_{i=1}^{n} (ax_i + b) = aT_x + nb$ |
| $\mu_x \equiv \dfrac{T_x}{n}$ | （相加）平均 | $\mu_y \equiv \dfrac{T_y}{n} = a\dfrac{T_x}{n} + b = a\mu_x + b$ |
| $\Delta x_i \equiv x_i - \mu_x$ | 偏差 | $\Delta y_i \equiv y_i - \mu_y = ax_i - a\mu_x = a\Delta x_i$ |
| $S_x \equiv \sum\limits_{i=1}^{n} \Delta x_i{}^2$ | 変動 | $S_y \equiv \sum\limits_{i=1}^{n} \Delta y_i{}^2 = \sum\limits_{i=1}^{n} a^2 \Delta x_i{}^2 = a^2 S_x$ |
| $\sigma_x{}^2 \equiv \dfrac{S_x}{n}$ | 分散 | $\sigma_y{}^2 \equiv \dfrac{S_y}{n} = \dfrac{a^2 S_x}{n} = a^2 \sigma_x{}^2$ |
| $\sigma_x \equiv \sqrt{\sigma_x{}^2}$ | 標準偏差 | $\sigma_y \equiv \sqrt{\sigma_y{}^2} = a\sigma_x$ |

---

**類題 3.13**

　集団 $X \ni x_i$ $(i = 1, \ldots, n)$ に対して、線形変換した新しい集団 $Y \ni y_i$ $(i = 1, \ldots, n)$ を作りました。次の各問に答えましょう。

(1)　$y_i = 2x_i$ のとき、分散を求めましょう。

(2)　$y_i = 5x_i - 10$ のとき、分散を求めましょう。

(3)　$y_i = x_i + 6$ のとき、総和を求めましょう。

**答え**

(1)　$\sigma_y{}^2 = 4\sigma_x{}^2$

(2)　$\mu_y = 5\mu_x + 10$

(3)　$T_y = T_x + 6n$

## (2)　独立な確率変数の積の期待値

　確率変数 $x$ と $y$ が互いに独立な場合、式 (3.12) に示す通り、その積の期待値は期待値の積になります。

$$E(xy) = E(x)E(y) \tag{3.12}$$

類題 3.14

具体的に、$X = \{X_1,\, X_2\}$、$P(X_i) = p_i$、$Y = \{Y_1,\, Y_2\}$、$P(Y_i) = q_i$ の場合に、$E(XY)$ を計算してみましょう。

**答え**

$$E(XY) = \frac{p_1 q_1 + p_1 q_2 + p_2 q_1 + p_2 q_2}{4} = \frac{p_1 + p_2}{2} \cdot \frac{q_1 + q_2}{2}$$
$$= E(X)E(Y)$$

## (3) 独立な確率変数の和の分散

分散 $\sigma^2$ は、変数を明らかにしたいときには $V(x)$ と書きます。確率変数 $x$ と $y$ が互いに独立な場合、式 (3.13) に示す通り、その和の分散は、分散の和になります。

$$\begin{aligned}
V(x+y) &= E\{(x+y)^2\} - E^2(x+y) \\
&= E(x^2 + 2xy + y^2) - \{E(x) + E(y)\}^2 \\
&= \{E(x^2) + 2E(xy) + E(y^2)\} - \{E^2(x) + 2E(x)E(y) + E^2(y)\} \\
&= E(x^2) + 2E(x)E(y) + E(y^2) - E^2(x) - 2E(x)E(y) - E^2(y) \\
&= E(x^2) - E^2(x) + E(y^2) - E^2(y) \\
&= V(x) + V(y) \qquad\qquad\qquad\qquad\qquad\qquad\qquad (3.13)
\end{aligned}$$

**類題 3.15**

1, 2, 3 のカードが入った箱 A と、2, 3, 4 のカードが入った箱 B から、1 枚ずつカードを取り出し二つの数値を足します。その値の分散を計算しましょう。

**答え**

A の分散は、

$$\{(3-2)^2 + (2-2)^2 + (1-2)^2\} \div 3 = \frac{2}{3}$$

B の分散は、

$$\{(4-3)^2 + (3-3)^2 + (2-3)^2\} \div 3 = \frac{2}{3}$$

$$\therefore \frac{2}{3} + \frac{2}{3} = \frac{4}{3}$$

## 3.7　箱髭図

複数の分布を比較する際、図 3.4 に示す**箱髭図**を用いることがあります。複数の代表値を同時に比較でき、分布の違いをイメージしやすいです。

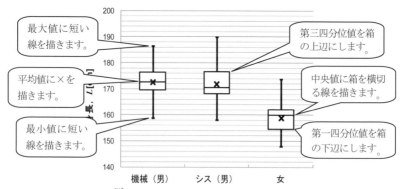

**図 3.4　箱髭図の例（機械学科の男子、システム学科の男子、2 学科を合わせた女子の身長分布比較）** [26]

### 章 末 問 題

**3.1**　次の五つの要素を持つデータ群があります。以下の平均を求めましょう。

21, −8, 16, 7, −20

(1) 相加平均　　　　　(2) 相乗平均　　　　　(3) 調和平均

**3.2**　次の数値は、1992 年から 2019 年の東京の平均気温 [27] です。移動平均を利用して、何が言えるか考えてみましょう。

16.0, 15.5, 16.9, 16.3, 15.8, 16.7, 16.7, 17.0, 16.9, 16.5, 16.7, 16.0, 17.3, 16.2, 16.4, 17.0, 16.4, 16.7, 16.9, 16.5, 16.3, 17.1, 16.6, 16.4, 16.4, 15.8, 16.8, 17.4

**3.3**　$\mu_y = f(x) = e^{-\frac{x}{2}}$ のとき、$x : -1\sim1$ の平均値 $\mu_y$ を求めなさい。

**3.4** 要素数 11 の A から E の分布を、比較しなさい。

(1) 分布 A の分散が 0 でした。この分布はどんな分布か述べなさい。

(2) 分布 B の全ての要素に 15 を加えると、分布 C の全ての要素と一致しました。分布 B と C の平均、分散、第三四分位値は一致するか、述べなさい。

(3) 分布 B と D の平均と中央値は同じでした。また、第一四分位値および第三四分位値は、分布 B では平均から ±17 程度、分布 D では平均より ±32 程度離れていました。B と D の共通点と相違点を述べなさい。

(4) 分布 E は、分布 B より平均が 55 程度低く、第一四分位値は 63 程度低い値でした。分布 E の第三四分位値について、分布 B と比べてわかることを述べなさい。

(5) 次のグラフは、分布 A から E のいずれかです。それぞれどの分布か答えなさい。

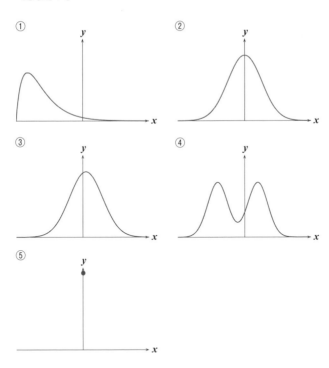

**3.5**　表 3.1 (b) の男子データ群の年齢、身長、体重の分散と標準偏差を、類題 3.10、図 3.2 のように計算しなさい。

**3.6**　表 3.2 の階級数を 7 にまとめます。

　　(1)　**表 3.8** の空白を埋めなさい。
　　(2)　ヒストグラムを男女別に作りなさい。
　　(3)　14 階級の場合と比べて、わかることを述べなさい。
　　(4)　14 階級のヒストグラムをみて、わかることを述べなさい。

表 3.8　**男女給与所得者の 2006 年と 2010 年の年収[25] 別人数度数分布表（7 階級）**

| 人数 $N$〔千人〕 年収〔万円〕 | 男性 | | | |
| --- | --- | --- | --- | --- |
| | 2006年 | | 2010年 | |
| 0 〜 200 (　　) | | | | |
| 200 〜 400 (　　) | | | | |
| 400 〜 600 (　　) | | | | |
| 600 〜 800 (　　) | | | | |
| 800 〜 1000 (　　) | | | | |
| 1000 〜 2000 (　　) | | | | |
| 2500 〜 (　　) | | | | |
| 合計 | 27446 | 累積 | 27288 | 累積 |

| 人数 $N$〔千人〕 年収〔万円〕 | 女性 | | | |
| --- | --- | --- | --- | --- |
| | 2006年 | | 2010年 | |
| 0 〜 200 (　　) | | | | |
| 200 〜 400 (　　) | | | | |
| 400 〜 600 (　　) | | | | |
| 600 〜 800 (　　) | | | | |
| 800 〜 1000 (　　) | | | | |
| 1000 〜 2000 (　　) | | | | |
| 2500 〜 (　　) | | | | |
| 合計 | 17438 | 累積 | 18232 | 累積 |

**3.7**　次の各問に答えなさい。

　　(1)　6 Ω と 12 Ω の抵抗による並列回路がある。この回路全体で何 Ω か求めなさい。
　　(2)　**表 3.9** は、ある非均一なサイコロの各目（根源事象）の出る確率を示しています。この非均一なサイコロを 1 回振って出る目の期待値を求めなさい。
　　(3)　**図 3.5** において、AX と BX の相乗平均になっている長さを示しなさ

い。ここで、左図において AOB は円の直径で、右図において CX は円の接線とします。

(4) 式 (3.9)（58 ページ）の右辺を導きなさい。

**表 3.9　非均一サイコロ**

| 目 | 確率 | 期待値 |
|---|---|---|
| 1 | $\dfrac{1}{10}$ | |
| 2 | $\dfrac{3}{10}$ | |
| 3 | $\dfrac{2}{10}$ | |
| 4 | $\dfrac{1}{10}$ | |
| 5 | $\dfrac{2}{10}$ | |
| 6 | $\dfrac{1}{10}$ | |
| | $\dfrac{10}{10}$ | |

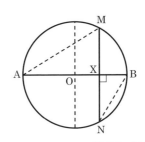 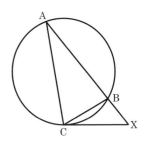

**図 3.5　円と直線**

**3.8** 次の各文が正しいかどうか、述べなさい。

(1) 表に 2、裏に 1 と書かれた二つのコインを投げたところ、2 と 1 が一つずつ出た。したがって、二つのコインの数値の和の期待値は 3 である。

(2) 上記のコイン二つを投げて、出た数字の大きいほうの数だけアメをもらえるとする。このとき、もらえるアメの個数の平均は、

$$(2 + 2 + 2 + 1) \div 4 = \frac{7}{4}$$

である。

(3) 平均が 7 の母集団から標本を抽出すると、標本の平均の期待値は 7 である。

(4) 二つの集合 $X = \{0, 2, 4, 6\}$、$Y = \{3, 7\}$ から、$X$ の要素一つと $Y$ の要素一つの積を全ての組合せで作り、それを新しい集合 $XY$ とする。

この新しい集合 $XY$ の期待値は、$X$ の期待値と $Y$ の期待値の積である。

💎**3.9** 集合 $x$（標本数 $n_x$、総和 $T_x$、変動 $S_x$、標準偏差 $\sigma_x$）を一次変換した集合 $y$ について、次の計算をしなさい。

(1) 集合 $x$（$n_x = 15$、$T_x = 240$）のときに、一次変換 $y = 2x - 10$ した集合 $y$ の平均 $\mu_y$。

(2) 集合 $x$（$n_x = 8$、$\mu_x = -2$）のときに、一次変換 $y = -5x + 4$ した集合 $y$ の総和 $T_y$。

(3) 集合 $x$（$n_x = 10$、$S_x = 70$）のときに、一次変換 $y = 3x + 10$ した集合 $y$ の分散 $\sigma^2{}_y$。

(4) 集合 $x$（$n_x = 6$、$\sigma_x = 2$）のときに、一次変換 $y = 0.5x + 5$ した集合 $y$ の変動 $S_y$。

💎**3.10** 赤、黄、緑のサイコロを同時に振るとします。次の各問に答えなさい。

(1) 出た目の積の期待値を求めなさい。

(2) 出た目の和の期待値と分散を求めなさい。

(3) 赤の目を 1 の位、黄の目を 10 の位、緑の目を 100 の位にした 3 桁の数字を作ります。できた数字の期待値と分散を計算しなさい。

💎**3.11** 下の 36 個のデータ群があります。次の問いに答えなさい。

3, 4, 4, 4, 5, 5, 5, 5, 5, 5, 5, 6, 6, 6, 6, 6, 7, 7, 7, 8, 9, 16, 17, 17, 17, 18, 18, 18, 19, 19, 19, 19, 20, 20, 21, 22

(1) ヒストグラムを描きなさい。

(2) 平均、第一四分位値、中央値、第三四分位値、最頻値、最大値、最小値を求めなさい。

(3) 上記 (2) で求めた値のどれを代表値とすべきか、理由とともに述べなさい。

(4) 箱髭図を描きなさい。また、この箱髭図の特徴を述べなさい。

<br>

第 **4** 章

---

# 相　関

　本章では、二つのデータの特性に同期性がある、すなわち相関があるかどうかについて、散布図や相関係数を用いて調べる方法を学習します。

　前章と合わせて、本章は一般的な統計処理の基礎を成していますので、慣れるまで繰り返し問題を解いて習熟しましょう。

　また、変動係数についても解説します。

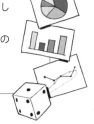

# 4.1　正の相関・負の相関・無相関

　ある特性値 $x$（例えば身長）が上がると、別の特性値 $y$（例えば体重）も上がるとき、これらの間に**正の相関**があると言います。他方、$x$ が上がると $y$ が下がるとき、**負の相関**があると言います。どちらでもないとき、これらは**無相関**です。また、$x$ と $y$ をそれぞれ横軸と縦軸にとったグラフを、**散布図**（**相関図**）と言います。

**例 4.1**

　表 4.1 (b)（次ページ）に示す、三重分類の男性集団 $X_m$ データがあります。この身長と体重の散布図を作ると、図 4.1 (b)（73 ページ）のようになります。

　顕著な相関があるときは散布図を見ただけでも相関があることがわかりますが、この男性集団 $X_m$ に相関があるかどうかは見た目にはわかりません。

**表 4.1　三重分類のデータの相関計算表**[23, 24]

(a) 女子集団

| 2014年女子 | | 身長 | | | 体重 | | | 相関 |
|---|---|---|---|---|---|---|---|---|
| | | 実値 | 偏差 | 偏差$^2$ | 実値 | 偏差 | 偏差$^2$ | 偏差$^2$ |
| 個人値 | 優美子 | 169.5 | 4.33 | 18.78 | 60.0 | 2.80 | 7.84 | |
| | 智　美 | 170.3 | 5.13 | 26.35 | 60.7 | 3.50 | 12.25 | |
| | 蓮　香 | 164.5 | −0.67 | 0.44 | 55.7 | −1.50 | 2.25 | |
| | 貴美子 | 165.3 | 0.13 | 0.02 | 59.5 | 2.30 | 5.29 | |
| | 実　絆 | 163.4 | −1.77 | 3.12 | 56.3 | −0.90 | 0.81 | |
| | 霞 | 158.0 | −7.17 | 51.36 | 51.0 | −6.20 | 38.44 | |
| | 相加平均 | 165.2 | | 16.68 | 57.2 | | 11.15 | |
| | 平方根 | | | 4.08 | | | 3.34 | |
| 全国平均値 | 1994年 | 157.5 | | | 51.2 | | | |
| | 2004年 | 158.3 | | | 50.9 | | | |

(b) 男子集団

| 2014年男子 | | 身長 | | | 体重 | | | 相関 |
|---|---|---|---|---|---|---|---|---|
| | | 実値 | 偏差 | 偏差$^2$ | 実値 | 偏差 | 偏差$^2$ | 偏差$^2$ |
| 個人値 | 敬 | 178.0 | 6.20 | 38.44 | 74.0 | 6.13 | 37.62 | |
| | 隆太郎 | 172.0 | 0.20 | 0.04 | 66.2 | −1.67 | 2.78 | |
| | 大　地 | 171.0 | −0.80 | 0.64 | 70.0 | 2.13 | 4.55 | |
| | 沙次郎 | 172.2 | 0.40 | 0.16 | 66.4 | −1.47 | 2.15 | |
| | 周　夫 | 166.6 | −5.20 | 27.04 | 74.6 | 6.73 | 45.34 | |
| | 譲 | 171.0 | −0.80 | 0.64 | 56.0 | −11.87 | 140.82 | |
| | 相加平均 | 171.8 | | 11.16 | 67.9 | | 38.88 | |
| | 平方根 | | | 3.34 | | | 6.24 | |
| 全国平均値 | 1994年 | 170.8 | | | 64.4 | | | |
| | 2004年 | 171.8 | | | 66.5 | | | |

**類題 4.1**

　表 4.1 (a) の女性集団 $X_f$ データについて、身長と体重の散布図を作りましょう。

**答え**

　図 4.1 (a) のようになります。見た目に正の相関が明らかです。

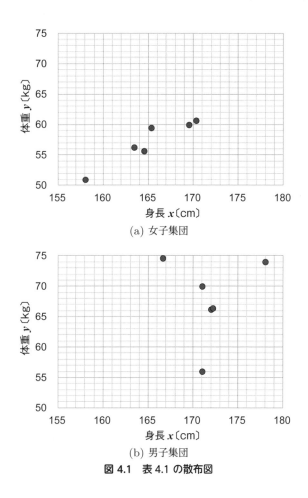

(a) 女子集団

(b) 男子集団

**図 4.1　表 4.1 の散布図**

# 4.2　共変動・共分散・相関係数

　データ $x$ とデータ $y$ の**相関係数** $r_{xy}$ は、両者の相関性を定量的に表します。表 4.1 (b) に示す男性集団 $X_m$ データは、散布図では相関性がわかりませんので、相関係数を計算する必要があります。

　偏差は平均からの逸脱の方向と度合を示します（第 3 章）。身長と体重に関して、偏差の方向が同じなら正の相関、逆なら負の相関があることになります。したがって、身長偏差 $\Delta x \times$ 体重偏差 $\Delta y$ によって身長と体重の相関性を論じられます。

そこで、**共変動** $S_{xy}$ を式 (4.1) に定義します。ここで、$x_i$ $(i = 1, \ldots, n)$ はデータ群 $X$ における個々のデータ、$\mu_x$ は平均、$\Delta x_i$ は偏差、同じく $y_i$ $(i = 1, \ldots, n)$ はデータ群 $Y$ における個々のデータ、$\mu_y$ は平均、$\Delta y_i$ は偏差を表します。

$$S_{xy} \equiv \sum_{i=1}^{n} \Delta x_i \cdot \Delta y_i = \sum_{i=1}^{n} (x_i - \mu_x)(y_i - \mu_y) \tag{4.1}$$

すなわち、共変動 $S_{xy}$ は変動 $S_x$ と $S_y$ の相乗平均のような値であり、単位は変動同様に元のデータの 2 乗となります。

また、共変動 $S_{xy}$ の平均を**共分散** $\sigma_{xy}^2$ と言います。これは二つのデータ群の相関性を表す分散に対応します（不偏分散と対応するのは不偏共分散という別の値です）。共分散 $\sigma_{xy}^2$ の定義は、式 (4.2) の通りです。

$$\sigma_{xy}^2 \equiv \frac{S_{xy}}{n} \equiv \frac{1}{n} \sum_{i=1}^{n} \Delta x_i \cdot \Delta y_i = \frac{1}{n} \sum_{i=1}^{n} (x_i - \mu_x)(y_i - \mu_y) \tag{4.2}$$

ところで、式 (4.2) と式 (3.8) から、相関とは直接関係ない標準偏差 $\sigma_x$ と $\sigma_y$ が大きいほど、共分散 $\sigma_{xy}^2$ も大きくなることがわかります。知りたいのは相関ですので、大きさの影響を相殺するために、共分散 $\sigma_{xy}^2$ を標準偏差 $\sigma_x$ と $\sigma_y$ で除した相関係数 $r_{xy}$ を式 (4.3) の通り定義します。単位は無次元化されます。

$$r_{xy} \equiv \frac{\sigma_{xy}^2}{\sigma_x \sigma_y} \tag{4.3}$$

ここで、相関係数 $r_{xy}$ は $-1$ から 1 の値をとり、完全な正の相関がある場合には 1、無相関の場合には 0、完全な負の相関がある場合には $-1$ になります。つまり、相関係数 $r_{xy}$ を求めれば、二つのデータ群間における相関の程度を定量的に論じることが可能となります。

### 例 4.2

**表 4.2** に、女子集団の身長と体重について、共分散 $\sigma_{xy}^2$ と相関係数 $r_{xy}$ を示します。

共分散 $\sigma_{xy}^2 = 12.91$、相関係数 $r_{xy} = 0.95$ で、見た目通り強い正の相関であることがわかりました。

**表 4.2 女子集団のデータの相関分析**[23, 24]

| 2014年女子 | | 身長 | | | 体重 | | | 相関 |
|---|---|---|---|---|---|---|---|---|
| | | 実値 | 偏差 | 偏差$^2$ | 実値 | 偏差 | 偏差$^2$ | 偏差$^2$ |
| 個人値 | 優美子 | 169.5 | 4.33 | 18.78 | 60.0 | 2.80 | 7.84 | 12.13 |
| | 智 美 | 170.3 | 5.13 | 26.35 | 60.7 | 3.50 | 12.25 | 17.97 |
| | 蓮 香 | 164.5 | −0.67 | 0.44 | 55.7 | −1.50 | 2.25 | 1.00 |
| | 貴美子 | 165.3 | 0.13 | 0.02 | 59.5 | 2.30 | 5.29 | 0.31 |
| | 実 絆 | 163.4 | −1.77 | 3.12 | 56.3 | −0.90 | 0.81 | 1.59 |
| | 霞 | 158.0 | −7.17 | 51.36 | 51.0 | −6.20 | 38.44 | 44.43 |
| | 相加平均 | 165.2 | | 16.68 | 57.2 | | 11.15 | 12.91 |
| | 平方根 | | | 4.08 | | | 3.34 | 0.95 |
| 全国平均値 | 1994年 | 157.5 | | | 51.2 | | | |
| | 2004年 | 158.3 | | | 50.9 | | | |

---

**類題 4.2**

表 4.1 (b) の男子集団の身長と体重について、共分散 $\sigma_{xy}{}^2$ と相関係数 $r_{xy}$ を計算しましょう。

---

**答え**

表 4.3 の通り、共分散 $\sigma_{xy}{}^2 = 1.65$、相関係数 $r_{xy} = 0.08$ と計算できます。肥満（周夫(ちかお)）と痩せすぎ（譲(ゆずる)）が 1 人ずついるので、相関性が下がってしまっていると分析できますね。

**表 4.3 男子集団のデータの相関分析**[23, 24]

| 2014男子 | | 身長 | | | 体重 | | | 相関 |
|---|---|---|---|---|---|---|---|---|
| | | 実値 | 偏差 | 偏差$^2$ | 実値 | 偏差 | 偏差$^2$ | 偏差$^2$ |
| 個人値 | 敬 | 178.0 | 6.20 | 38.44 | 74.0 | 6.13 | 37.62 | 38.03 |
| | 隆太郎 | 172.0 | 0.20 | 0.04 | 66.2 | −1.67 | 2.78 | −0.33 |
| | 大 地 | 171.0 | −0.80 | 0.64 | 70.0 | 2.13 | 4.55 | −1.71 |
| | 沙次郎 | 172.2 | 0.40 | 0.16 | 66.4 | −1.47 | 2.15 | −0.59 |
| | 周 夫 | 166.6 | −5.20 | 27.04 | 74.6 | 6.73 | 45.34 | −35.01 |
| | 譲 | 171.0 | −0.80 | 0.64 | 56.0 | −11.87 | 140.82 | 9.49 |
| | 相加平均 | 171.8 | | 11.16 | 67.9 | | 38.88 | 1.65 |
| | 平方根 | | | 3.34 | | | 6.24 | 0.08 |
| 全国平均値 | 1994年 | 170.8 | | | 64.4 | | | |
| | 2004年 | 171.8 | | | 66.5 | | | |

# 4.3　同時度数分布表

　二つのデータ群 $X$ と $Y$ を列と行に対応させ、それぞれに適切な階級 $X_i$ と $Y_j$ を設定して行列表を作り、「階級 $X_i$ と階級 $Y_j$ に同時に属している」度数を行列表の各欄に記載することができます。これを**同時度数分布表**あるいは**相関表**と言います。これらは二次元の度数分布表（3.2 節）と言えます。グラフにすることなく表のまま相関をイメージできるので、とても有効です。

　同時度数分布表から、相関係数を近似的に計算できます。

**例 4.3**

　表 4.4 は、大学 3 年生 185 人に対して、英語の能力（データ群 $X$ とします）と関心（データ群 $Y$ とします）について調査した、同時度数分布表です。

**表 4.4　ある大学における英語の能力と関心に関する同時度数分布表**[28]

| 階級範囲 | | | 英語への関心 $j$ | | | | | | | | 英語能力 $i$ | | | |
|---|---|---|---|---|---|---|---|---|---|---|---|---|---|---|
| | | | $-20$ ～ $-15$ | $-15$ ～ $-10$ | $-10$ ～ $-5$ | $-5$ ～ $0$ | $0$ ～ $5$ | $5$ ～ $10$ | | | | | | |
| | | 階級値 | $-17.5$ | $-12.5$ | $-7.5$ | $-2.5$ | $2.5$ | $7.5$ | | | 英語能力 $i$ | | | |
| | | 偏差値 | $-14.19$ | $-9.189$ | $-4.189$ | $0.811$ | $5.811$ | $10.81$ | 合計 | 元値 | 偏差 | 変動 | 共変動 |
| 英語能力 $i$ | 25 ～ 30 | 27.5 | 11.81 | 0 | 0 | 0 | 1 | 3 | 2 | 6 | 165.0 | 70.9 | 837.0 | 470.8 |
| | 20 ～ 25 | 22.5 | 6.81 | 1 | 0 | 4 | 11 | 11 | 2 | 29 | 652.5 | 197.5 | 1345.2 | 432.6 |
| | 15 ～ 20 | 17.5 | 1.81 | 1 | 2 | 19 | 22 | 19 | 1 | 64 | 1120.0 | 115.9 | 209.9 | 48.7 |
| | 10 ～ 15 | 12.5 | $-3.19$ | 1 | 9 | 18 | 28 | 11 | 0 | 67 | 837.5 | $-213.7$ | 681.5 | 273.2 |
| | 5 ～ 10 | 7.5 | $-8.19$ | 3 | 0 | 7 | 4 | 2 | 0 | 16 | 120.0 | $-131.0$ | 1073.0 | 467.0 |
| | 0 ～ 5 | 2.5 | $-13.19$ | 0 | 0 | 0 | 1 | 2 | 0 | 3 | 7.5 | $-39.6$ | 521.9 | $-164.0$ |
| 英語への関心 $j$ | | 合計 | 6 | 11 | 48 | 67 | 48 | 5 | 185 | 15.7 | 0.0 | 25.2 | 8.3 |
| | | 元値 | | | | | | | 平均 | | 分散 | 共分散 |
| | | 偏差 | | | | | | | 標準偏差 | 5.02 | |
| | | 変動 | | | | | | | 分散 | | 相関係数 |
| | | 共変動 | | | | | | | 共分散 | |

　直接データ（1.3 節 (3)）は成績と意識調査でしたが、議論しやすいようにそれを $X$ については 0～30、$Y$ については $-20$～20 の数値＝間接データに変

換しました。

例えば、英語能力 = 20～25 の階級 $X_{20\text{-}25}$ では、英語への関心の各階級 $Y_j$ に属する度数 $N_{20\text{-}25,j}$（単位は〔人〕）は 1、0、4、11、11、2 であり、合計度数 $N_{20\text{-}25}$ は 29 です。

合計度数だけみると、英語能力の各階級に属する度数 $N_i$ は 3、16、67、64、29、6 です。

さて、英語能力についてデータ処理して、共分散 $\sigma_{xy}{}^2$ を計算してみましょう。

まず、英語能力について平均 $\mu_x$ を計算します。各階級値 $x_i$ は 2.5、7.5、12.5、17.5、22.5、27.5 であり、それに度数 $N_i$ を乗じた値 7.5、120.0、837.5、1120.0、652.5、165.0（元値の列に記載の数値）より、平均 $\mu_x = 15.7$ と近似計算できます（3.3 節（8）及び式 (3.6)）。

平均値が出たので、英語能力の各階級偏差値 $\Delta x_i$ を $-13.19$、$-8.19$、$-3.19$、1.81、6.81、11.81 と計算します。これを 2 乗して度数 $N_i$ を乗じた数値を平均して、英語能力に関する分散 $\sigma^2{}_x = 25.2$、標準偏差 $\sigma_x = 5.02$ と求められます（式 (3.9)）。

さて一方、共分散 $\sigma_{xy}{}^2$ は、英語能力の各階級偏差値 $\Delta x_i$ と英語の関心の各階級偏差値 $\Delta y_i$ の積に各欄の度数 $N_{ij}$ を乗じた数値を平均して、8.3 と計算されます（式 (4.2)）。

英語の関心について同様の計算をしても、同じ値の共分散が得られます（章末問題 4.2）。

こういった同時度数分布表を作成できるようにしておきましょう。

---

**類題 4.3**

同時度数分布表と散布図の共通点と相違点を述べなさい。

**答え**

- 共通点は、相関を視覚的に二次元表現していることです。
- 対して、相違点は、散布図では 1 点 1 点が直接データであるのに対して、同時度数分布表の度数は直接データを二次元階級でグルーピングした間接データであることです。

| 類題 4.4　ⓧ Excel の問題 |
| :-- |

　Excel を使って[*1]表 4.4 の能力階級 25～30 の行（第 46 行）について、偏差値（セル AQ46 とします）、合計（セル AX46）、元値（セル AY46）、偏差（セル AZ46）、変動（セル BA46）、共変動（セル BB46）の各欄と、分散（セル BA54）欄を入力しましょう。

　なお、能力階級値（セル AP46:AP51）、関心階級値（セル AR44:AW44）、各要素数（セル AR46:AW51）です。

**答え**

- 偏差値（AQ46）：=AP46-AY$52
- 合計（AX46）：=SUM(AR46:AW46)
- 元値（AY46）：=AX46*AP46
- 偏差（AZ46）：=AQ46*AX46
- 変動（BA46）：=AQ46^2*AX46
- 共変動（BB46）：=AQ46*SUMPRODUCT(AR$45:AW$45,AR46:AW46)
- 分散（BA54）：=BA52^0.5

| 類題 4.5　ⓧ Excel の問題 |
| :-- |

　Excel を使って表 4.4 を、「3D 縦棒」形式でグラフ表示してみましょう。

**答え**

　表の範囲全体（セル AR46:AW51 とします）を選択し、「挿入」タブをクリックし、「グラフ」グループ内にある「縦棒／横棒グラフの挿入」（おすすめグラフの右上にある棒グラフにポインタを当ててみてください）を選択し、「3D 縦棒」を選択します。すると、図 4.2（次ページ）のグラフが作成されます[*2]。

---

- [*1]　viii ページでダウンロード方法を説明しているファイルを入手していただくと、問題に取り組んでいただきやすいかもしれません。以下の設問中の AQ46 などは、これらのファイルの該当するセルを指しています。
- [*2]　Excel 2016 をもとに解説しています。お手元の Excel のバージョンと異なる場合は、申し訳ありませんが、Web 等から各バージョンのグラフの作成方法を確認してください。

そして、いずれかの棒を右クリックすると、数式バーのように内容が表示されます。最後の引数の 6（あるいは 1 から 6 のいずれか）は系列番号です。

=SERIES(,,$AR$46:$AW$46,6)

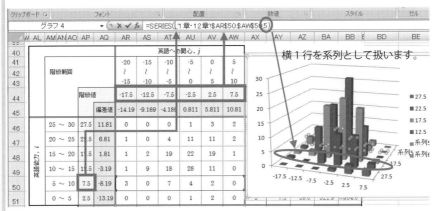

図 4.2　3D 棒グラフ作成操作画面例

# 4.4　変動係数

平均身長 20 cm のネズミの集団における、全長が 18 cm や 22 cm のネズミは、定規の目盛を 15 倍にすると、平均 3 m の像の集団における 2.7 m や 3.3 m の像と同寸法と言えます。平均値が異なる集団のバラつき度合を比較する際には、分散や標準偏差ではなく、標準偏差を平均で割った変動係数（3.4 節）で比較します。

変動係数と相関係数に直接の関係ありませんが、分析対象のデータ群によっては、相関を議論する際に変動係数を使うこともあります。変動係数と相関係数のいくつかの組み合わせの例を、表 4.5 に示します。

### 類題 4.6

表 4.1 (a)(b) の身長と体重のデータの変動係数を求めなさい。

**表 4.5　相関係数と変動係数の同時度数分布表**

(a) 相関係数 1 で変動係数同一の例

|  | A | B | C | D | E | F | G | 計 |
|---|---|---|---|---|---|---|---|---|
| ア | 1 | 0 | 0 | 0 | 0 | 0 | 0 | 1 |
| イ | 0 | 14 | 0 | 0 | 0 | 0 | 0 | 14 |
| ウ | 0 | 0 | 61 | 0 | 0 | 0 | 0 | 61 |
| エ | 0 | 0 | 0 | 100 | 0 | 0 | 0 | 100 |
| オ | 0 | 0 | 0 | 0 | 61 | 0 | 0 | 61 |
| カ | 0 | 0 | 0 | 0 | 0 | 14 | 0 | 14 |
| キ | 0 | 0 | 0 | 0 | 0 | 0 | 1 | 1 |
| 計 | 1 | 14 | 61 | 100 | 61 | 14 | 1 | 252 |

(b) 相関係数 0.5 で変動係数が 1：2 の例

|  | A | B | C | D | E | F | G | 計 |
|---|---|---|---|---|---|---|---|---|
| ア | 0 | 0 | 1 | 0 | 0 | 0 | 0 | 1 |
| イ | 0 | 0 | 10 | 4 | 0 | 0 | 0 | 14 |
| ウ | 0 | 0 | 21 | 40 | 0 | 0 | 0 | 61 |
| エ | 0 | 0 | 0 | 100 | 0 | 0 | 0 | 100 |
| オ | 0 | 0 | 0 | 40 | 21 | 0 | 0 | 61 |
| カ | 0 | 0 | 0 | 4 | 10 | 0 | 0 | 14 |
| キ | 0 | 0 | 0 | 0 | 1 | 0 | 0 | 1 |
| 計 | 0 | 0 | 32 | 188 | 32 | 0 | 0 | 252 |

(c) 相関係数 0 で変動係数同一の例

|  | A | B | C | D | E | F | G | 計 |
|---|---|---|---|---|---|---|---|---|
| ア | 1 | 0 | 0 | 0 | 0 | 0 | 0 | 1 |
| イ | 0 | 6 | 0 | 1 | 0 | 7 | 0 | 14 |
| ウ | 0 | 0 | 26 | 10 | 25 | 0 | 0 | 61 |
| エ | 0 | 1 | 10 | 78 | 10 | 1 | 0 | 100 |
| オ | 0 | 0 | 25 | 10 | 26 | 0 | 0 | 61 |
| カ | 0 | 7 | 0 | 1 | 0 | 6 | 0 | 14 |
| キ | 0 | 0 | 0 | 0 | 0 | 0 | 1 | 1 |
| 計 | 1 | 14 | 61 | 100 | 61 | 14 | 1 | 252 |

(d) 相関係数 0 で片方の変動係数が ∞ の例

|  | A | B | C | D | E | F | G | 計 |
|---|---|---|---|---|---|---|---|---|
| ア | 0 | 2 | 9 | 14 | 9 | 2 | 0 | 36 |
| イ | 0 | 2 | 8 | 15 | 9 | 2 | 0 | 36 |
| ウ | 1 | 2 | 9 | 14 | 8 | 2 | 0 | 36 |
| エ | 0 | 2 | 9 | 14 | 8 | 2 | 1 | 36 |
| オ | 0 | 2 | 9 | 14 | 9 | 2 | 0 | 36 |
| カ | 0 | 2 | 8 | 15 | 9 | 2 | 0 | 36 |
| キ | 0 | 2 | 9 | 14 | 9 | 2 | 0 | 36 |
| 計 | 1 | 14 | 61 | 100 | 61 | 14 | 1 | 252 |

**答え**

- 女子身長の変動係数：4.08〔cm〕÷ 165.2〔cm〕= 0.025
- 女子体重の変動係数：3.34〔kg〕÷ 57.2〔kg〕= 0.058
- 男子身長の変動係数：3.34〔cm〕÷ 171.8〔cm〕= 0.019
- 男子体重の変動係数：6.24〔kg〕÷ 67.9〔kg〕= 0.092

　以上より、身長より体重のほうがバラついていることがわかります。体重は遺伝的要因のほか、食生活やストレスの影響を受けやすいので、当然の結果でしょう。男子の相関のほうが悪かったですが、身長に比べ、体重のバラつきが大きいことが原因と結論づけることができます。

　ちなみに、材料力学や塑性加工を学ぶとわかりますが、1 m の寸法の物が 1 cm ぶれる、あるいは 1 cm の誤差で作るのと、10 cm の寸法の物が 1 mm ぶれる、あるいは 1 mm の誤差で作るのは、同じ力、労力を要します。

> 平均は全体的な位置なので、変動係数は位置バラつき割合と言えます。弾性（塑性）力学で使う応力（圧力）やひずみ（変形率）も割合です。割合同士の比較はわかりやすいです。

**章　末　問　題**

💎 **4.1**　図 4.3 のそれぞれの散布図の相関係数は、1、0.8、0.6、0.3、0、−1 のいずれかです。(1)〜(10) の相関係数を答えなさい。

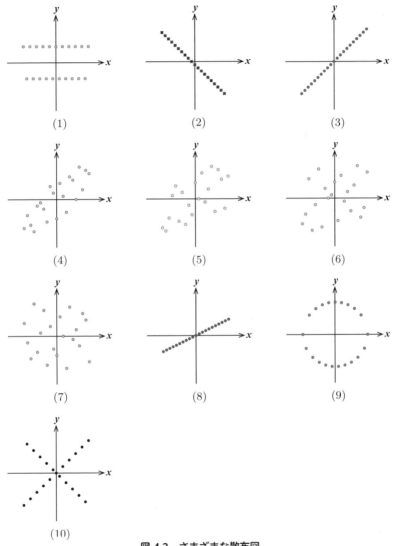

**図 4.3　さまざまな散布図**

(平成 29 年度センター試験、数学 I・数学 A に類題)

**4.2** 表 4.4（76 ページ）を完成させなさい。また、次の各問に答えなさい。

(1) 最大値を求めなさい。

(2) 分布の特徴を述べなさい。

(3) 能力または関心に着目した、それぞれの分布の特徴を述べなさい。

**4.3** 表 4.6 に、8 人の国語と数学の試験結果をまとめました。次の各問に答えなさい。

**表 4.6 国語数学の得点** [29]

|  | 国語 | 数学 |
|---|---|---|
| 百合江 | 96 | 89 |
| 弥 生 | 100 | 96 |
| 優 美 | 92 | 89 |
| 花 蓮 | 95 | 92 |
| 冴由里 | 100 | 100 |
| 真理子 | 100 | 100 |
| 雪 子 | 91 | 89 |
| 雅 美 | 100 | 87 |

(1) 国語と数学の平均点を求めなさい。

(2) 国語と数学の得点の相関を求める際に注意すべきことを述べなさい。

(3) それぞれの偏差を求めなさい。

(4) 国語と数学の得点バラつきを比較しなさい。

(5) 得点のまま（素点）の相関係数、偏差の相関係数それぞれ求めなさい。

(6) 以上の検討を踏まえて、このデータ群の相関について述べなさい。

**4.4** 表 4.7 に、日本とアメリカのウサギと人間の大きさを比較しました。次の各問に答えなさい。

**表 4.7 日米のウサギと人間の比較表** [30～34]

|  | ウサギ | | 人間 | |
|---|---|---|---|---|
|  | $\mu$ | $\sigma^2$ | $\mu$ | $\sigma^2$ |
| 日本 | 26.5 | 5.8 | 171.3 | 9.1 |
| アメリカ | 29.5 | 7.4 | 175.3 | 14.6 |

(1) ウサギについて、変動係数を求めなさい。また、そこからわかることを述べなさい。

(2) 人間について、変動係数を求めなさい。また、そこからわかることを述べなさい。

(3)　以上より、わかることをまとめなさい。

**4.5**　あるクラスの数学の試験結果と 100 m 走のタイムのデータ群があります。次の各問に答えなさい。

(1)　数学の試験結果は平均が 60 点、標準偏差が 10 点でした。また、100 m 走のタイムは平均が 15 秒、標準偏差が 3 秒でした。生徒間で能力差がよりあるのは、どちらか述べなさい。

(2)　後日、数学の試験において、試験範囲外から出題された設問があったことが判明したため、その問題を採点から除外しました。その結果、数学の試験結果は平均が 40 点、標準偏差が 10 点となりました。改めて、生徒の能力差がよりあるのは、どちらか述べなさい。

(3)　以上より、わかることをまとめなさい。

**4.6**　表 4.8 に示すデータ群があります。次の各問に答えなさい。

**表 4.8　2 要素データ例**

|      | $x$ | $y$ |
|------|-----|-----|
| 要素1 | $x_1$ | $y_1$ |
| 要素2 | $x_2$ | $y_2$ |

(1)　特性 $x$、$y$ について、それぞれの平均値を求めなさい。

(2)　特性 $x$、$y$ について、それぞれの標準偏差を求めなさい。

(3)　共分散を求めなさい。

(4)　相関係数を求めなさい。

(5)　平均値の単位を〔U〕としたとき、標準偏差、共分散、相関係数の単位を答えなさい。

(6)　相関係数が $\pm 0.5$ になるような $x_i$、$y_i$ を求めなさい。

（平成 30 年度センター試験、数学 I・数学 A に類題）

**4.7** 表 4.9 に示すデータ群について、次の各問に答えなさい。

**表 4.9 身長と体重の相関係数に関する計算用仮想データ**

| | 身長〔cm〕 | | | 体重〔kg〕 | | | 相関 |
|---|---|---|---|---|---|---|---|
| | 実値 | 偏差 | 偏差$^2$ | 実値 | 偏差 | 偏差$^2$ | 偏差$^2$ |
| 級友 A | 175.0 | | | 67.5 | | | |
| 級友 B | 165.0 | | | 62.5 | | | |
| 級友 C | 160.0 | | | 60.0 | | | |
| 平均 | 166.$\dot{6}$ | | | 63.$\dot{3}$ | | | |
| 平方根 | | | | | | | |

(1) 表 4.9 の空欄を埋めて、相関係数を求めなさい。また、対応する散布図を作りなさい。

(2) 級友 B の偏差を、身長に関しては $l$、体重に関しては $w$ とおきます。このとき、身長と体重それぞれの標準偏差を $l$ や $w$ を用いて表しなさい。

(3) 上記 (2) のとき、共分散を $l$ や $w$ を用いて表しなさい。

(4) 相関係数が 1 となる条件について、82 ページの章末問題 4.3 も参考にして述べなさい。

(5) 身長と体重について、一方、(すなわち身長または体重) が 0 であれば、他方 (すなわち体重または身長) も 0 のはずです。そこで、第 4 のデータ「身長 0 cm、体重 0 kg」を加えて、相関係数を求め直しなさい。

(6) 人体密度が不変であると仮定します。身長 (すなわち身体の上下寸法) が伸びるに従って、身体の前後寸法と左右寸法も同じ割合で伸びた場合には、体重は身長の 3 乗に比例することになります。

　また、身長 (すなわち、身体の上下寸法) が伸びても身体の前後寸法と左右寸法が不変な場合には、体重は身長に比例することになります。

　実際には、ある年齢までは前者、ある年齢からは後者に近い成長をすることがわかっているので、横軸・身長、縦軸・体重のグラフにデータは直線的に並びません。

　データが直線的に並ぶはずがないことを知らずにデータの相関を論じる際に、どんな注意をすべきか考えなさい。

第 **5** 章

# 回帰分析

前章では、二つのデータ群の間の相関性を図表や相関係数を使って
議論しました。本章では、相関性についてもう少し深堀りします。

原因となるデータ群と、結果となるデータ群の間の相関について、
数理モデルで表したり分類することで、より定量的な議論をします。

## 5.1　回帰の基本

統計に関連して、「回帰」という用語を皆さんもどこかで聞いたことがある
のではないでしょうか。それだけ、回帰は統計を使って何かを分析する際に大
変重要な、有用な手法です。

原因としての連続な**入力変数**[*1]（**説明変数**[*2]）$x$ と、結果としての連続な
**出力変数（目的変数、応答変数**[*3]）$y$ の相関を論じるにあたり、定量的な関係
の構造（＝**回帰式**）を与えることを、総じて**回帰**と言います。

回帰分析により、考えている規則性がその現象にどの程度当てはまるかを計
算し、その規則性を通してデータの奥底にあるかもしれない原理、原則を推論
したいわけです。

---

[*1]　入力変数を独立変数、出力変数を従属変数と呼ぶことも多いです。数学ではさまざまな意味
　　　でこれらの用語を使います。
[*2]　説明変数はほかに、外生変数、予測変数とも呼ばれます。
[*3]　回帰を扱う分野においては、応答変数と呼ぶことが多いようです。

　複数のデータ間に明確な因果関係が認められない場合にも、最も結論に近いデータを従属変数とみなして相関式を求めるうちに、いままで見えていなかった規則性を発見することがあります。この試行錯誤も回帰分析の一行為であり、回帰の有用性を示す一例でもあります。

　回帰は、回帰式の次数によって、線形回帰と非線形回帰に分類できます。また、入力変数の数によって、単回帰と重回帰に分類できます。

---

**類題 5.1**

　数値ではないデータの回帰は、どうやってするのか考えましょう。

---

**答え**

　回帰は数式表現を介するので、数値ではないデータを回帰できません。ただし、後述の通り、代わりに分類できます。

# 5.2　線形回帰

## (1)　**線形単回帰** [38)]

**例 5.1**

　以前、表 4.1 (a) の女子集団のデータを、図 4.1 (a) のグラフにしました（73ページ）。相関係数が 0.9 を超えるほど良い相関なので、データの間に直線を引きたいですね。身長と体重はある程度の因果関係を示すので、回帰してみましょう。

　最初に考えるべき回帰式は一次関数です。自然界は得てして単純明快です。いわゆる直線当てはめとして有名な、2 変数の一次式への回帰を、**線形単回帰**と呼びます。

　因果関係を意識せずに身長を $x$、体重を $y$ として、式 (5.1) に示す回帰式中の適切な二つの係数 $a, b$ を求めます。

$$y = ax + b \tag{5.1}$$

　「適切」とは、データ全体の中央である、と言うイメージでよいです。すなわち、回帰直線とは、「実際にはバラついているデータが、本来集まるはずの位置である」と考えます。

　係数を求める際には、各データ $(x_i, y_i)$ と、対応する回帰直線上の点 $(x_i, ax_i + b)$ との距離の二乗和が最小になるようにします。これを、<u>$x$ 上の $y$ の回帰</u>と称し、計算手法を**最小二乗法**と言います。

$$\delta \equiv \sum_i \{(ax_i + b) - y_i\}^2 \to \min. \tag{5.2}$$

高校数学レベルで方程式 (5.2) は解けて、式 (5.3) が得られます。

$$a = \frac{N\left(\displaystyle\sum_{i=1}^{N} x_i y_i\right) - T_x T_y}{N\left(\displaystyle\sum_{i=1}^{N} x_i{}^2\right) - T_x{}^2} \left(= \frac{\displaystyle\sum_{i=1}^{N}(x_i - \overline{x})(y_i - \overline{y})}{S_x}\right) = r_{xy}\sqrt{\frac{S_y}{S_x}}$$

$$b = \frac{T_y \left(\displaystyle\sum_{i=1}^{N} x_i{}^2\right) - T_x \displaystyle\sum_{i=1}^{N}(x_i y_i)}{N\left(\displaystyle\sum_{i=1}^{N} x_i{}^2\right) - T_x{}^2} = \overline{y} - a\overline{x}$$

$$\tag{5.3}$$

　表 4.1 (a) の女子集団のデータでは $a = 0.7737$、$b = -70.59$ となり、図 5.1 における細実線が回帰直線となります。なお、$a$ を $x$ 上の $y$ の**回帰係数**と言います。

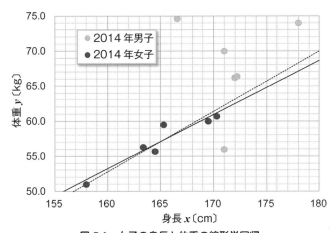

**図 5.1　女子の身長と体重の線形単回帰**

> **類題 5.2**　📊 **Excel の問題**
>
> 　上記の問題を元データ[*4]（身長はセル G7:G12、体重はセル J7:J12 とします）から Excel で、$a$ と $b$ を求めましょう。また、身長 150 cm に対する回帰直線上の体重を求めましょう。

> **答え**
>
> - 係数予測 $a$：=SLOPE(G7:G12,J7:J12)
> - 係数予測 $b$：=INTERCEPT(G7:G12,J7:J12)
>   →いずれも、第 1 引数と第 2 引数は、$y$ と $x$ のデータ（順番注意！）。
> - 体重予測：=FORECAST(150,J7:J12,G7:G12)
>   ・第 1 引数は、予測計算したい $x$ の値。
>   ・第 2 引数と第 3 引数は、$y$ と $x$ のデータ（順番注意！）。

> **類題 5.3**
>
> 　図 4.1 (b)（73 ページ）における男子データについて、身長と体重の線形回帰が可能かを考えてみましょう。

> **答え**
>
> 　身長と体重の回帰直線を素直に求めると、原点方向に伸びるべきところが、ほとんど真下に伸びそうです。データの質が悪いと、回帰が上手くいかない一例ですね。こういうときは、データを取り直すか、特殊なデータを除外することになります。

## (2)　回帰の意味

　身長と体重は、どちらが原因または結果と完全には言えないので、今度は $y$ 上の $x$ の回帰をしてみましょう。式 (5.3) の $x$ と $y$ を全て入れ替えれば $a = 1.158$、$b = 98.94$ と、図 5.1 における中太破線を回帰直線として得られます。おや、二つの回帰直線が重なりません。どちらかが間違っているのでしょ

---

[*4]　viii ページでダウンロード方法を説明しているファイルを入手していただくと、問題に取り組んでいただきやすいかもしれません。以下の設問中の J7:J12 などは、これらのファイルの該当するセルを指しています。

うか。

結論として、2本の回帰直線はどちらも正しいです。回帰させる方向（やり方）が異なったので、回帰直線（平均への近づき方）が異なっただけです。この2本の回帰直線の交点は (165.2 cm, 57.2 kg)、そう、両軸の平均点 $(\overline{x}, \overline{y})$ です。どの回帰直線も平均点を通ります[*5]。

あらゆる方向に回帰させると、最終的に平均値に至ります。平均値は、データが本来あるべき位置と言えます。方向性が明確な自然現象は、データが一時乱れた後で安定化し、平均に近づきます（**平均回帰**）。

人類はアフリカで発生した後に、各地に移住しながら多種多様化してきました。しかし、今日のグローバル社会では、人々は全地球的に交流しています。いずれ人類は、皆同じ顔や体形になるかもしれません。

**類題 5.4**

係数を求める時間がないときに備えて、簡明に回帰直線を引く工夫を検討してみましょう。

**答え**

両軸の平均値 $(\overline{x}, \overline{y})$ をまず求め、平均点を通る見た目に納得感のある直線を引きましょう。いい加減ですが、当たらずとも遠からずです。

## (3) 回帰の評価

原理的には相関係数にかかわらず回帰できますので、回帰に何か相関の程度を示す指標がほしいですね。そこで、各データの実偏差 $\delta y_i \equiv y_i - \overline{y}$ と、回帰式上の対応する回帰偏差 $\delta \widehat{y_i} \equiv \widehat{y_i} - \overline{y}$ を比較することにします。ちなみに、$\delta y_i - \delta \widehat{y_i} \equiv \delta_i$（**図 5.2** 中に示した $\delta$ は負）を**残差**と呼びます。

---

[*5]　回帰に対応する英単語 "regression" は、本来「後退」を意味するようです。チャールズ・ロバート・ダーウィンが『種の起源』を出版した後に、従兄弟のフランシス・ゴルトンがある矛盾に気づきました。すなわち、多様性を産むための有性生殖を繰り返すと、さまざまな遺伝子が混ざり合い、結局、全体の集団の中で遺伝子は平均に向かって近づいていく（回帰する）と言うのです。

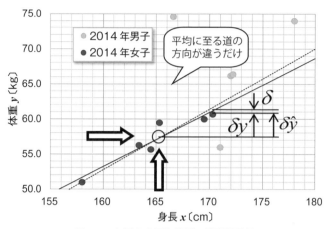

**図 5.2　女子の身長と体重の線形単回帰**

$\delta_i$ が小さいほど、良い回帰です。そこで、変動の考え方で、式 (5.4) で定義される**決定係数** $R^2$ を定めます。$\delta_i$ が小さいと $R^2$ は 1 に近づき、大きいと 0 に向かいます。表 4.1 (a)（72 ページ）のデータでは、$R^2 = 0.896$ です。

$$R^2 \equiv \frac{S_R}{S}, \quad S = S_R + S_E \qquad \left(\because \ \sum_i \delta\widehat{y}_i \cdot \delta_i = 0\right) \qquad (5.4)$$

$$\begin{cases} \text{回帰の二乗和} \quad S_R \equiv \sum_i (\delta\widehat{y}_i{}^2) \\[2mm] \text{誤差の二乗和} \quad S_E \equiv \sum_i (\delta_i{}^2) \\[2mm] \text{全二乗和＝変動} \quad S \equiv \sum_i (\delta y_i{}^2) \end{cases}$$

---

**類題 5.5**

回帰の二乗和 $S_R$ と誤差の二乗和 $S_E$ とは何か、意味を考えましょう。

---

**答え**

$S_R$ はデータの相関性による変動で、$S_E$ は回帰の良し悪しによる変動です。

## (4)　線形重回帰

例 5.2

　入力変数が $x$：図工の成績と $y$：音楽の成績、出力変数が $z$：数学の成績の**2 変数重回帰**を考えましょう。すなわち、図工と音楽ができる小学生は、高校生になって数学ができるようになるかを調べます。

表 5.1　3 教科の成績一覧

|  | 図工 | 音楽 | 数学 |
|---|---|---|---|
| 百合江 | 92 | 88 | 92 |
| 弥　生 | 95 | 84 | 95 |
| 優　美 | 85 | 82 | 86 |
| 花　蓮 | 100 | 83 | 95 |
| 冴由里 | 93 | 98 | 100 |
| 真理子 | 95 | 96 | 100 |
| 雪　子 | 82 | 100 | 93 |
| 雅　美 | 81 | 83 | 91 |

　連立方程式を解くのが、そろそろ厄介になってきました。そこで、最初からExcel を使いましょう。最初に三次元グラフでイメージを描いてみましょう。Excel で自動的にはできませんので、手で描いてみましょう。図 5.3 に、三面図[6]と回転演算を関数入力して作った 3D グラフを示します。

　単回帰のときに直線だった回帰位置は、式 (5.5) で表される平面になります。

$$z = a_x x + a_y y + b \tag{5.5}$$

類題 5.6　🆇 Excel の問題

　では、回帰式を作りましょう。表 5.1 の名前はセル C66:C73 に、図工、音楽、数学という項目名は 65 行目のセルに記録されています。

---

[6]　三面図とは、作図対象に対して正面を設定し、正面から、上方から、側方からの 3 方向から正投影図を書いた図面[37] のことです。$xyz$ 空間のグラフを描く際には、斜めから見た見取り図のほか、三面図が描けるようにしておくとイメージしやすいです。

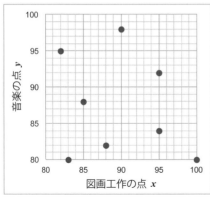

〔立体視イメージ〕

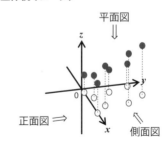

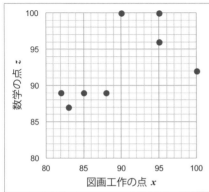

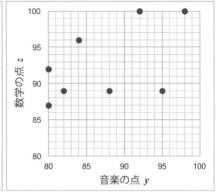

**図 5.3　例 5.2 の三面図と立体視イメージ**

答え

　重回帰の関数は、行列で与えます。$x$、$y$、$z$ の 3 変数それぞれ 4 行、すなわち 3 列 × 4 行 の範囲を最初に選択します。そして、

　　=LINEST(F66:F73,D66:E73,TRUE,TRUE)

と入力して、 Shift ＋ Ctrl ＋ Enter を押します。すると、この 15 セル全てに反映されます。確認すると、全てのセルに

　　{LINEST (F66:F73,D66:E73,TRUE,TRUE)}

と表示されます。……ここまで、まず頑張ってください。

```
=LINEST (F66:F73,D66:E73,TRUE,TRUE)
```

- 第 1 引数と第 2 引数は、出力変数（z）と入力変数（x、y）。
- 第 3 引数と第 4 引数は、何も考えずに True と入力します。

表 5.2　例 5.2 の回帰分析結果

| | | | |
|---|---|---|---|
| 偏回帰係数：$a_y$, $a_x$, $b$ | 0.524 | 0.61 | −7.721 |
| 右辺標準誤差 | 0.144 | 0.156 | 20.76 |
| 決定係数 $R^2$、左辺標準誤差 | 0.824 | 2.593 | #N/A |
| F 値、自由度 | 11.74 | 5 | #N/A |
| 偏差平方和：$S_R$, $S_E$ | 157.9 | 33.62 | #N/A |

　この結果、表 5.2 を得ます。**偏回帰係数**とは、式 (5.5) における各係数です。$a_x$ と $a_y$ の順番が逆になるので注意しましょう。偏回帰係数は、各変数の重みに相当します。

　**標準誤差**とは、各係数と左辺の、誤差としての標準偏差です。F 値とは、分散分析の結果認められた誤差変動と要因変動に分けた際の分散比に基づく F 値（12.3 節）です。自由度は、残差の自由度です。これらの詳細は省略します。

　決定係数 $R^2$ と偏差平方和 $S_R$、$S_E$ は前述の通りです。つまり、

$$157.9 \div (157.9 + 33.62) = 0.824$$

です。結論としては、良い回帰平面を得られました。図工や音楽は数学能力と関係がありそう、と言えます。

　ただし、因果関係の有無については言及できません。

# 5.3　非線形回帰分析

## (1)　回帰させる曲線の選択

　線形回帰が上手くいかないときには、直線ではなく、曲線に当てはめます。これを**非線形回帰**と言います。回帰させる曲線としてよく用いられるのが、二次関数、指数関数、対数関数、三角関数（特に正弦関数）などです。これらは、

自然現象を表現するのに好都合なことが多いです。

　回帰の弱点は、想定した曲線に強引に当てはめることです。つまり、曲線を誤って想定した場合には、低品質な回帰になってしまいます。

**例 5.3**

　図 5.4 に、同じ離散データに対して、一次回帰をした例と四次回帰をした例を比較します。一見したところ、一次回帰と四次回帰[*7]のいずれがより適切か判断付きかねます。一方、一次回帰と四次回帰では、特にデータ両端の外側において、全く違う出力変数を推定することがわかります。つまり、どちらで回帰するかは、実は大問題なのです[39]。

　回帰分析を行う際、現在扱っているデータの裏にある、現象を支配する原理がある程度でもわかっていたら、それに近い関数に当てはめるべきです。もしわからなければ、例えば期待している内容により近い関数や、あるいはより単純な関数を採用するのが無難です。

**類題 5.7**

　当てはめるべき関数が皆目検討つかない場合には、どうすべきでしょうか。

**答え**

　まずは、何はともあれ単回帰しましょう。たとえ精度不十分だったとしても、次のステップへの手掛かりを得られるかもしれません。また、上述の二次関数などを順番に試していくのもよいでしょう。当てはめるべき関数がわかるだけでも、大成果と言えます。

---

＊7　階層型ニューラルネットワーク[7)] では、層の数が増えると回帰や分類の次数が上がります。かつては 3 層が学習させられる限界でしたが、ハードウェアが進歩した今では 10 層程度なら容易に学習させられます。

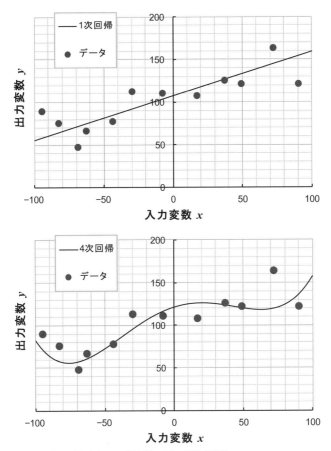

**図 5.4** 回帰の例（上：一次回帰、下：四次回帰）
（後述の 5.5 節の（3）過学習の図 5.13（107 ページ）も参照のこと）

## (2) 線形高次式への回帰

87 ページの式 (5.2) を解析的に解く場合には、いわゆる最小化問題を解く要領で微分を使います。すなわち、回帰直線を求める問題は、回帰式 (5.2) を、各係数で偏微分[*8]した式 (5.6) に示す連立方程式に置き換えられます。

---

*8 **偏微分**とは、複数の入力変数がある関数において、一つの入力変数のみに着目し、ほかの変数を定数とみなして微分する演算です。着目している変数に関する最低点、または変曲点を求めるのです。

$$\delta \equiv \sum_{i=1}^{n} \{(ax_i + b) - y_i\}^2 \qquad \text{(式 (5.2) 再現)}$$

$$= \sum_{i=}^{n} (a^2 x_i{}^2 + b^2 + y_i{}^2 + 2abx_i - 2ax_i y_i - 2by_i)$$

$$= a^2 \sum_{i=1}^{n} x_i{}^2 + nb^2 + \sum_{i=1}^{n} y_i{}^2 + 2ab \sum_{i=1}^{n} x_i - 2a \sum_{i=}^{n} x_i y_i - 2b \sum_{i=}^{n} y_i$$

$$\begin{cases} \dfrac{\partial \delta}{\partial a} = 2a \sum_{i=1}^{n} x_i{}^2 + 2b \sum_{i} x_i - 2 \sum_{i} x_i y_i = 0 \\[2mm] \dfrac{\partial \delta}{\partial b} = 2b + 2a \sum_{i} x_i - 2 \sum_{i} y_i = 0 \end{cases} \qquad (5.6)$$

式 (5.2) の $(ax_i + b) - y_i$ が

$$(ax_i + by_i + cw_i + \cdots) - z_i$$

に代わっても、式中の $a$ や $b$ などの回帰係数は最高次数が $2$ なので、式 (5.6) は一次多元連立方程式になり、解は手計算で求められます。

　したがって、線形高次式への回帰は解析的に解けます。Excel には専用関数が用意されていませんが、自分で式入力すればよいです。

---

**類題 5.8**

　式 (5.7) に回帰させる際、各回帰係数を求める式を計算しましょう。

$$y = ax^2 + bx + c \qquad (5.7)$$

---

**答え**

　式 (5.8) を解き、結果として式 (5.9) を得ます。

$$\delta \equiv \sum_{i=1}^{n} \{(ax_i{}^2 + bx_i + c) - y_i\}^2 \to \min. \qquad (5.8)$$

$$\sum_{i=1}^{n} \{(ax_i{}^2 + bx_i + c) - y_i\}^2$$

$$= a^2 \sum_{i=1}^{n} x_i{}^4 + 2ab \sum_{i=1}^{n} x_i{}^3 + (2ac + b^2) \sum_{i=1}^{n} x_i{}^2 + 2bc \sum_{i=1}^{n} x_i$$

$$+ \sum_{i=1}^{n} y_i^2 - 2a \sum_{i=1}^{n} x_i^2 y_i - 2b \sum_{i=1}^{n} x_i y_i - 2c \sum_{i=1}^{n} y_i + nc^2$$

$$\begin{cases} \dfrac{\partial \delta}{\partial a} = 2a \sum_{i=1}^{n} x_i^4 + 2b \sum_{i=1}^{n} x_i^3 + 2c \sum_{i=1}^{n} x_i^2 - 2 \sum_{i=1}^{n} x_i^2 y_i = 0 \\[3mm] \dfrac{\partial \delta}{\partial b} = 2a \sum_{i=1}^{n} x_i^3 + 2b \sum_{i=1}^{n} x_i^2 + 2c \sum_{i=1}^{n} x_i - 2 \sum_{i=1}^{n} x_i y_i = 0 \\[3mm] \dfrac{\partial \delta}{\partial c} = 2a \sum_{i=1}^{n} x_i^2 + 2b \sum_{i=1}^{n} x_i - 2 \sum_{i=1}^{n} y_i = 0 \end{cases}$$

$$(5.9)$$

## (3) 一次連立方程式を得られない非線形回帰

例えば、気温を $x$〔℃〕、湿度を $y$〔%〕、太陽照度を $w$〔lx〕、地面の太陽光線反射率を $v$〔%〕として、不快指数 $z$ を求める回帰式を式 (5.10) のように提案したとします。この式において、係数同士が乗じられますので、偏微分後に係数の高次項が残り、解析的に解けない可能性が出てきます。この場合、繰り返し代入法[*9]に基づくプログラムで数値的に解くことになります。

$$z = (ax - by)(cw + dv) \tag{5.10}$$

なお、近年の Excel では分析ツールの中に、16 変数まで対応可能な回帰分析機能が用意されています。興味のある人は、関連書籍や Web サイト等で調べてみてください。

---

*9　数値計算の基本は、入力変数に初期値を入れて方程式を計算し、方程式が成立するようにその値を細かく変更していくことです。出力変数が所定の値に近づくこと（誤差が許容誤差に近づくこと）を、**収束**と言います。

　　早く近づくような工夫が、解法の腕の見せ所です。仮に $10 = 3 - x$ を数値的に解く場合、例えば $x = 0$ を初期値とします。$3 - 0 = 3$ で 10 と合いませんので、$x$ を増やして $= 1$ とします。10 から離れましたので、転じて $x$ を減らします。こうすると、8 回変更すると $x = 7$ が得られます。この変更を繰り返す作業を**反復**と言います。

## (4) 複数の回帰の組合せ

> **例 5.4**

疲労破壊現象[40)]は、支配因子の異なる、低サイクル疲労と高サイクル疲労に大別されます。その結果、試験片の疲労強度を一つのグラフにまとめるとき、2 直線（図 5.5 では細分化して 4 直線）で回帰すべきとなります。ここで、グラフの横軸は共通して繰り返し数 $N$、縦軸は応力振幅（高サイクル疲労の場合）、または換算応力振幅（低サイクル疲労の場合）$\Delta\sigma$ です。

図 5.5 をみると、低サイクル疲労と高サイクル疲労の遷移領域（$N$ が 0.1～1 程度の範囲）では、何となく 2 直線に合っています。

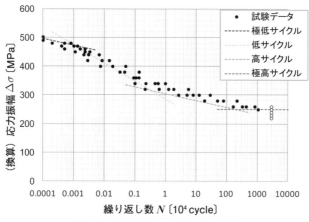

**図 5.5　疲労特性の 4 直線当てはめ**

> **例 5.5**

水平油井内で掘削管を押したとき[35, 36)]、掘削管が重力と軸力を受けて湾曲座屈します。座屈モード $n$ を横軸、座屈強度 $F_s$ を縦軸にとってグラフにすると、重力が支配的になる領域（$n \leq 3$）と、軸力が支配的になる領域（$3 < n$）があります。図 5.6 に、座屈強度を 2 曲線回帰した例を示します。

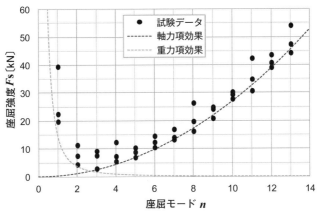

図 5.6　座屈特性の 2 曲線当てはめ

　全体を複雑な曲線に当てはめるより、いくつかのより単純な回帰を組み合わせたほうが妥当なこともあります。複数の回帰線は、異なる現象や原理が混在していることを示唆しています[41]。回帰の工夫で見えてくる、隠れた真実があるかもしれません。

類題 5.9

図 5.7 および図 5.8 に示すグラフに、適切な回帰直線を引きましょう。

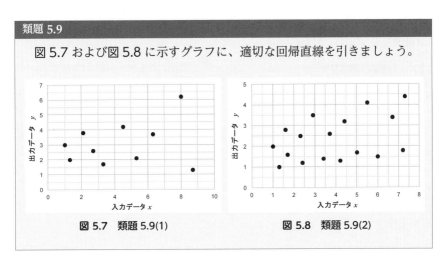

図 5.7　類題 5.9(1)　　　　　図 5.8　類題 5.9(2)

**答え**

(1) 1 本の回帰直線ではまとめられそうもありません。何だか右に行くほど散らばっていますね。こういうときは、上限と下限に線を引いてみましょう。なお、実際にこのような事例を回帰する際には、減衰や増幅する三角関数[*10]を試してみるのもよいでしょう。

(2) (1) と似ていますが、二つの違ったデータが混在しているようにも見えますね。

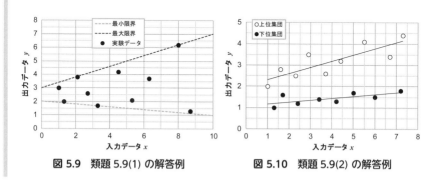

図 5.9　類題 5.9(1) の解答例　　　　図 5.10　類題 5.9(2) の解答例

# 5.4　分　類

## (1)　分類と回帰[42)]

**例 5.6**

　離散的なデータや数値ではないデータの本来の位置や特徴を推定する場合には、回帰とは言わず**分類**と言います。表 5.3 に、音楽を分類する一例を示します。

**例 5.7**

　連続データであっても、離散的な状況を分類することもあります。図 5.11 に健康度グルーピング例を示します。

　分類も回帰と同様、因果関係のあるデータ同士を関連付け、未知の事象に対

---

[*10]　波の振幅が徐々に小さくなることを**減衰**、大きくなることを**増幅**と言います。減衰や増幅を示す関数と三角関数の積が (1) のようになることがあります。

表 5.3 音楽の分類（耳への負担度合いによる観点で）

| 区分 | | | 大分類 | 中分類 | 小分類 | 音量 | 周波数 | 危険度 |
|---|---|---|---|---|---|---|---|---|
| 自然発生 | 自分の思想を表現することを主目的としている | | 芸術音楽 | 大編成近現代音楽 | →作曲者別 | 中～大 | 中 | 7 |
| | | | | 小編成近現代音楽 | →作曲者別 | 小～中 | 中 | 5 |
| | | | | 古典クラシック音楽 | →作曲者別 | 小～中 | 中 | 4 |
| | | | | バロック音楽 | →楽器別 | 中 | 中 | 4 |
| | 生活に密着している | 神のため | 宗教音楽 | 鎮魂歌 | | 小～大 | 中 | 5 |
| | | | | 讃美歌 | | 小～大 | 中 | 5 |
| | | 民衆のため | 生活音楽 | 生活の中で歌う音楽 | クリスマス歌、ポップス等 | 中 | 中 | 6 |
| | | | | 民族音楽 | →楽器別・国別 | 中 | 中 | 4 |
| | | | | 民謡 | →国別 | 中 | 中 | 3 |
| | | | | 子守唄 | →国別 | 中 | 中 | 3 |
| | | | | 融合音楽 | ジャズ、風刺ロック等 | 小～大 | 中 | 4 |
| | | 子供のため | 教育音楽 | 童謡 | | 中 | 中 | 3 |
| | | | | 唱歌 | | 中 | 中 | 3 |
| ニーズ先行あるいは楽しむことを主目的としている | | | 大衆音楽 | 大音量音楽 | ロック、ポップス、歌謡曲等 | 中～大 | 中～高 | 10 |
| | | | | 一般音楽 | 歌謡曲、CM、ゲーム等 | 中～大 | 中～高 | 8 |
| | | | | 環境音楽 | いやし、学習等 | 小～中 | 中 | 1 |

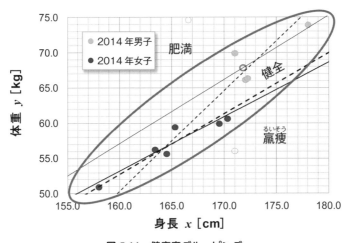

図 5.11 健康度グルーピング

して予測を立てることが目的です。ただし、回帰においては回帰式を作ることが目的でしたが、分類においては分類方法を定めることが目的になります。

類題 5.10

特に連続データを分類したときの注意事項を考えてみましょう。

> **答え**
>
> グループの境界線近傍のデータが、本来どちらに属するべきか、あるいは両方のグループの要素を持ち合わせていないかなどを吟味する必要があります。そのために、次項のように確率の概念を用いることもよくあります。

## (2) クラス分類

規則に従って分類する手法を、**クラス分類**と言います。規則性を最初に設定する必要があり、分類の品質が低いことがわかった場合には変更していきます。例えば規則を与えた機械学習においては、学習状態に規則が反映されることになります。

規則の基本は集合論でいわゆるミシィな分割、つまり二値化です。多種多様なデータも一気に絞り込まず、二値化を繰り返し詳細に分類していきます。ただし、「3 で割った際の余り」など、3 以上のクラスに一気に分類する規則もあります。

**例 5.8**

図 5.11 は、ロジスティック回帰の一種です。すなわち、身長と体重から肥満か、羸痩（るいそう）＝やせすぎか、健全かに分類します。出力変数が言語ですが、肥満、健全、羸痩をあらかじめ −1、0、1 などと数値と対応付けることで数理的に処理できます。過去に調査した被験者のデータに基づき、目の前の被験者の身長と体重から何 % の割合で肥満か、羸痩か、健全かを出力し、それを新たなデータとして蓄積していきます。

ちなみに、天気予報は、気圧配置が同じ過日の天気の割合で降雨確率を出しているので、この方式と言えます。

**例 5.9**

表 5.3（101 ページ）は、クラス分類を順番にしていく**決定木**と呼ばれる手法による分類を表しています。被験者がよく聴く音楽の特徴に基づき分類した結果を、それを聴くことの危険度（＝難聴になりやすさ）に関係付けています。

### 類題 5.11

　図 5.11（101 ページ）に基づいて、身長 170 cm、体重 70 kg の A 君と、身長 160 cm、体重 50 kg の B さんの健康度を分析しましょう。

**答え**

　両者とも見事に境界線付近で、ぎりぎり健全範囲の中にいます。この健全範囲が正しければ健全と言い切ってもよいですが、大まかに決めた範囲なので言い切るのは怖いです。

　A 君は男子の 2 本の回帰線に、B さんは女子の 2 本の回帰線に近いので健全には違いないですが、あえて健全度まで細かく述べるとすれば 30% 程度（境界線上を 50% として）、A 君は肥満、B さんは羸痩と言ったところでしょうか。

### 類題 5.12

　表 5.3 の分類から、イヤフォンで聴くのをなるべく避けたほうがよい音楽と、イヤフォンでも安心して聴ける音楽とは、それぞれどのような音楽でしょうか。

**答え**

　避けたほうがよい音楽は、音量が「中～大」の音楽や、周波数が「中～高」の音楽です。安心して聴ける音楽は「民衆のため」の音楽や、「子どものため」の音楽です。

## (3)　クラスタリング

　**クラスタ**とは、もともと房や塊や群集を示す単語で、原子や分子が複数固まっている状態を示す単語です。最近では、ファンやマニアを指すこともあります。

### 例 5.10

　文法は、クラスタリングの典型例です。言語は品詞ありきで生まれたのではなく、表現の必要に応じてさまざまな単語ができていく過程で、結果的に名

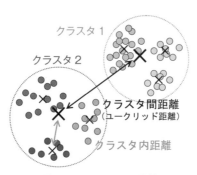

**図 5.12　クラスタの関係**

詞、動詞、形容詞などができたのです。動詞はさらに、自動詞と他動詞に分かれるなど、品詞の中でさらに細分化されますが、これらは後付けの解釈です。

　クラス分類に対して、**クラスタリング**とは規則を設けず、似ている物同士をくくる、学習しない分類方式です。特性に対応させた座標軸を設け、データを座標空間に位置させ、近いもの同士を仲間としてくくっていきます。そして、境界線を引いて分けたそれぞれの重心点を求めます。データは数値とは限りませんので、数値でないデータにどう座標を与えるかが分析者の腕の見せ所になります。離したり近づけたり、試行錯誤が必要かもしれません。

　クラスタ間距離を意味するクラスタ重心同士の距離を、**ユークリッド距離**と言います。距離が長いほど、仲間ではないと解釈します。

---

**類題 5.13**

　群集生態学で利用される進化系統図（人が猿やチンパンジーから分化した図など）は、クラス分類でしょうか、クラスタリングでしょうか。

---

**答え**

　分類の規則があると言うよりは、特徴の類似性をみているので、クラスタリングです。「昆虫は頭・胸・腹の 3 体部から成る」などの規則性は、類似性で分類した後で整理された後付けのものです。学問の多くは、クラスタリングの成果でしょう。

# 5.5 機械学習

## (1) 学習の本質

データに基づき人工知能（AI）[4~7]を学習させることを**機械学習**と言います。回帰や分類が機械学習にとって重要であることを説明しておきます。

人工知能の基本的な機能は、現存するデータに基づき、与えられた課題に対して予測を返すことです。データとは回帰や分類における入力変数であり、予測とは出力変数です。したがって、現存しない入力変数に対して出力変数を予測するには、回帰や分類がなされていなければなりません。つまり機械学習とは、人工知能内部に回帰式や分類方式を構築させることにほかなりません。従来は、人の手でこの章で学んだように求めてきた回帰式や分類方式を、人工知能に導かせるのです。

多くの人工知能は、当てはめるべき関数を学習過程で勝手に決めてくれます。人がすべき重要なことは、期待する予測の周辺の学習データを用意することです。関連して、意外と認識されていないのですが、入出力変数を何にするかも最初に決めるべき重要なことです。入出力変数次第では、上手く学習しなかったり、学習しても期待する予測をできないこともあります。

---

### 類題 5.14

AI は、質問したら何でも答えてくれるような汎用的な道具でしょうか。

---

**答え**

残念ながら、学習させたことしかできません。すなわち、一つの関係性（専門性）に対しては強くても、ほかのことには疎い……総合力がないと言うことになります。

## (2) データ精度

データの誤差が大きいと、推定精度も悪くなります。いわば、入力変数に対応する出力変数が、本来あるべき位置から外れているデータに基づいて、推測するわけです。これでは、回帰や分類は正確に行えません。

データの誤差が不規則であれば、データ数を増せばバラつきが相殺されて全体的に本来の姿が見えてくることがあります。しかし、バラつきにある傾向が

みられた場合、その傾向が何かを突き止めない限り、推定精度は上がりません。

> 人間は、想像力があります。
> 外挿推定ができます。

### 例 5.11

　また、データの両端は推定に重要です。図 5.4 のデータは、データ中央域（概して $-50 \leq x \leq 50$）ではバラつきが小さいですが、データ両端域（概して $x \leq -50$ と $50 \leq x$）では大きいです。

　この場合、現存するデータの間を補うように推定する**内挿推定**の精度は良いですが、データが存在しない領域を推定する**外挿推定**の精度は落ちます。

　外挿推定したい事例は、クリープ破断時間[43)]や、動物実験から人間への展開など、少なくありません。端のデータ精度を下げないよう心掛けましょう。

### 類題 5.15

　データはどうあるべきでしょうか。考えてみましょう。

### 答え

　理想は精度が良いことですが、どうしても誤差は乗ります。その誤差が不規則であり、かつ中央域と両端域で誤差の大きさが異ならないことが肝心です。

## (3)　過学習

　当てはめるべき関数が複雑すぎると、かえって推定精度が落ちることがあります。これを**過学習**と呼びます。いまあるデータには合っても、データのない領域でかえって誤差が大きくなるのです。

### 例 5.12

　図 5.4（95 ページ）のデータに対して、図 5.13（次ページ）のように七次関数で回帰してみました。

　誤差が大きく低減したものの、本来データに乗っている誤差を無視したので、良くない偏屈な学習をしたことになります。

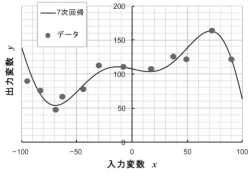

**図 5.13　七次回帰の例**

　過学習を防止するには、データ数を増やすか、当てはめをある程度で切り上げます。また、偏ったデータではなく、母集団から無作為抽出した偏りのないデータで学習させます（第9章以降）。

**類題 5.16**

　過学習かどうかを判断するには、どうすればよいでしょうか。

**答え**

　グラフ上から三つ程度データを一旦消し、回帰した後で再現します。ほかのデータより、この三つのデータが回帰線から大きく外れていたら、過学習かもしれません。

## 章 末 問 題

**5.1** A 社における商品毎の販売量 $y$〔万個〕と、宣伝費 $x$〔万円〕の実績を示します。これに基づき、次の新商品の販売戦略を練ろうとしています。

表 5.4　実績データ

| 宣伝費 | 販売量 |
|---|---|
| 0 | 21 |
| 13 | 37 |
| 20 | 51 |
| 30 | 42 |
| 38 | 58 |
| 42 | 63 |
| 52 | 54 |
| 60 | 49 |

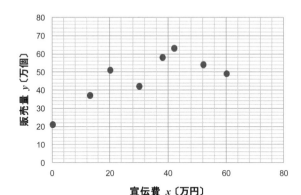

図 5.14　実績データの散布図

(1) まずは線形単回帰を行いなさい。係数 $a$ と $b$ を求めなさい。

(2) 上記 (1) で求めた回帰式（直線）から言えることを述べなさい。

(3) 次の新商品で宣伝費を 80 万円掛けたときの、推定販売量を求めなさい。

(4) 線形単回帰でよい推定ができていると言えるか、理由とともに答えなさい。

**5.2** 第 4 章の類題 4.2（75 ページ）で作った表 4.3 のデータは、2 人の特殊データのために相関が悪くなっている可能性があります。次の各問に答えなさい。

(1) データ数は足りていると言えますか。

(2) 6 人の平均値から、何が言えますか。

(3) データ数を増やすことと同等となるような工夫はないか考えなさい。

(4) そのうえで、改めて回帰しなさい。

**5.3** 第 4 章の章末問題 4.1（81 ページ）を見直して、相関係数と回帰直線の関係を簡単に述べなさい。

**5.4** 原点を通る回帰直線を求める式を、式 (5.2) や式 (5.3)（87 ページ）にならって作りなさい。

**5.5** 第 4 章の章末問題 4.7（84 ページ）を思い出しながら、表 4.9 のデータについて回帰をして、その誤差を評価しなさい。

(1) まず、原点にこだわらずに回帰直線 A を求めなさい。相関係数 = 1 なので、全てのデータは回帰直線に乗ります。

(2) このときの変動 $S$、回帰の二乗和 $S_R$、誤差の二乗和 $S_E$ を求めなさい。

(3) また、決定係数 $R^2$ を求め、回帰の精度を評価しなさい。

(4) 次に、原点を通った回帰直線 B を求めなさい。

(5) このときの変動 $S$、回帰の二乗和 $S_R$、誤差の二乗和 $S_E$ を求めなさい。

(6) また、決定係数 $R^2$ を求め、回帰の精度を評価しなさい。

(7) それぞれの回帰直線 A と B は、この三つのデータの平均点を通りますか。

**5.6** さまざまな身のまわりの音が、心地良いかどうか整理します。次の各問に答えながら、方法論を検討しなさい。

(1) 音の心地良さを数値で評価する際の方法を、具体的に提案しなさい。また、このときのデータ処理方法についても説明しなさい。

(2) 音の心地良さを言葉で評価する際の方法を、具体的に提案しなさい。

(3) 音の心地良さは、数値で表して数値として処理すべきでしょうか、それとも言葉で表して言葉として処理すべきでしょうか。

**5.7** 表 4.9（84 ページ）のデータについて、原点を通る二次曲線回帰をしなさい。

**5.8** 以下のそれぞれがクラス分類かクラスタリングか、答えなさい。

(1) 新設学校で同好会を経て確立されたいくつかの部活動

(2) 住所

(3) 出発点から到着点までの旅行経路の決定方法

(4) 宗教や美術や音楽などの文化

(5) 会社組織

(6) PC のハードディスク内のフォルダ

**5.9** 図 5.15（次ページ）のグラフの (1) から (6) の曲線は、全て 2 種類の曲線の和です。どんな曲線とどんな曲線の和かを検討しなさい。参考まで、図 5.16（次ページ）にいくつかの曲線を一覧にしました（なお、できるだけ図 5.16 のグラフは見ないようにしてください。これらのどれか 2 種類の曲線の和になっています）。

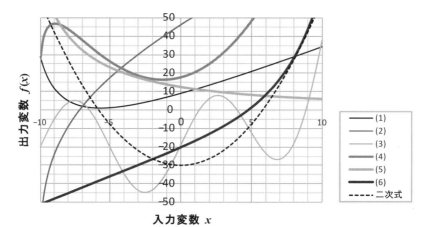

図 5.15　さまざまな曲線の和のグラフ

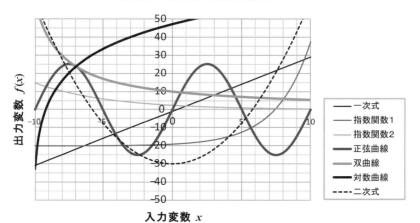

図 5.16　さまざまな曲線のグラフ

💎 **5.10** 図 5.17（次ページ）は、$x$ と $y$ の二つの属性で整理し、散布図としたもので
すが、点在するデータをクラスタリングしなさい。

　　クラスタリングの具体的なやり方は、二つありますので、順に行いなさい。

(1)　小さい集団をまとめていく方法で行いなさい。

(2)　大きい集団を分割していく方法で行いなさい。

(3)　上記 (2) で求めた大きい集団のそれぞれの中心を × で示しなさい。

(4)　クラスタリングの上手な行い方を考えてみなさい。

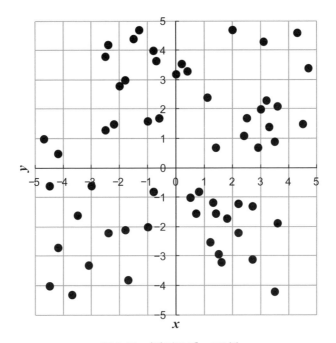

**図 5.17　点在するデータの例**

5.11 ここにビッグデータがあります。クラス分類するかクラスタリングするかを、どう決めればよいか述べなさい。

5.12 水泳部が天気を考慮して今日の活動をすべきか、クラス分類で決断します。

(1) 昨年度の天候による活動実績を表 5.5（次ページ）に示します。○は健全に実施できた日数、△は疲労を感じたり寒さを感じたりした者がいたものの体調不良者を出すには至らなかった日数、×は体調不良者が出た日数です。表 5.6（次ページ）を埋めなさい。

表 5.5　水泳部昨年度活動実績

| | 天気 | 気温 | 湿度 | 風 | 結果 |
|---|---|---|---|---|---|
| 2018年8月1日 | 晴 | 暖 | 高 | 弱 | △ |
| 2018年8月2日 | 快晴 | 暑 | 高め | 無 | △ |
| 2018年8月3日 | 晴 | 暑 | 高め | 無 | △ |
| 2018年8月4日 | 曇 | 暑 | 普通 | 弱 | ○ |
| 2018年8月5日 | 快晴 | 暑 | 高め | 無 | × |
| 2018年8月6日 | 晴 | 暖 | 高 | 中 | ○ |
| 2018年8月7日 | 曇 | 普通 | 高め | 中 | △ |
| 2018年8月8日 | 雨 | 涼 | 高 | 無 | ○ |
| 2018年8月9日 | 晴 | 暑 | 高 | 無 | × |
| 2018年8月10日 | 曇 | 暖 | 普通 | 無 | △ |
| 2018年8月11日 | 晴 | 暖 | 高め | 弱 | ○ |
| 2018年8月12日 | 雨 | 普通 | 高め | 無 | ○ |
| 2018年8月13日 | 快晴 | 暑 | 高 | 無 | × |
| 2018年8月14日 | 晴 | 暖 | 高め | 弱 | △ |
| 2018年8月15日 | 曇 | 普通 | 高め | 無 | ○ |
| 2018年8月16日 | 雨 | 暖 | 高め | 中 | ○ |
| 2018年8月17日 | 雨 | 普通 | 高め | 強 | △ |
| 2018年8月18日 | 晴 | 暖 | 高 | 無 | △ |
| 2018年8月19日 | 晴 | 暖 | 高め | 無 | ○ |
| 2018年8月20日 | 雨 | 涼 | 高 | 弱 | △ |
| 2018年8月21日 | 快晴 | 暑 | 高 | 弱 | △ |
| 2018年8月22日 | 曇 | 暑 | 高め | 無 | △ |
| 2018年8月23日 | 曇 | 暖 | 普通 | 弱 | ○ |
| 2018年8月24日 | 曇 | 暖 | 普通 | 無 | △ |
| 2018年8月25日 | 快晴 | 暑 | 高め | 弱 | ○ |
| 2018年8月26日 | 曇 | 暖 | 普通 | 中 | ○ |
| 2018年8月27日 | 晴 | 暑 | 高め | 無 | × |
| 2018年8月28日 | 曇 | 暑 | 普通 | 無 | △ |
| 2018年8月29日 | 雨 | 涼 | 高 | 中 | × |
| 2018年8月30日 | 曇 | 暖 | 高め | 無 | △ |
| 2018年8月31日 | 曇 | 暖 | 高め | 無 | △ |

表 5.6　クラス分類確率表

| 天気 | ○ | △ | × | 計 |
|---|---|---|---|---|
| 快晴 | | | | |
| 晴 | | | | |
| 曇 | | | | |
| 雨 | | | | |

| 気温 | ○ | △ | × | 計 |
|---|---|---|---|---|
| 暑 | | | | |
| 暖 | | | | |
| 普通 | | | | |
| 涼 | | | | |

| 湿度 | ○ | △ | × | 計 |
|---|---|---|---|---|
| 高 | | | | |
| 高め | | | | |
| 普通 | | | | |

| 風 | ○ | △ | × | 計 |
|---|---|---|---|---|
| 無 | | | | |
| 弱 | | | | |
| 中 | | | | |
| 強 | | | | |

(2)　今日は晴天、高温多湿で無風の日です。過去の実績から考えて、今日の活動は実施してよいか考えなさい。

(3)　天候に応じて実施を検討する分類規則のようなものを作るとすると、どのようなものになるか提案しなさい。

**5.13** 機械学習について、次の各問に答えなさい。

(1)　学習データ範囲の端の学習精度が落ちないような対策を考えなさい。

(2)　囲碁に特化した AI に新たに将棋を教え込むのは簡単か、述べなさい。

(3)　学習が上手く進まないとき、どうすべきか述べなさい。

(4)　ビッグデータを学習させる際の注意点を考えなさい。

　以後の章では、事象が起こる確率を、グラフや数式によって表します。

**〔確率質量〕**

　起こり得る不連続的な事象を確率変数 $X$、その事象の発生確率を確率質量 $P[X]$、これらの関係を示すグラフを**確率質量分布**と言います。ここで、確率質量を総和すると、全ての起こり得る事象の発生確率の和、すなわち 100%になります。

　前述の度数分布や、後述の二項分布がこれに当たります。

**〔確率密度〕**

　また、起こり得る連続的な事象を確率変数 $x$、その事象の発生確率を確率密度 $f(x)$、これらの関係を示すグラフを**確率密度分布**と言います。ここで、確率密度を積分すると、全ての起こり得る事象の発生確率の和、すなわち 100%になります。

　後述の正規分布、t 分布、カイ二乗分布、F 分布、指数分布、ポアソン分布、ワイブル分布などがこれに当たります。

　さらに、確率質量分布と確率密度分布を合わせて**確率分布**と総称します。そして、この確率分布を特徴づける値を、**母数**と呼びます。

第 **6** 章

# 正規分布

正規分布は、自然界のさまざまな現象を良好に当てはめられる、実用性の高い分布です。特に標準正規分布は、第9章以降で学習する推定や検定を行う際に不可欠です。

本章では、確率密度分布の正規分布について学習します。そのうえで、度数分布などの確率質量分布と比較する方法も学びます。さまざまなデータ処理に、正規分布を活用できるようになることが目標です。

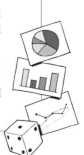

## 6.1 確率密度分布としての正規分布

まずは、正規分布がどのような分布かを把握しましょう。

### (1) ネイピア数

$-x^2$ を**ネイピア数** $e$ $(= 2.718\dots)$ の指数とした式 (6.1) は、図 **6.1**（次ページ）のように滑らかな山形状を示します。

$$f_1(x) = \exp(-x^2) \tag{6.1}$$

この山形状の勾配を求めると、図 **6.2**（次ページ）のようにこれも滑らかな形状になります。

$$\frac{df_1(x)}{dx} = -2x \cdot \exp(-x^2) \tag{6.2}$$

　ネイピア数は、その指数関数が数値と変化率を一致させる特殊な数です。その性質は、自然界のさまざまな変化する現象を直接表現するのに適しています。

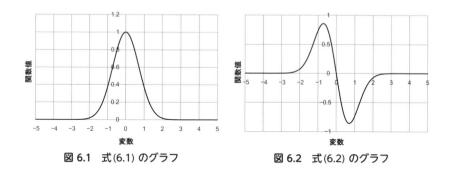

図 6.1　式 (6.1) のグラフ　　　　　図 6.2　式 (6.2) のグラフ

## (2)　正規分布の定義

　式 (6.1) を $x$ 軸方向に $\mu$ 移動させ、$x$ 軸方向に $\sqrt{2} \cdot \sigma$ 倍に広げた式が式 (6.3) です。この式 (6.3) は、縦軸を個数のようなものと捉えると、ある値 $\mu$ の付近にバラつき $\sqrt{2} \cdot \sigma$ で集積したデータ群を表現しているとも言えます。

$$f_2(x) = \exp\left\{ -\left( \frac{x-\mu}{\sqrt{2} \cdot \sigma} \right)^2 \right\} = \exp\left\{ -\frac{(x-\mu)^2}{2\sigma^2} \right\} \tag{6.3}$$

　ここで、$f_2(x)$ を全範囲 $(x : -\infty \sim \infty)$ で積分すると 1 になるように、係数を付けることにします。式 (6.1) の積分値は $\sqrt{\pi} \approx 1.77$ で、式 (6.3) の積分値は $\sqrt{2\pi} \cdot \sigma \approx 2.51\sigma$ です。したがって、式 (6.4) の $f(x)$ は積分すると 1 になります。

$$f(x) = f(x : \mu, \sigma^2) = \frac{1}{\sqrt{2\pi} \cdot \sigma} \exp\left\{ -\frac{(x-\mu)^2}{2\sigma^2} \right\} \tag{6.4}$$

　これが、**正規分布** $N(\mu, \sigma^2)$ の定義式です。

## (3)　正規分布の確率密度分布としての適用

　式 (6.4) は、$x$ を現象とすると、$f(x)$ は積分して 1 なのでその現象が発生する「確率もどき」を意味する関数として使えます。このグラフは、平均 $\mu$ が対称軸の左右対称で、平均からのバラつきの幅が標準偏差 $\sigma$ になっています。

さて、$f(x)$ の単位を〔確率 ÷ $x$〕の単位とすれば、$x$ に関して積分した数値が確率となります。このような $f(x)$ を**確率密度関数**と言います。積分して確率になるのですから、式 (6.4) は確率そのものではなく、確率の密度を表しています。先に「もどき」と言ったのは、このためです。

他方、度数分布の度数割合は確率そのものです。これを、**確率質量**と言います。

なお、正規分布を特徴づける平均 $\mu$ と分散 $\sigma^2$ を**母数**と呼びます。

---

**類題 6.1**

平均が 50、分散が 100 の正規分布 $N(50, 100)$ の確率密度関数式を記しましょう。

---

**答え**

式 (6.5) の通り。グラフは図 6.3 です。この確率密度関数が、受験で誰もが苦しめられた**偏差値**です。試験の得点分布の理想とされていますが、人間の意志や能力が関与するため、実際には無理に正規分布に当てはめて議論しているのです。

$$f(x) = f(x : 50,\, 100) = \frac{1}{\sqrt{2\pi} \cdot 10} \exp\left\{-\frac{(x-50)^2}{200}\right\} \tag{6.5}$$

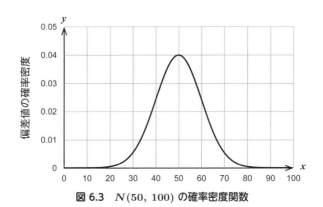

**図 6.3** $N(50, 100)$ の確率密度関数

# 6.2　標準正規分布

$N(0, 1)$ を**標準正規分布**と言います。この分布は次式で表され、そのグラフは図 6.4 です。

$$f(x) = f(x : \mu = 0,\, \sigma^2 = 1) = \frac{1}{\sqrt{2\pi}} \exp\left\{ -\frac{x^2}{2} \right\} \tag{6.6}$$

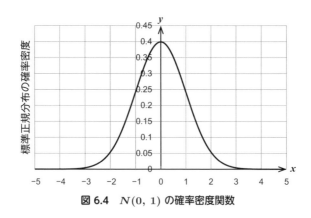

**図 6.4**　$N(0, 1)$ の確率密度関数

### (1)　グラフの形

図 6.1、図 6.3、図 6.4 を見比べると、形が皆同じであることに気づくのではないでしょうか。正規分布は、母数が変わってもグラフの形は変わりません。標準正規分布も然りです。つまり、標準正規分布のグラフを描ければ、$x$ 軸と $f(x)$ 軸の目盛を拡大縮小するだけで、あらゆる正規分布のグラフも描けるのです。

> **類題 6.2**
>
> 標準正規分布のグラフの形の特徴を列挙しましょう。

**答え**

　①$y$ 軸に関して左右対称で、②なだらかな山形で、③$x < -3$、$3 < x$ で両端が 0 に漸近し、④ $-\infty$ から $+\infty$ までの積分値 = 1（$x$ 軸と囲む面積）で、⑤中央にピーク値 $\approx 0.4$ が存在します。

## (2) 標準正規分布の積分形

式 (6.6) を <u>−∞〜x で積分する</u>と、式 (6.7) となります。

$$F(x) = \int_{-\infty}^{x} \frac{1}{\sqrt{2\pi}} \exp\left(-\frac{x^2}{2}\right) dx = \frac{1}{2}\left\{1 + \mathrm{erf}\left(\frac{x}{\sqrt{2}}\right)\right\}$$

$$\mathrm{erf}(x) = \frac{2}{\sqrt{\pi}} \int_{0}^{x} \exp\left(-x^2\right) dx \tag{6.7}$$

ここで、$F(x)$ を標準正規分布の**累積分布関数**、$\mathrm{erf}(x)$ を**誤差関数**と言います。また、$x \to \infty$ で $F(x) \to 1$ です。

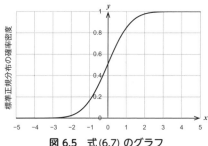

**図 6.5 式 (6.7) のグラフ**

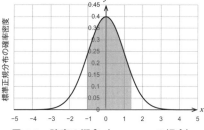

**図 6.6 確率の概念（−1〜1.4 の場合）**

## (3) 線形変換による基準化

式 (6.8) は、線形変換 $y = x - \mu$ で式 (6.9) に変換されます。グラフ上では、$x$ 軸の原点を $\mu$ だけ移動したことになります。

さらに、式 (6.9) は、線形変換 $z = \dfrac{y}{\sigma}$ で式 (6.10)、すなわち標準正規分布に変換されます。ここで、ネイピア数の指数の $\sigma^2$ が 1 になってしまったので、ネイピア数の手前にある係数の $\sigma$ も 1 に変更します。これによって、$(-\infty \sim +\infty$ の積分値$) = 1$ となり、確率密度関数であり続けられます。

$$f(x) = f(x : \mu, \sigma^2) = \frac{1}{\sqrt{2\pi} \cdot \sigma} \exp\left\{-\frac{(x-\mu)^2}{2\sigma^2}\right\} \tag{6.8}$$

$$f(y) = f(y : 0, \sigma^2) = \frac{1}{\sqrt{2\pi} \cdot \sigma} \exp\left(-\frac{y^2}{2\sigma^2}\right) \tag{6.9}$$

$$f(z) = f(z : 0, 1^2) = \frac{1}{\sqrt{2\pi}} \exp\left(-\frac{z^2}{2}\right), \quad z = \frac{x-\mu}{\sigma} \tag{6.10}$$

式 (6.8) は、線形変換 $z = \dfrac{x-\mu}{\sigma}$ で式 (6.10) に変換されます。言い換える

と、線形変換 $z = \dfrac{x - \mu}{\sigma}$ により、任意の正規分布は標準正規分布に線形変換されています。この変換を**基準化**と言います。

---

**類題 6.3**

$N(50,\ 100)$ で表される偏差値を基準化する線形変換を式で示しなさい。

---

**答え**

式 (6.10) より、

$$z = \frac{x - 50}{10}$$

---

**類題 6.4　🗒 Excel の問題**

Excel を使って、$x = 0$、$2$、$3$ のときの $N(2,\ 3^2)$ の確率密度を求めなさい。

---

**答え**

```
=NORMDIST(0,2,3,false)    ※第 1 引数には変数を入れます。
=NORMDIST(2,2,3,false)
=NORMDIST(3,2,3,false)
```

# 6.3　確率密度・確率質量・確率

## （1）　累積分布関数

変数 $x$ が標準正規分布に従うとき、$x_1 \leq x \leq x_2$ となる確率は式 (6.11) で計算できます。この積分は高校数学レベルで解けますが、統計学では表 6.1（次ページ）をあらかじめ用意しておき、さまざまな変数域に対応する確率を計算する代わりに読み取ります。この表は、$0 \leq x \leq x_a$ となる確率（**累積分布関数値**）を一覧にしています。

$$F(x) = \int_{x_1}^{x_2} \frac{1}{\sqrt{2\pi}} \exp\left\{ -\frac{x^2}{2} \right\} dx \tag{6.11}$$

## 表 6.1　正規分布の累積分布関数値の一覧表

| $N(0,1)$ | 0.00 | 0.01 | 0.02 | 0.03 | 0.04 | 0.05 | 0.06 | 0.07 | 0.08 | 0.09 |
|---|---|---|---|---|---|---|---|---|---|---|
| 0.0 | 0.000 000 | 0.003 989 | 0.007 978 | 0.011 966 | 0.015 953 | 0.019 939 | 0.023 922 | 0.027 903 | 0.031 881 | 0.035 856 |
| 0.1 | 0.039 828 | 0.043 795 | 0.047 758 | 0.051 717 | 0.055 670 | 0.059 618 | 0.063 559 | 0.067 495 | 0.071 424 | 0.075 345 |
| 0.2 | 0.079 260 | 0.083 166 | 0.087 064 | 0.090 954 | 0.094 835 | 0.098 706 | 0.102 568 | 0.106 420 | 0.110 261 | 0.114 092 |
| 0.3 | 0.117 911 | 0.121 720 | 0.125 516 | 0.129 300 | 0.133 072 | 0.136 831 | 0.140 576 | 0.144 309 | 0.148 027 | 0.151 732 |
| 0.4 | 0.155 422 | 0.159 097 | 0.162 757 | 0.166 402 | 0.170 031 | 0.173 645 | 0.177 242 | 0.180 822 | 0.184 386 | 0.187 933 |
| 0.5 | 0.191 462 | 0.194 974 | 0.198 468 | 0.201 944 | 0.205 401 | 0.208 840 | 0.212 260 | 0.215 661 | 0.219 043 | 0.222 405 |
| 0.6 | 0.225 747 | 0.229 069 | 0.232 371 | 0.235 653 | 0.238 914 | 0.242 154 | 0.245 373 | 0.248 571 | 0.251 748 | 0.254 903 |
| 0.7 | 0.258 036 | 0.261 148 | 0.264 238 | 0.267 305 | 0.270 350 | 0.273 373 | 0.276 373 | 0.279 350 | 0.282 305 | 0.285 236 |
| 0.8 | 0.288 145 | 0.291 030 | 0.293 892 | 0.296 731 | 0.299 546 | 0.302 337 | 0.305 105 | 0.307 850 | 0.310 570 | 0.313 267 |
| 0.9 | 0.315 940 | 0.318 589 | 0.321 214 | 0.323 814 | 0.326 391 | 0.328 944 | 0.331 472 | 0.333 977 | 0.336 457 | 0.338 913 |
| 1.0 | 0.341 345 | 0.343 752 | 0.346 136 | 0.348 495 | 0.350 830 | 0.353 141 | 0.355 428 | 0.357 690 | 0.359 929 | 0.362 143 |
| 1.1 | 0.364 334 | 0.366 500 | 0.368 643 | 0.370 762 | 0.372 857 | 0.374 928 | 0.376 976 | 0.379 000 | 0.381 000 | 0.382 977 |
| 1.2 | 0.384 930 | 0.386 861 | 0.388 768 | 0.390 651 | 0.392 512 | 0.394 350 | 0.396 165 | 0.397 958 | 0.399 727 | 0.401 475 |
| 1.3 | 0.403 200 | 0.404 902 | 0.406 582 | 0.408 241 | 0.409 877 | 0.411 492 | 0.413 085 | 0.414 657 | 0.416 207 | 0.417 736 |
| 1.4 | 0.419 243 | 0.420 730 | 0.422 196 | 0.423 641 | 0.425 066 | 0.426 471 | 0.427 855 | 0.429 219 | 0.430 563 | 0.431 888 |
| 1.5 | 0.433 193 | 0.434 478 | 0.435 745 | 0.436 992 | 0.438 220 | 0.439 429 | 0.440 620 | 0.441 792 | 0.442 947 | 0.444 083 |
| 1.6 | 0.445 201 | 0.446 301 | 0.447 384 | 0.448 449 | 0.449 497 | 0.450 529 | 0.451 543 | 0.452 540 | 0.453 521 | 0.454 486 |
| 1.7 | 0.455 435 | 0.456 367 | 0.457 284 | 0.458 185 | 0.459 070 | 0.459 941 | 0.460 796 | 0.461 636 | 0.462 462 | 0.463 273 |
| 1.8 | 0.464 070 | 0.464 852 | 0.465 620 | 0.466 375 | 0.467 116 | 0.467 843 | 0.468 557 | 0.469 258 | 0.469 946 | 0.470 621 |
| 1.9 | 0.471 283 | 0.471 933 | 0.472 571 | 0.473 197 | 0.473 810 | 0.474 412 | 0.475 002 | 0.475 581 | 0.476 148 | 0.476 705 |
| 2.0 | 0.477 250 | 0.477 784 | 0.478 308 | 0.478 822 | 0.479 325 | 0.479 818 | 0.480 301 | 0.480 774 | 0.481 237 | 0.481 691 |
| 2.1 | 0.482 136 | 0.482 571 | 0.482 997 | 0.483 414 | 0.483 823 | 0.484 222 | 0.484 614 | 0.484 997 | 0.485 371 | 0.485 738 |
| 2.2 | 0.486 097 | 0.486 447 | 0.486 791 | 0.487 126 | 0.487 455 | 0.487 776 | 0.488 089 | 0.488 396 | 0.488 696 | 0.488 989 |
| 2.3 | 0.489 276 | 0.489 556 | 0.489 830 | 0.490 097 | 0.490 358 | 0.490 613 | 0.490 863 | 0.491 106 | 0.491 344 | 0.491 576 |
| 2.4 | 0.491 802 | 0.492 024 | 0.492 240 | 0.492 451 | 0.492 656 | 0.492 857 | 0.493 053 | 0.493 244 | 0.493 431 | 0.493 613 |
| 2.5 | 0.493 790 | 0.493 963 | 0.494 132 | 0.494 297 | 0.494 457 | 0.494 614 | 0.494 766 | 0.494 915 | 0.495 060 | 0.495 201 |
| 2.6 | 0.495 339 | 0.495 473 | 0.495 604 | 0.495 731 | 0.495 855 | 0.495 975 | 0.496 093 | 0.496 207 | 0.496 319 | 0.496 427 |
| 2.7 | 0.496 533 | 0.496 636 | 0.496 736 | 0.496 833 | 0.496 928 | 0.497 020 | 0.497 110 | 0.497 197 | 0.497 282 | 0.497 365 |
| 2.8 | 0.497 445 | 0.497 523 | 0.497 599 | 0.497 673 | 0.497 744 | 0.497 814 | 0.497 882 | 0.497 948 | 0.498 012 | 0.498 074 |
| 2.9 | 0.498 134 | 0.498 193 | 0.498 250 | 0.498 305 | 0.498 359 | 0.498 411 | 0.498 462 | 0.498 511 | 0.498 559 | 0.498 605 |
| 3.0 | 0.498 650 | 0.498 694 | 0.498 736 | 0.498 777 | 0.498 817 | 0.498 856 | 0.498 893 | 0.498 930 | 0.498 965 | 0.498 999 |
| 3.1 | 0.499 032 | 0.499 065 | 0.499 096 | 0.499 126 | 0.499 155 | 0.499 184 | 0.499 211 | 0.499 238 | 0.499 264 | 0.499 289 |
| 3.2 | 0.499 313 | 0.499 336 | 0.499 359 | 0.499 381 | 0.499 402 | 0.499 423 | 0.499 443 | 0.499 462 | 0.499 481 | 0.499 499 |
| 3.3 | 0.499 517 | 0.499 534 | 0.499 550 | 0.499 566 | 0.499 581 | 0.499 596 | 0.499 610 | 0.499 624 | 0.499 638 | 0.499 651 |
| 3.4 | 0.499 663 | 0.499 675 | 0.499 687 | 0.499 698 | 0.499 709 | 0.499 720 | 0.499 730 | 0.499 740 | 0.499 749 | 0.499 758 |
| 3.5 | 0.499 767 | 0.499 776 | 0.499 784 | 0.499 792 | 0.499 800 | 0.499 807 | 0.499 815 | 0.499 822 | 0.499 828 | 0.499 835 |
| 3.6 | 0.499 841 | 0.499 847 | 0.499 853 | 0.499 858 | 0.499 864 | 0.499 869 | 0.499 874 | 0.499 879 | 0.499 883 | 0.499 888 |
| 3.7 | 0.499 892 | 0.499 896 | 0.499 900 | 0.499 904 | 0.499 908 | 0.499 912 | 0.499 915 | 0.499 918 | 0.499 922 | 0.499 925 |
| 3.8 | 0.499 928 | 0.499 931 | 0.499 933 | 0.499 936 | 0.499 938 | 0.499 941 | 0.499 943 | 0.499 946 | 0.499 948 | 0.499 950 |
| 3.9 | 0.499 952 | 0.499 954 | 0.499 956 | 0.499 958 | 0.499 959 | 0.499 961 | 0.499 963 | 0.499 964 | 0.499 966 | 0.499 967 |
| 4.0 | 0.499 968 | 0.499 970 | 0.499 971 | 0.499 972 | 0.499 973 | 0.499 974 | 0.499 975 | 0.499 976 | 0.499 977 | 0.499 978 |

全ての数値は、小数点以下 6 桁で表示してあります。

---

### 類題 6.5　 🅇 Excel の問題

Excel を使って、次の各値を求めましょう。

(1)　$f(x) = f(x : -1, 2)$ の、$x = 1$ のときの累積分布関数値。

(2)　標準正規分布の、$x = 1$ のときの累積分布関数値。

答え

(1)　=NORMDIST(1,-1,2,true)　※ $-\infty$ からの積分値を出します。

(2)　=NORMDIST(1,0,1,true) または =NORMSDIST(1)

## (2)　確率密度分布における確率

　有限個の要素に関する確率は、2.4 節（32 ページ）の通り求められます。また、度数分布表における確率は、3.2 節（47 ページ）における各階級の度数割合となります。

　一方、正規分布のような連続な確率密度関数においては、階級幅は限りなく 0 であり「変数 $x$ がある値になる確率」も限りなく 0 になってしまい、 無意味です。そこで、代わりに「変数 $x$ がある範囲に入る確率」を求めます。これを区間推定（区間検定）と言います。その範囲を推定区間（検定区間）と言うこともあります。

　特に、変数 $x$ が $-x_a \leq x \leq x_a$ あるいは $x \leq -x_a \vee x_a \leq x$ と、推定区間が $x = 0$ を中心に対称的な範囲の推定を、両側推定（両側検定）と言います。一方、$x \leq x_a$ あるいは $x \leq -x_a$ と、推定区間が $x$ が正または負のみのある範囲の推定を、片側推定（片側検定）と言います。

　もちろん、$-x_b \leq x \leq x_a$ や、$x \leq -x_b$ かつ $x_a \leq x$ などと、より複雑な推定区間を設定することも可能です。

---

類題 6.6

　次の変域に対応する確率を、表 6.1（121 ページ）を用いて求めましょう。

(1)　$0 \leq x \leq 1.0$

(2)　$-1.0 \leq x \leq 0$

(3)　$1.0 \leq x \leq 2.0$

(4)　$-1.0 \leq x \leq 2.0$

---

答え

(1)　34.1345%

(2)　34.1345%

　　　　$x = 0$ を中心に左右対称なので、$-1.0 \leq x \leq 0$ の確率は

$0 \leq x \leq 1.0$ の確率と等しいです。

(3) $1.0 \leq x \leq 2.0$ の確率は、$0 \leq x \leq 2.0$ の確率と $0 \leq x \leq 1.0$ の確率の差です。

$$\therefore \quad 47.7250\,[\%] - 34.1345\,[\%] = 13.5905\,[\%]$$

(4) $-1.0 \leq x \leq 2.0$ の確率は、$-1.0 \leq x \leq 0$ の確率、すなわち $0 \leq x \leq 1.0$ の確率と $0 \leq x \leq 2.0$ の確率の和です。

$$\therefore \quad 34.1345\,[\%] + 47.7250\,[\%] = 81.8595\,[\%]$$

## (3) ヒストグラムと正規分布

ヒストグラムでは、高さ（＝各階級の度数）を総度数で割ると、その階級に属する確率（**確率質量**）になります。これをさらに階級幅で割ると、**確率密度**になります。したがって、ヒストグラムを正規分布と重ねたいときには、確率密度に換算して単位をそろえてから重ねます。

**例 6.1**

表 6.2 は、機械工学科の男子学生の身長の度数分布表です。このヒストグラムは図 6.7 です。身長の平均は $172.7\,\mathrm{cm}$、分散は $30.30\,\mathrm{cm}^2$ です。この平均と分散の正規分布と、このヒストグラムの分布を比べてみましょう。

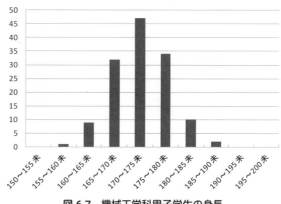

**表 6.2　機械工学科男子学生の身長**

| 身長 [cm] | 人数 [人] |
|---|---|
| 150〜155 未 | 0.0 |
| 155〜160 未 | 1.0 |
| 160〜165 未 | 9.0 |
| 165〜170 未 | 32.0 |
| 170〜175 未 | 47.0 |
| 175〜180 未 | 34.0 |
| 180〜185 未 | 10.0 |
| 185〜190 未 | 2.0 |
| 190〜195 未 | 0.0 |
| 195〜200 未 | 0.0 |

**図 6.7　機械工学科男子学生の身長**

　ヒストグラムの各階級の度数〔人〕を総度数 135 人で割り、さらに階級幅の 5 cm で割った値を正規分布のグラフに◯印で重ねると、図 6.8 のようになります。この身長分布は、正規分布と良好に一致しています。この結果から、身長は人為的な余地が入りにくい自然のデータなので、正規分布で表現し得るのだろうと推察できます。

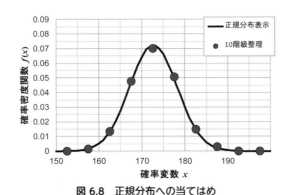

**図 6.8　正規分布への当てはめ**

　不連続分布のヒストグラムでは、<u>足せば 100% になる確率質量</u>が表示されています。対して、連続分布の正規分布は、<u>積分して 100% になる確率密度</u>です。

<br>

**類題 6.7**

　表 6.2（123 ページ）を 5 階級にした階級表を作り、そのヒストグラムを描きましょう。また、その度数を図 6.8 の正規分布に◇でプロットしましょう。

　これらから、何がわかるでしょうか。

<br>

**答え**

　表 6.3 に 5 階級表を、図 6.9 にそのヒストグラムを示します。階級が少ないので、全体感を捉えにくいです。

表 6.3 機械工学科男子学生の身長

| 身長〔cm〕 | 人数〔人〕 |
| --- | --- |
| 150 台 | 1.0 |
| 160 台 | 41.0 |
| 170 台 | 81.0 |
| 180 台 | 12.0 |
| 190 台 | 0.0 |

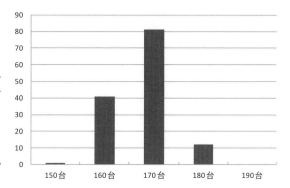

図 6.9 機械工学科男子生徒の身長〔cm〕

例 6.1 と同様に、度数を確率密度に変換して正規分布にプロットして、図 6.10 を得ます。○同様に、◇も正規分布と良好に一致しています。

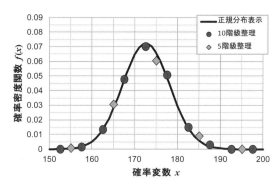

図 6.10 正規分布への当てはめ

階級数が多すぎるとグラフの細かな凸凹が目立ち、逆に少なすぎるとグラフの形の全体感が損なわれます。10 階級程度が適切な階級数と言われます。

今回の例では、5 階級という少ない階級でも正規分布に乗りました。したがって、正規分布にとても良好に一致していると言えるでしょう。

Excel で表 6.2、図 6.7、図 6.8 を一式作るパターンを覚えておくと有用です。図 6.7 は普通の棒グラフ。図 6.8 は散布図で正規分布を「プロットなし」「線のみ」で、度数を換算した値を「線なし」「プロットのみ」で描くと見やすいでしょう。また、表 6.2 の左列は、「150〜155 未」などと簡明に入力すればよいでしょう。

## 章 末 問 題

💎 **6.1** 正規分布の特徴について、次の各問に答えなさい。

(1) 母数は何か答えなさい。また、それらの意味を述べなさい。

(2) 形状の特徴を列挙しなさい。

(3) その形状の特徴のうち、母数に応じて変化するものを挙げなさい。

💎 **6.2** 次の正規分布を表す式を作りなさい。

(1) $N(0, 4)$

(2) $N(5, 1)$

(3) $N(-2, 0)$

(4) $N(3, -9)$

💎 **6.3** 図 6.11 の標準正規分布のグラフに、次の正規分布を重ねて描きなさい。

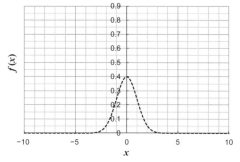

(1) $N(3, 1)$

(2) $N(0, 4)$

(3) $N(-2, 0.25)$

(4) $N(3, 9)$

**図 6.11　標準正規分布のグラフ**

💎💎 **6.4** 標準正規分布の確率について、以下のそれぞれの値を求めなさい。

(1) $-1 \leq x \leq 1$ となる確率

(2) $-2 \leq x \leq 2$ となる確率

(3) $-3 \leq x \leq 3$ となる確率

(4) $-x_a \leq x \leq x_a$ となる確率が $0.99$ の $x_a$

(5) $-x_a \leq x \leq x_a$ となる確率が $0.95$ の $x_a$

(6) $-x_a \leq x \leq x_a$ となる確率が $0.90$ の $x_a$

**6.5** ある工場において、ある製品の誤差 $x$（完全な製品では $x = 0$）が標準正規分布に従っていることがわかっています。いま、その製品の売買契約を以下の通り結びました。すなわち、

① あらかじめ許容誤差を設定する。
② その許容誤差以内の製品は、良品として買い手が買い取る。
③ その許容誤差を超える製品は、不良品として出荷対象から外すか、売り手の責任で買い手から回収する。

次の各問に答えなさい。

(1) 標準正規分布 $f(x)$ は何を意味するか、述べなさい。
(2) 標準正規分布に従うデータが $2\sigma$ に入らない確率を求めなさい。
(3) 許容誤差をバラつき $2\sigma$ と契約したとき、不良品の発生率は何 % か。
(4) 不良品は売り手の製造コストロスなので、売り手としてはいまの製造技術（精度）のまま、不良品を減らしたいです。もし、不良品削減に向けて、許容誤差の変更を買い手と交渉するのであれば、$\sigma$ で再提案すべきか、あるいは $3\sigma$ で再提案すべきか、どちらがよいでしょうか。
(5) 許容誤差が大きいと、買い手が使う際に調整等に時間をとられ、結果的に収益ロスにつながります。したがって、買い手としてはできるだけ許容誤差を小さくしたいです。もし、買い手が許容誤差を小さくするよう再提案してきた場合、売り手が製造者として現実的にすぐにとれる対策を検討しなさい。

**6.6** 次のデータを、以下の手順で正規分布に当てはめなさい。

$$-9.1, -7.3, -4.9, -3.5, -2.9, -1.6, -1.0, -0.4, -0.1$$

$$0.0, 0.2, 0.6, 1.1, 1.7, 2.8, 3.3, 4.0, 4.5, 5.4, 7.6$$

(1) 度数分布表を作りなさい。この際、階級の分け方を検討しなさい。
(2) 元データ（直接データ）から、平均と分散を求めなさい。
(3) 上記 (1) で作った度数分布表（間接データ）から、平均と分散を求めなさい。
(4) 各階級の確率質量を求めなさい。
(5) 各階級の確率質量を確率密度に換算しなさい。
(6) ヒストグラムを正規分布と比較し（同じグラフ上に描き）なさい。

**6.7** 次の正規分布について、以下の手順で確率を求めなさい。

(1) $f(x) = f(x : -7, 25)$ を正規化する線形変換 $x \to z$ を求めなさい。

(2) $-2 \leq x \leq 13$ に対応する、変換した後の変数 $z$ の範囲を求めなさい。

(3) 上記 (2) の範囲にある確率を求めなさい。

(4) $f(x) = f(x : -7, 25)$ に従う変数 $x$ が $-2 \leq x \leq 13$ の範囲にある確率を求めなさい。

**6.8** 正規分布の平均と分散が $\mu$ と $\sigma^2$ であることを証明しなさい。

第 **7** 章

# 二項分布とポアソン分布

本章では、不連続変数の確率を示すときに最も基本的となる二項分布と、それと大きく関連するポアソン分布について、初歩的な使い方を学習します。いずれも、前章で学んだ正規分布と深く関係しています。

さまざまな確率が、これらの分布で表現できますので、ぜひ習得してください。

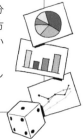

## 7.1 二項分布の確率質量分布

**二項分布**は、ある現象が起きるか起きないかのいずれか（二択＝ 2 値）である場合に、ある回数（抽出数）に関して、その現象がどの程度起きるかを表します。

例 7.1

不良ネジが 5% の割合でできる実績の機械で 40 個のネジを作った場合、不良ネジが 5 個含まれる確率を求めましょう。

ちなみに、この機械で作る無限個のネジが母集団（第 9 章）で、40 個のネジが標本集団（第 9 章）です。

着目する現象は「不良ネジができるかどうか」で、不良ネジができる確率 $p = 5\%$ を**出現率**と呼びます。標本数 $n = 40$ ［個］のうちの不良ネジの個数が

**確率変数** $X$ であり、今回は $X = 5$ の場合についてその確率 $P[X = 5]$ を求めます。

$P[X = 5]$ は式 (7.1) により、3.4151%[*1]と計算できます。

$$P[X = 5] = {}_{40}C_5 \cdot 0.05^5 (1 - 0.05)^{40-5}, \quad {}_{40}C_5 = \frac{40!}{5!(40-5)!} \tag{7.1}$$

また、$X = k$ の場合の一般式は、式 (7.2) です。$p^k$ はある事象が $k$ 回起こる確率で、$(1 - p)^{n-k}$ はその事象が $n - k$ 回起こらない確率です。

$n$ 回中 $k$ 回出現する場合の数 ${}_nC_k$ を、**二項係数**と呼びます。

$$P[X = k] = {}_nC_k \cdot p^k (1 - p)^{n-k}, \quad {}_nC_k = \frac{n!}{k!(n-k)!} \tag{7.2}$$

式 (7.2) を、**二項分布（ベルヌーイ分布）** $B(n, p)$ と呼びます。確率変数 $X$ と確率 $P[X]$ の関係を示す確率質量分布で、<u>$p$ と $n$ は母数</u>です。いくつかの $p$ と $n$ に関して、**図 7.1** に確率分布 $P[X]：B(n, p)$ を示します。<u>$p = 0.5$ の場合は後述の正規分布と似た形を示し、$p = a$ と $p = 1 - a$ の形は互いに左右対称です。また、$n$ が大きくなるほど、 つまり全数調査に近づくほど、 確率分布は正規分布に近づきます。</u>

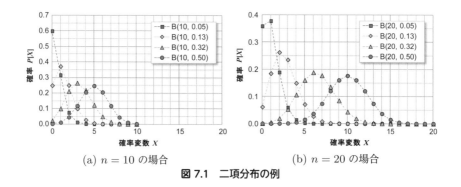

(a) $n = 10$ の場合　　　(b) $n = 20$ の場合

**図 7.1**　二項分布の例

---

[*1]　確率の計算において小数点以下の桁数をいくつにするかは、計算の複雑さにも影響しますので考慮を要します。桁数が少なすぎると数値の特徴を表現し切れず、多すぎると見づらくなります。適切な小数点以下の桁数をそのつど見極める必要があります。なお、確率の計算値は測定数値ではないので、有効数字の概念は当てはまりません。

---

**類題 7.1**

不良ネジが 4% 含まれているネジ群から、12 個のネジを無作為抽出したとき、その中に不良ネジが 2 個含まれている確率を求めなさい。

**答え**

式 (7.2) に $p = 0.04$、$n = 12$、$k = 2$ を代入し、式 (7.3) を得ます。単純に計算すると、12 個中 4% が不良ネジなので $12 \times 0.04 = 0.48$ [個] と、不良品が出ない確率のほうが高いです。一方、$P[X = 2] = 7.0206$ [%] となるので、2 個の不良品が含まれる確率は、少しですが「ある」ことがわかります。

$$P[X = 2] = {}_{12}C_2 \cdot 0.04^2 (1 - 0.04)^{12-2}, \quad {}_{12}C_2 = \frac{12!}{2!(12 - 2)!} \quad (7.3)$$

---

**類題 7.2** ▣ **Excel の問題**

Excel を使って[*2]、$k$ (セル B2:B21 とします)、$n$ (セル B21)、$p$ (セル A1) の二項分布のグラフを作りましょう。

**答え**

セル C2 に次の通り入力します。

```
=BINOMDIST(B2,B$21,A$1,FALSE)
```

これを C21 まで下に複写し、B2:C21 領域のグラフを作ります。

なお、確率質量分布の際には第 4 引数に「FALSE」(小文字可) と入力します。

---

[*2] viii ページでダウンロード方法を説明しているファイルを入手していただくと、問題に取り組んでいただきやすいかもしれません。以下の設問中の B21:B21 などは、これらのファイルの該当するセルを指しています。

# 7.2　二項分布の累積分布

**例 7.2**

ネジを 40 個買う人と、不良ネジは 4 個以下にする（実際には多すぎてあり得ない条件ですが……）と契約しました。このとき、不良ネジが 5% できる機械で 40 個のネジを製造した際に、不良ネジが 5 個以上できてしまう確率 $P[X \geq 5]$ を求めてみます。

$X = 5, \ldots, 40$ のそれぞれについて確率を計算して総和するのは面倒なので、代わりに $X = 0, \ldots, 4$ の場合の確率を総和し 1（100%）から引くことにします。この工夫は、（確率の総和）＝ 1 を活用したもので、よく行われます。

$$
\begin{cases}
P[X = 0] = {}_{40}C_0 \cdot 0.05^0 (1 - 0.05)^{40-0} = 0.129 & (7.4) \\
P[X = 1] = {}_{40}C_1 \cdot 0.05^1 (1 - 0.05)^{40-1} = 0.271 & (7.5) \\
P[X = 2] = {}_{40}C_2 \cdot 0.05^2 (1 - 0.05)^{40-2} = 0.278 & (7.6) \\
P[X = 3] = {}_{40}C_3 \cdot 0.05^3 (1 - 0.05)^{40-3} = 0.185 & (7.7) \\
P[X = 4] = {}_{40}C_4 \cdot 0.05^4 (1 - 0.05)^{40-4} = 0.090 & (7.8)
\end{cases}
$$

$$
\begin{aligned}
\therefore \; P[X \geq 5] &= 1 - 0.129 - 0.271 - 0.278 - 0.185 - 0.090 \\
&= 0.048 \; (4.8 \, [\%])
\end{aligned}
$$

$P[X = 5] = 3.4151 \, [\%]$ と比べると、少し確率が上がりました。

ここで、確率の総和とは、確率質量分布 $P[X]$ に対する**累積分布** $P[\leq X]$ を意味します。図 7.2 に累積分布を太線で示します。

**類題 7.3**

不良ネジが 4% 含まれているネジ群から 12 個のネジを無作為抽出したとき、その中に不良ネジが 2 個以上含まれている確率を求めなさい。

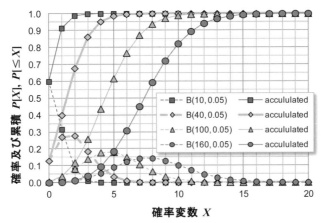

**図 7.2** 課題に対する確率分布と累積曲線の例

**答え**

式 (7.2) に $p = 0.04$、$n = 12$、$k = 0$ および 1 を代入し、

$$P[X \geq 2] = 1 - P[X < 2]$$
$$= 1 - 0.306355 - 0.61271 = 8.0935 \, [\%]$$

これは、7.0206% となる $P[X = 2]$ よりわずかに大きいです。なお、$P[X = 1]$、$P[X = 0]$ は以下の通りです。

$$\begin{cases} P[X = 1] = {}_{12}C_0 \cdot 0.04^1 (1 - 0.04)^{12-1} = 0.306355 \\ P[X = 0] = {}_{12}C_1 \cdot 0.04^0 (1 - 0.04)^{12-0} = 0.61271 \end{cases}$$

# 7.3 二項分布の平均と分散

**例 7.3**

5% の不良ネジを含むネジ群から 10 個のネジを無作為抽出したとき、不良ネジを $X$ 個とってしまう確率分布 $f(X)$ の平均、分散を計算してみます。

まず、$n = 10$〔個〕中の不良ネジ個数 $X$ を変数として、確率質量分布 $f(X)$ を式 (7.9) のように作ります。

$$f(X) = {}_{10}C_X \cdot 0.05^X (1 - 0.05)^{(10-X)} \tag{7.9}$$

各実値 $X$ に対応する $f(X)$ は表 7.1 の通りで、グラフは図 7.3 となります。

**表 7.1　確率質量及び期待値等一覧**

| 不良品個数 | | | 確率 | | |
|---|---|---|---|---|---|
| 偏差$^2$ | 偏差 | 実値 | (重み) | | |
| 0.25 | −0.5 | 0 | 0.5987 | 0.0000 | 0.1497 |
| 0.25 | 0.5 | 1 | 0.3151 | 0.3151 | 0.0788 |
| 2.25 | 1.5 | 2 | 0.0746 | 0.1493 | 0.1679 |
| 6.25 | 2.5 | 3 | 0.0105 | 0.0314 | 0.0655 |
| 12.25 | 3.5 | 4 | 0.0010 | 0.0039 | 0.0118 |
| 20.25 | 4.5 | 5 | 0.0001 | 0.0003 | 0.0012 |
| 30.25 | 5.5 | 6 | 0.0000 | 0.0000 | 0.0001 |
| 42.25 | 6.5 | 7 | 0.0000 | 0.0000 | 0.0000 |
| 56.25 | 7.5 | 8 | 0.0000 | 0.0000 | 0.0000 |
| 72.25 | 8.5 | 9 | 0.0000 | 0.0000 | 0.0000 |
| 90.25 | 9.5 | 10 | 0.0000 | 0.0000 | 0.0000 |
| 総和 | 総確率 | | 1.0000 | | |
| | 母平均 | (期待値) | 0.5000 | | |
| | 母分散 | | | | 0.4750 |
| 母標準偏差 | | | | | 0.6892 |

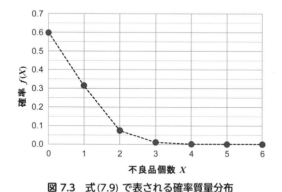

**図 7.3　式 (7.9) で表される確率質量分布**

表 7.1 において、確率（重み）の総和は 1 です。また、

不良品の期待値 $E(X) =$ 「不良品個数 × 確率」の総和 $= 0.5$

不良品の分散 $V(X) =$ 「偏差の 2 乗 × 確率」の総和 $= 0.475$

です。不良品の期待値 $E(X)$ と分散 $V(X)$ は、全ての $X$ を考えた場合の平均値 $\breve{\mu}_X$ と分散 $\breve{\sigma}_X{}^2$ を意味します。

二項分布の平均 $\breve{\mu}_X$ と分散 $\breve{\sigma}_X{}^2$ は、式 (7.10) と式 (7.11) で計算できます。

$$\begin{cases} \breve{\mu}_X = E(X) = np & (7.10) \\ \breve{\sigma}_X{}^2 = V(X) = np(1-p) & (7.11) \end{cases}$$

以下は難しければ、第 9 章を学んだ後に読み直してください。全数調査をしているので上記の $E(X)$ と $V(X)$ は母平均と母分散のようですが、<u>母集団から $n$ 個を抽出した標本集団の特性</u>です。記号にチェック[*3]を付けたのは、そのためです。

> **類題 7.4**
>
> 式 (7.10) および式 (7.11) から計算される平均と分散が表 7.1 の値と一致することを確認しましょう。

**答え**

$p = 5$〔%〕、$(1-p) = 95$〔%〕、$n = 10$〔個〕。代入すると、

$$\begin{cases} \breve{\mu}_X = 10 \times 0.05 = 0.5 \\ \breve{\sigma}_X{}^2 = 10 \times 0.05 \times 0.95 = 0.475 \end{cases}$$

確かに一致しました。

# 7.4 ポアソン分布の確率質量分布

$n$ 回中 $X = k$ 回、確率 $p$ の事象が起こる確率を計算する二項分布の式 (7.2) は $pn = $ 一定のまま $n$ を $\infty$ に漸近させる（同時に $p$ が 0 に漸近する）と、ポアソンの極限定理[44)] により式 (7.12) に至ります。母数は（平均）$= \lambda$ のみです。

$$f(x : \lambda) = \frac{\lambda^x}{x!} e^{-\lambda} \qquad (ここで \lambda \equiv pn) \tag{7.12}$$

---

*3　「$\breve{}$」はチェックと言います。

すなわち、多数回数の中に稀にしか発生しない現象を議論する際に、二項分布はポアソン分布で近似できます。図7.4に、$\lambda \equiv pn$ が同じ、二項分布とポアソン分布を比較します。$p$ が 0 に近づくにつれ、また $n$ が大きくなるにつれ、両者は一致していくことがわかります。

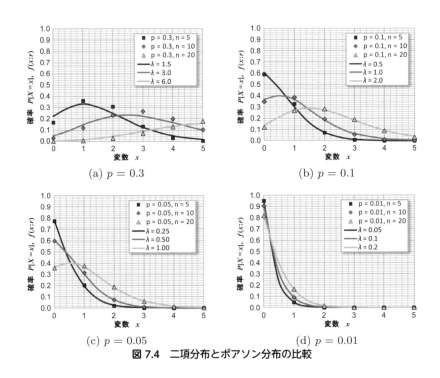

(a) $p = 0.3$  (b) $p = 0.1$

(c) $p = 0.05$  (d) $p = 0.01$

**図 7.4 二項分布とポアソン分布の比較**

なお、ポアソン分布は二項分布同様に確率質量分布ですが、数学的には $x$ は任意の複素数を対応させられる連続関数です。

図 7.4 より、$\lambda \to \infty$ でポアソン分布が正規分布に近づいていくことがわかります。$\lambda$ が十分に大きい場合（$> 1000$）には、ポアソン分布は正規分布 $N(\lambda, \lambda)$ と非常によく一致します。一般に、$\lambda > 10$ ならば正規分布に近似できるとされます。

---

**類題 7.5**

10 回中 $X = 4$ 回、確率 $p = 0.01$ の事象が起こる確率を、二項分布と
ポアソン分布から求めなさい。

---

**答え**

●二項分布：
$$P[X = 4] = {}_{10}C_4 \cdot 0.01^4(1 - 0.01)^{10-4} = 1.98 \times 10^{-6}$$

●ポアソン分布：
$$f(4 : 0.1) = \frac{0.1^4}{4!}e^{-0.1} = 3.77 \times 10^{-6}$$

数値としては倍の違いですが、両者とも十分小さいです。

---

**類題 7.6**　🆇 **Excel の問題**

Excel を使って $k$（セル B2:B21 とします）、$\lambda$（セル A1）のポアソン分布
のグラフを作りなさい。

---

**答え**

セル C2 に次のように入力します。

```
=POISSON(B2,A$1,FALSE)
```

これを C21 まで下に複写し、B2:C21 領域のグラフを作ります。

なお、確率質量分布の際には第 4 引数に「FALSE」（小文字可）と入力し
ます。

# 7.5　ポアソン分布を適用した予測

## (1)　生起確率

**ポアソン分布**は、離散的な事象に対して、単位距離（時間）当たり平均 $\lambda$ 回
起こる事象が、ある距離（時間）範囲で $x$ 回起こる確率（**生起確率**）を示し
ます。

### 例 7.4

1 日平均 60 人が訪れる Web サイトに、1 時間に 3 人訪問する確率を求めてみましょう。

1 日 = 24 時間に平均 60 人が訪れるので、

$$平均 \lambda = \frac{60}{24} = 2.5 \, [人/\text{h}]$$

1 時間に $x = 3$ [人] が訪問する確率は、式 (7.12) に以上を代入して 0.14 と計算できます。

$$f(x = 3 : \lambda = 2.5) = \frac{2.5^3}{3!} e^{-2.5} = 0.1403739 \tag{7.13}$$

---

**類題 7.7**

ここにコインが 6 枚あります。次の場合について考えましょう。

(1) 1 枚目だけを用いて、100 回投げて 5 回表が出る確率を求めましょう。

(2) 6 枚全てを 10 回投げて、全て裏が出る回数が 5 回、となる確率を求めましょう。

---

**答え**

(1) $P[X = 5] = {}_{100}C_5 \left(\dfrac{1}{2}\right)^5 \left(\dfrac{1}{2}\right)^{100-5} = 5.94 \times 10^{-23}$
　　相当低い確率です。

(2) 6 枚全て裏が出る確率は、$\left(\dfrac{1}{2}\right)^6 = 0.015625$。これが十分小さいとみて、ポアソン分布で近似します。

$$f(x = 5 : \lambda) = \frac{\lambda^x}{x!} e^{-\lambda} = 6.64 \times 10^{-7}$$

$$(\because \lambda \equiv pn = 0.015625 \times 10 = 0.15625)$$

## (2) 事故や災害

誰もが、事故や災害に巻き込まれたくはないでしょう。事故や災害は、起こることは起きますが、どちらかと言うと珍事なので、ポアソン分布を用いて、その発生確率を求められることが多いです。史上初めての適用例は、騎馬戦で

馬に蹴られて死亡した兵士数です（表7.2、図7.5：$\lambda = 0.61$）[45]。世界で発生する年間戦争数もポアソン分布に従うと言われています[47]。

**表 7.2 馬に蹴られて死亡した兵士数**[45]

| 死亡した兵士数 | | 0 | 1 | 2 | 3 | 4 | 5 以上 | 合計 |
|---|---|---|---|---|---|---|---|---|
| 軍団数 | 実値〔個数〕 | 109 | 65 | 22 | 3 | 1 | 0 | 200 |
| | 割合 | 0.545 | 0.325 | 0.110 | 0.015 | 0.005 | 0.000 | 1 |
| ポアソン分布近似 | | 0.5434 | 0.3314 | 0.1011 | 0.0206 | 0.0031 | 0.0004 | — |

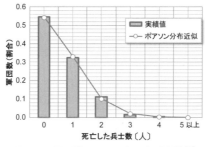

**図 7.5 馬に蹴られて死亡した兵士数**[45]

著者は、年間の1日当たりの交通事故死亡者数をポアソン分布に当てはめてみました（表7.3、図7.6）。しかし、残念ながら、$x = 1$の人数が多く、上手く当てはめられませんでした。

**表 7.3 年間 1 日当たり交通事故の死亡者数**[46]

| 1日交通事故死者数 | | 0 | 1 | 2 | 3 | 4 | 5 | 6 | 7 以上 | 合計 |
|---|---|---|---|---|---|---|---|---|---|---|
| 年間日数 | 実値〔日/年〕 | 119 | 152 | 68 | 20 | 4 | 1 | 1 | 0 | 365 |
| | 割合 | 0.326 | 0.416 | 0.186 | 0.055 | 0.011 | 0.003 | 0.003 | 0.000 | 1 |
| ポアソン分布近似 | | 0.3104 | 0.3631 | 0.2124 | 0.0828 | 0.0242 | 0.0057 | 0.0011 | 0.0002 | — |

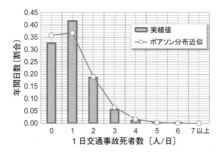

**図 7.6 年間 1 日当たり交通事故の死亡者数**[46]

> **類題 7.8**
>
> 　表 7.3（139 ページ）において、平均を求めましょう。「7 以上」は「7」で近似しましょう。

**答え**

　各割合 × 死者数の和 = 1.0274

## （3）　自然現象や意思の介入しない事象

　それほど頻度が高くない自然現象は、ポアソン分布に当てはまります。例えば、単位面積当たりの雨粒数、1 立方光年当たりの恒星数、単位時間当たりの放射線計数値などです。

　また、人の意志が入り込まない事象は、自然現象でなくてもポアソン分布によく従うことがあります。例えば、1 mL の水で希釈された試料中に含まれる特定の細菌の数、単位面積当たりの樹木の本数、高度に管理された工場における 1 日の不良品発生数などです。

## （4）　明確な意志が存在しない人為現象

　明確な意志が存在しなければ、人為現象もポアソン分布に当てはめられることが多いです。

　一定時間に事象が発生する数の例としては、1 時間当たりの交差点を通過する車両台数、1 時間毎に受け取る電子メールの件数、30 分毎に店を訪れる来客数などが挙げられます。また、一定空間に事象が発生する数の例としては、レポート作成時の 1 ページ当たりの文章入力ミスタイプ回数、1 km 当たりの道路沿線の食堂軒数、特別な施設が 1 か所に集中していない公園内の $1 \, \text{km}^2$ 当たりの来場者数などが挙げられます。

> **類題 7.9**
>
> 　次の事象が、ポアソン分布で当てはめられるかどうか、考えましょう。
>
> （1）　10 分毎の、有名デパートの特売場にいる来客数。
> （2）　A 難関大学の理系の入試問題における、数学の試験第 2 問目の正解者数。

(3) 1 日の首都圏の鉄道事故件数。

(4) 東名高速道路の用賀料金所を毎時通過する、車両の台数。

(5) 消費期限直前で半額になっているパン 10 個中、翌日カビが生えてしまう個数。

(6) ある牧場における、単位面積当たりの四つ葉クローバーの本数。

(7) 1 立方光年当たりの、生物が生存する惑星の数。

(8) ある企業の休日における設備部門の社内用電話番をアルバイトで担当したときの、毎時の対応数。

(9) 定員 100 人の教室に 7 人の学生が聴講する講義の、単位座席数当たりの着席人数。

(10) ある世界的に有名なアイドル歌手のブログにおける、1 時間毎のアクセス数。

(11) ベテランアナウンサーが、5 分の放送中に言い間違える回数。

(12) 大雪の日に、空間 $10\,\mathrm{m}^3$ 中に含まれる雪の粒の数。

**答え**

(1) ×。来場者は、自らの意思で来るものと思われます。

(2) ×。点をとりたいという意思が働きます。

(3) ○。稀な発生数で、意図しない事象のはずです。……最近頻発していますか？

(4) ×。おそらく大量の車両が通過します。

(5) ○。直前かつ翌日なので、発生確率は極めて低く、人為操作はないはずです。

(6) ○。これは稀な発生確率の自然現象でしょう。

(7) ○。稀な発生確率の自然現象でしょう。宇宙人に会いたいですね。

(8) ○。休日なので、おそらく稀な人為操作のない行為とみなせるでしょう。

(9) ×。学生が好んで座る場所があるように感じます。

(10) ×。おそらく大量なアクセス数でしょう。

(11) ○。意図しない行為で、おそらく稀な現象だと思われます。

(12) ×。おそらく大量の雪の粒が存在します。

章　末　問　題

**7.1**　二項分布 $B(n, p)$ について、次の各問に答えなさい。

(1)　確率質量が最大になる変数を求めなさい。

(2)　一定抽出量 $n$ として、バラつきが最大となる $p$ を求めなさい。

(3)　一定出現率 $p$ として抽出量 $n$ を大きくすると、バラつきは変化しますか。

**7.2**　正規分布、二項分布、ポアソン分布について、次の各問に答えなさい。

(1)　ポアソン分布で、ピークを示す変数 $x$ の値はどの程度か、考えなさい。

(2)　二項分布とポアソン分布の関係を簡単に説明しなさい。

(3)　二項分布とポアソン分布の、正規分布との関係を簡単に説明しなさい。

(4)　ポアソン分布の平均と分散がいずれも $\lambda$ である理由を述べなさい。

**7.3**　一般式である式 (7.10) と式 (7.11) を算出しなさい。

**7.4**　二項分布を用いて、じゃんけんを考察しなさい。

(1)　グーとチョキとパーを出す確率が同じとして、$n = 6$〔回〕やって、$X = 4$〔回〕負ける確率を求めなさい。

(2)　一方、緊張状態ではグーが一番出やすく、複雑な指の形のチョキは一番出にくいと言われています。もし、他意のないときに**表 7.4** の確率に従うとすると、$n = 6$〔回〕やって、$X = 4$〔回〕負ける確率を求めなさい。

表 7.4　性格に依存する確率表

| 自分＼相手 | 0.6 グー | 0.1 チョキ | 0.3 パー | 合計 |
|---|---|---|---|---|
| 0.3 グー | | | | |
| 0.3 チョキ | | | | |
| 0.4 パー | | | | |
| 合計 | | | | 1 |

(3)　上記のように人がグー、チョキ、パーを等確率で出さないと仮定する場合、じゃんけんに勝つ戦略はどうあるべきか述べなさい。

(4)　「最初はグー……」と始めるじゃんけんのスタイルがあります。このとき、相手に他意がなく、緊張状態になるとして、最も勝率が良くなる出し方を述べなさい。

また、そのときに $n = 6$ 〔回〕やって、$X = 4$ 〔回〕負ける確率を求めなさい。

💎 **7.5** 確率 $\frac{1}{3}$ で当たるくじ引きを、25 回引きます。表 7.5 を見ながら、次の各問に答えなさい。

**表 7.5　くじ引きの確率質量表**

| 当たり本数 | | | 確率 | 期待値 | 変動 |
|---|---|---|---|---|---|
| 偏差$^2$ | 偏差 | $X$ | $P(X)$ | $X \cdot P(X)$ | |
| 69.4 | −8.33 | 0 | 0.0000 | 0.0000 | 0.0028 |
| 53.8 | −7.33 | 1 | 0.0005 | 0.0005 | 0.0266 |
| 40.1 | −6.33 | 2 | 0.0030 | 0.0059 | 0.1191 |
| 28.4 | −5.33 | 3 | 0.0114 | 0.0342 | 0.3239 |
| 18.8 | −4.33 | 4 | 0.0313 | 0.1252 | 0.5879 |
| 11.1 | −3.33 | 5 | 0.0658 | 0.3288 | 0.7306 |
| 5.4 | −2.33 | 6 | 0.1096 | 0.6575 | 0.5966 |
| 1.8 | −1.33 | 7 | 0.1487 | 1.0411 | 0.2644 |
| 0.1 | −0.33 | 8 | 0.1673 | 1.3385 | 0.0186 |
| 0.4 | 0.67 | 9 | 0.1580 | 1.4222 | 0.0702 |
| 2.8 | 1.67 | 10 | 0.1264 | 1.2642 | 0.3512 |
| 7.1 | 2.67 | 11 | 0.0862 | 0.9481 | 0.6129 |
| 13.4 | 3.67 | 12 | 0.0503 | 0.6033 | 0.6760 |
| 21.8 | 4.67 | 13 | 0.0251 | 0.3268 | 0.5475 |
| 32.1 | 5.67 | 14 | 0.0108 | 0.1508 | 0.3460 |
| 44.4 | 6.67 | 15 | 0.0040 | 0.0593 | 0.1756 |
| 58.8 | 7.67 | 16 | 0.0012 | 0.0198 | 0.0726 |
| 75.1 | 8.67 | 17 | 0.0003 | 0.0056 | 0.0245 |
| 93.4 | 9.67 | 18 | 0.0001 | 0.0013 | 0.0068 |
| 113.8 | 10.67 | 19 | 0.0000 | 0.0003 | 0.0015 |
| 136.1 | 11.67 | 20 | 0.0000 | 0.0000 | 0.0003 |
| 160.4 | 12.67 | 21 | 0.0000 | 0.0000 | 0.0000 |
| 186.8 | 13.67 | 22 | 0.0000 | 0.0000 | 0.0000 |
| 215.1 | 14.67 | 23 | 0.0000 | 0.0000 | 0.0000 |
| 245.4 | 15.67 | 24 | 0.0000 | 0.0000 | 0.0000 |
| 277.8 | 16.67 | 25 | 0.0000 | 0.0000 | 0.0000 |
| 標 | 総　和 | | 1.0000 | 8.3333 | 5.5556 |
| 本 | 平方根 | | | | 2.3570 |

(1) 確率列の数値の出し方を答えなさい。

(2) 平均を式 (7.10) から求め、表 7.5 から求めた値と比較しなさい。

(3) 変動列の、数値の計算方法を答えなさい。

(4) 分散を式 (7.11) から求め、表 7.5 から求めた値と比較しなさい。

(5) この二項分布のグラフを描きなさい。

(6) この二項分布と比較対応すべきポアソン分布の母数を求めなさい。また、そのポアソン分布のグラフをこの二項分布のグラフと重ね、どの程度重なるか述べなさい。

(7) この二項分布を近似させるべき正規分布の、母数を求めなさい。また、これらのグラフを重ね、どの程度重なるか述べなさい。

**7.6** 発生確率が 5% 以下の現象を「珍事」と呼ぶことにします。

(1) 25 回じゃんけんして 11 回負けた人は、じゃんけんに弱いと言えますか。

(2) 100 人がじゃんけんを 25 回して、うち 15 人が 11 回負けました。これは珍事と言えますか。

(3) 100 人がじゃんけんを 25 回して、うち何人程度なら 11 回負けても珍事ではないか述べなさい。ちなみに、13 人が負ける確率は約 4% です。

**7.7** ある病院に、その日の朝 8 時から 16 時までに患者が 26 人来ました。この病院は 17 時で受付が終わります。次の各問に答えなさい。

(1) あと 1 時間の間に、患者が 3 人だけ来る確率を推定しなさい。

(2) あと 1 時間の間に、患者が 3 人以下来る確率を推定しなさい。

(3) あと 1 時間の間に来る患者の人数の、期待値を計算しなさい。

**7.8** ポアソン分布について、次の各問に答えなさい。

(1) $\displaystyle\sum_{n=0}^{\infty} \frac{1}{n!}$ を計算しなさい。

(2) $\exp x$ をマクローリン展開（0 中心のテイラー展開[*4]）しなさい。関数 $f(x)$ のマクローリン展開は、

$$\sum_{n=0}^{\infty} \frac{f^{(n)}(0)}{n!} x^n$$

です。

(3) 二項分布の一般式 (7.2) を、

$$\left\{ \frac{1 \cdot \left(1 - \dfrac{1}{n}\right) \cdot \left(1 - \dfrac{2}{n}\right) \cdots}{x!} \right\}$$

の因数が現れるように変形しなさい。

---

[*4] **テイラー級数**とは、ある関数を、その関数上のある 1 点での 1 階導関数～無限階導関数の値から計算される項の無限和として表現した、数式のことです。
　ある関数に対して、テイラー級数を得ることを、**テイラー展開**と言います。

(4) 二項分布が、λ 一定下に $n \to \infty$ のとき、ポアソン分布と一致すること
を示しなさい。

(5) ポアソン分布値の確率変数全域（0〜∞）の総和が 1 になることを示し
なさい。

**7.9** 4 人兄弟姉妹 100 組を対象に、4 人の中に含まれる男の数を調べ、表 7.6 の
結果を得ました。次の各問に答えなさい。

**表 7.6　男数と該当組数**

| 男の数 | 該当組数 |
| --- | --- |
| 0 | 9 |
| 1 | 29 |
| 2 | 33 |
| 3 | 26 |
| 4 | 3 |
| 計 | 100 |

(1) 男の数を確率変数 $x$、男の出生率を $p$ として、該当組数を二項分布で求
める式を作りなさい。

(2) 調査結果が示す平均と分散を計算しなさい。

(3) $p$ を推定しなさい。

(4) 調査結果を二項分布で当てはめたグラフを作りなさい。

- $$\sum_{k=0}^{\infty} \frac{1}{k!} \equiv e = \exp 1$$

  $$\sum_{k=0}^{\infty} \frac{x^k}{k!} = e^x = \exp x$$

- $\delta$ が十分小さければ、

$$(1 + \delta)^n \approx 1 + n\delta \tag{L-1}$$

- $$\exp(-p) = \frac{(-p)^0}{0!} + \frac{(-p)^1}{1!} + \frac{(-p)^2}{2!} + \frac{(-p)^3}{3!} + \cdots$$

  $p$ が十分小さければ、

$$\exp(-p) \approx \frac{(-p)^0}{0!} + \frac{(-p)^1}{1!} = 1 - p \tag{L-2}$$

第 **8** 章

# 指数分布

指数関数は、自然界のさまざまな変化を表すのに適しています。したがって、物理学や生物学などの自然科学の分野では重宝されています。

本章では、逆指数関数（減少関数）の適用例を学びます。自然と減少していく現象や、ある事象が発生するまでの期間などを考えましょう。

## 8.1 指数関数の基礎

### (1) 指数関数と逆指数関数

式 (8.1) で表される**指数関数** (6.1 節 (1)) は、変数 $x$ がその値と等しい増加率をとるという、特別な関数です。自然界において、物やエネルギー等が増える現象の多くが、指数関数で記述できます。

$$f(x) = e^x, \quad \int f(x) = C + e^x, \quad \frac{d}{dx}f(x) = e^x \tag{8.1}$$

ここで、変数 $x$ を $-x$ に置き換えると、式 (8.2) になります。変数 $x$ がその値と等しい減少率をとることを表すので逆指数関数と呼ぶことにしましょう。自然界における物やエネルギーなどが減る現象は、逆指数関数を使ってうまく記述できます。図 8.1 の通り、指数関数とは $y$ 軸に関して線対称です。

$$f(x) = e^{-x}, \quad \int f(x) = C - e^{-x}, \quad \frac{d}{dx}f(x) = -e^{-x} \tag{8.2}$$

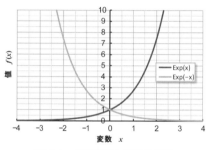

**図 8.1　指数関数と逆指数関数**

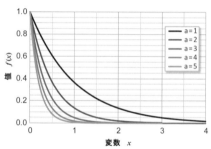

**図 8.2　$b = 1$ の減少関数の $a$ 依存性**

## (2)　一般化指数関数と減少関数

指数関数と逆指数関数は、係数 $a$ と $b$ を用いて式 (8.3) に一般化できます。

$$f(x) = be^{\pm ax}, \quad \int f(x) = C \pm \frac{b}{a}e^{\pm ax}, \quad \frac{d}{dx}f(x) = \pm abe^{\pm ax} \quad (8.3)$$

ここで、$a$ は横軸に対する、$b$ は縦軸に対する倍率です。$a > 0$ の場合には増幅を、$a < 0$ の場合には減衰を意味します。$a < 0$ の関数を減少関数と呼びましょう。図 8.2 に、$b = 1$ の減少関数の $a$ 依存性を示します。

また、$a$ の代わりに $\dfrac{\ln m}{T}t$ とすると、時間変化する量を表せます。$0 < m < 1$ は減衰を、$1 < m$ は増幅を意味します。$1 = m$ のときには $f(t) = $ 定数 です。

$$f(t) = be^{\frac{\ln m}{T}t} = bm^{\frac{t}{T}}$$

（半減期関数：$f(t) = b \cdot 0.5^{\frac{t}{T}}$）

$$(8.4)$$

**例 8.1**

ウランの同位体には、半減期 $4.468 \times 10^9$ 年の $^{238}_{92}$U と、$7.038 \times 10^8$ 年の $^{235}_{92}$U があります[50]。

これらの経過時間と残存量の関係を示すグラフを、初期量を 100 として図 8.3 に示します。式 (8.4) における $m = 0.5$ すると、$t$ は経過時間、$T$ は半減期になります。

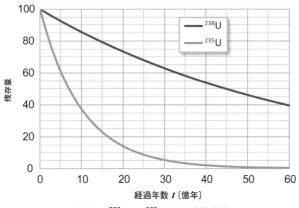

**図 8.3** $^{238}$U と $^{235}$U の半減期曲線

---

**類題 8.1**

　現在の地球上には、$^{238}_{92}$U と $^{235}_{92}$U が 137.8 : 1 の割合で混在しています。ウランは超新星爆発でできるので、太陽系ができる前に超新星があったことがわかります。

　この超新星爆発でできたウランの同位体中の $^{238}_{92}$U と $^{235}_{92}$U の割合が 1 : 1 として、超新星爆発が何年前かを類推しなさい。$t$ の単位は〔億年〕（$= 10^8$ 年）とします。

---

**答え**

$$\begin{cases} ^{238}_{92}\text{U}: f_{^{238}_{92}\text{U}}(t) = 100 \cdot 0.5^{\frac{t}{44.68}} \\ ^{235}_{92}\text{U}: f_{^{235}_{92}\text{U}}(t) = 100 \cdot 0.5^{\frac{t}{7.038}} \end{cases}$$

$$f_{^{238}_{92}\text{U}}(t) : f_{^{235}_{92}\text{U}}(t) = 137.8 : 1$$

となる $t$ を計算し、約 59.367 億年前。

　なお、超新星爆発でできる $^{238}_{92}$U と $^{235}_{92}$U の比率は、単に確率の問題です。この超新星爆発では 10 : 6（この場合は約 55 億年前と計算されます）と言う科学者もいます。

# 8.2　定義と特性

積分して式 $(8.2)$ になる関数として、式 $(8.5)$ の $F(x:a)$ を考えます。積分定数 $C = 1$ で、比例係数 $0 < b = a$（マイナスを付けるので、指数としては負です）とします。これを累積分布関数とみなし、**指数分布**と呼びます。このとき、確率密度関数は式 $(8.5)$ の通りです。

$$\begin{cases} 累積分布関数：F(x:a) = 1 - e^{-ax} & （積分領域：0 \le x \le x_a） \\[2mm] 確率密度関数：f(x:a) \equiv \dfrac{dF(x)}{dx} = ae^{-ax} & （ただし、0 \le x） \end{cases}$$

$$(8.5)$$

図 8.4 に、$F(x:a)$ および $f(x:a)$ の $a = 1$ および 5 の場合の曲線を示します。$F(x:a)$ の $x$ 全域での積分値は 1 です（そうなるように、$b = a$、$C = 1$ としています）。

$a$ が大きいほど、減衰が急激に起こることがわかります。

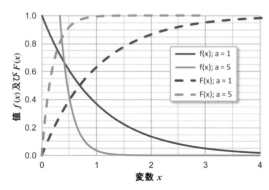

**図 8.4　指数分布の確率密度分布及び累積分布**

---

**類題 8.2**

　式 $(8.5)$ で表される指数分布に関して、次の各問に答えましょう。

(1)　$a = 1$ の場合、変数 $x = 0.5$ に対応する確率密度を計算しましょう。

(2)　$a = 4$ の場合、変数 $x = 0.6$ に対応する累積確率を計算しましょう。

(3)　$a = 2$ の場合、確率密度 $= 0.8$ に対応する変数 $x$ の値を計算しましょう。

(4) $a = 5$ の場合、累積確率 $= 0.85$ に対応する変数 $x$ の値を計算しましょう。

**答え**

(1) $f(0.5 : 1) \equiv e^{-0.5} = 0.6065$

(2) $F(0.6 : 4) = 1 - e^{-4 \cdot 0.6} = 0.9093$

(3) $f(x : 2) \equiv 2e^{-2x} = 0.8$
を解いて、$x = 0.458$。

(4) $F(x : 5) = 1 - e^{-5x} = 0.85$
を解いて、$x = 0.3795$。

# 8.3 生起期間推定

## (1) ベンチ問題

**例 8.2**

距離 $L$ の間に幅 $d$ のベンチが並び、$n$ 人が座っている状態を考えます。その前を端から歩き、距離 $x$ だけ進んで初めて座っている人に遭遇する確率 $f(x)$ を求めてみます。

これは、距離 $L$ の間で人が座っている距離を $dn$ として、その間に人がいる確率 $p$ を求める問題に帰着します。このときベンチを単位として $\frac{x}{d} + 1$ 席目のベンチに人が座っている確率は、式 (8.6) となります（$\because$ 式 (7.2)、130 ページ）。ただし、$\frac{x}{d}$ は自然数です（図 8.5）。

$$f(x) = (1-p)^{\frac{x}{d}} p, \quad p = \frac{dn}{L} \, [\text{m}\cdot \text{人/m} \Rightarrow \text{脚/脚}] \tag{8.6}$$

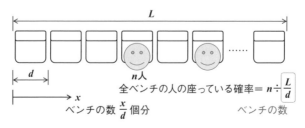

**図 8.5 ベンチ問題の補助図**

　$f(x)$ は確率質量分布ですが、ベンチの幅 $d$（横軸 $x$、縦軸 $f(x)$ のヒストグラムを作った場合の棒グラフの幅）で除すれば確率密度分布になります。これは、「距離 $x$ だけ進む前に誰かに遭う」確率 $F(x)$ を考えた場合、その微分値となっています。

---

**類題 8.3**

式 (8.6) を $d$ で割り、$d \to 0$ で積分しましょう。$\rho \equiv \dfrac{n}{L}$ とします。

---

**答え**

$$
\frac{F(x+d) - F(x)}{d} = \frac{1}{d} \frac{dn}{L} \left( 1 - \frac{dn}{L} \right)^{\frac{x}{d}} \qquad (\because \ 式 (8.6))
$$

$$
= \frac{n}{L} \left( 1 - \frac{dn}{L} \right)^{\frac{x}{d}}
$$

$$
\therefore \ f(x) = \lim_{d \to 0} \frac{F(x+d) - F(x)}{d}
$$

$$
= \frac{n}{L} \exp \left( -\frac{dn}{L} \frac{x}{d} \right) \qquad (\because \ 式 (L\text{-}1) と式 (L\text{-}2))
$$

$$
= \frac{n}{L} \exp \left( -\frac{n}{L} x \right) = \rho e^{-\rho x} [人/\mathrm{m} \Rightarrow 脚/脚 \ \mathrm{m}]
$$

$$
\therefore \ F(x) = 1 - e^{-\rho x} \qquad (\because \ [F(x)]_0^\infty = 1 より積分定数は 1) \tag{8.7}
$$

このように、式 (8.5) と全く同じ形の式 (8.7) が導けます。

## (2)　ベンチ問題の解釈

　$\rho$ は、式 (8.1) における $\dfrac{\ln m}{T}$ と対応し、単位距離[*1]当たりの事象の発生確率を意味します。したがって、$\rho x$ は距離 $x$ までの発生確率、$e^{-\rho x}$ は対応する係数（累積確率）となります。ここで確率密度分布 $\rho e^{-\rho x}$ は $\rho$ と同じ単位となり、距離 $x$ まで進んで初めて事象が発生する確率密度を示します。これを確率に戻すには、距離の幅 $\Delta x$ を乗じます。

---

[*1]　例 8.2 や類題 8.3 では単位距離ですが、問題によって単位時間になることもあります。その場合、$\rho$ の単位は [/m] ではなく [/s] となります。他方、いずれにしても $\rho x$ は距離 $x$（時間 $t$）までの発生確率で、$e^{-\rho x}$ は対応する係数（累積確率）です。

累積分布（例えば指数分布 $F(x)$）によって、距離 $x$ までにある事象がすでに発生してしまっている確率（**生起期間の確率**）を計算できます。

**例 8.3**

朝 9 時から 17 時までの 8 時間に、交番に 26 人の人が訪れました。このとき、割合 $\rho = \dfrac{26}{8}$〔人/h〕で、常にこの割合が保たれると仮定すると、あと $x$ 時間以内に次の訪問者が来る確率 $F(x)$ とその微分式は、式 (8.8) で表されます。

$$F(x) = 1 - e^{-\frac{26}{8}x}, \quad f(x) = \frac{26}{8}e^{-\frac{26}{8}x} \tag{8.8}$$

したがって、例えば、いまから 0.5 時間（30 分）以内に訪問者が来る確率は $F(0.5) = 0.826$、1 時間以内に訪問者が来る確率は $F(1) = 0.970$ と求められます。

また、0.5 時間（30 分）時点で訪問者が来る確率密度は $f(0.5) = 0.640$ で、$\pm 3$ 分の領域（領域幅は 6 分 = 0.1 時間）で訪問者が来る確率は $0.640 \times 0.1 = 0.064$〔%〕と求められます。

**類題 8.4**

年間 0.5 件の割合で故障する機械がある。この機械が最初の 2 年で故障する確率と、2 年目に初めて故障する確率密度を求めましょう。

**答え**

$\rho = \dfrac{0.5}{1}$〔件/年〕。

確率 $F(2) = 1 - e^{-0.5 \cdot 2} = 0.865$, $\quad f(2) = 0.5e^{-0.5 \cdot 2} = 0.135$

次節で述べるように、この 0.5 を**故障率**、確率 $1 - F(x)$ を**信頼度**とも言います。

# 8.4　故障の考え方

## (1)　故障率

　機械の保守修繕の分野では、**故障率**という用語を頻繁に用います。ただし、厳密な定義はないようで、一般的には「単位時間内に機械やシステムが異常を来して稼働を停止する件数」と定義されることが多いようです。

　本書では、故障の発生件数が偶発的でポアソン分布に従う前提で、故障率 $\lambda$ を式 (8.5) の $a$ や、式 (8.7) の $\rho$ として定義します。単位は時間の逆数です。

## (2)　信頼度と信頼性

　日本産業規格 (JIS) では、**信頼性**を「アイテムが与えられた条件で規定の期間中、要求された機能を（安定的に）果たすことができる性質」、**信頼度** $1 - R$ を「アイテムが与えられた期間与えられた条件下で機能を発揮する確率」と定義しています[48]。つまり、信頼性とは定性的な概念で、信頼度は定量的な数値です。

　一方、米国航空宇宙局 (NASA) では

Reliability: A characteristic of a system or an element thereof expressed as a probability that it will perform its required function under condition at designated times for specified operating periods.

と、信頼性と信頼度を区別せず、ひっくるめて "reliability" としています[49]。

　複数の部品や要素が直列に構成されて、新たな機能を有する機械や仕組みとなるとき、各部品や要素の信頼度 $1 - R_i$ の積を、全体の機械や仕組みの信頼度 $1 - R$ として定義できます。これを**最弱リンク理論**(12.4 節)と言います。

$$1 - R = \prod_i (1 - R_i) = (1 - R_1) \times (1 - R_2) \times \cdots \tag{8.9}$$

ここで $R$ は信頼できない確率 (**故障確率**) です。故障率と混同しないように。

全体と部品と言うわけではありません。
故障率は係数で、故障確率はそれを使って出せる確率です。

## (3) 信頼度と故障率

故障率 $\lambda$ を用いると、信頼度 $1 - R$ は式 (8.10) で表されます。ここで、$t$ は故障率 $\lambda$ を定義する際に用いた単位時間です。

$$1 - R = e^{-\lambda t} \qquad (\text{すなわち } R = 1 - e^{-\lambda t}) \tag{8.10}$$

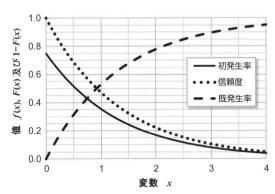

**図 8.6 指数分布主要 3 曲線**

既発生率：$F(x) = 1 - e^{-ax}$
→事象発生済みの確率
信頼度：$1 - F(x) = e^{-ax}$
→事象未発生の確率
初発生率：$f(x) = ae^{-ax}$
→事象が初めて発生する確率密度

### 類題 8.5

信頼度 0.8 のエンジンと、信頼度 0.9 の変速機が直列してなる系があります。信頼度の規定期間と単位時間は〔年〕であるとして、次をそれぞれ求めましょう。

(1) 系全体の信頼度
(2) エンジンと変速機のそれぞれの故障確率
(3) エンジン、変速機、および系全体の故障率
(4) 系全体の 3 年後の信頼度

**答え**

(1)　$0.8 \times 0.9 = 0.72$

(2)　エンジンは 0.2、変速機は 0.1。

(3)　エンジン：$0.8 = e^{-\lambda}$ なので、$\ln 0.8 = -\lambda$ より $\lambda = 0.22314$ [/年]。
　　減速機：$0.9 = e^{-\lambda}$ なので、$\ln 0.9 = -\lambda$ より $\lambda = 0.10536$ [/年]。
　　エンジンと減速機の系全体：$0.72 = e^{-\lambda}$ なので、$\ln 0.72 = -\lambda$ より
　　$\lambda = 0.3285$ [/年]。

(4)　$1 - R = e^{-0.3285 \cdot 3} = 0.373253$

## 章 末 問 題

💎 **8.1**　ウラン $^{235}_{92}\mathrm{U}$ を燃料とする原子力発電所の炉内では、さまざまな核分裂反応により、例えばコバルト $^{60}_{27}\mathrm{Co}$（半減期 5.2713 年）、セシウム $^{134}_{55}\mathrm{Cs}$（半減期 2.0648 年）等の放射性元素が発生します。そして、この程度の半減期の放射能が、人体にとって最も有害です。以下の各問に答えなさい。

(1)　それぞれの元素の半減期関数を作りなさい。いずれも初期値 = 100 とします。

(2)　それぞれの元素が 1 年後までにどの程度崩壊したか（＝放射線を出したか）、計算しなさい。

(3)　残存量が $^{60}_{27}\mathrm{Co} : ^{134}_{55}\mathrm{Cs} = 5 : 1$ となるのは何年後か、求めなさい。

💎 **8.2**　D さんはノート PC を買いました。次の各問に答えなさい。

(1)　同機種のノート PC が、販売当初からの 1 年間で 1.2% の割合で故障しているとの情報を入手しました。時間の単位を月にして、買ったノート PC が $t$ か月目には故障している確率を式で表しなさい。

(2)　同様にして、信頼度を式で表しなさい。

(3)　このノート PC が 5 か月故障せずにもつ確率を求めなさい。

(4)　さっそく D さんが使い始めたところ、何だか調子がいまひとつです。1 年故障せずにもつかどうかを、1% の危険率で検定しなさい。

💎 **8.3**　人口密度が 25 人/km$^2$ の島があります。次の各問に答えなさい。

(1)　人が均一に住んでいるとすると、何 km$^2$ に 1 人の割合になりますか。

(2)　港から $x$ km$^2$ だけ歩いて初めて人と遭遇する確率密度を求めなさい。

また、これを確率にするために乗じる適切な微小移動面積を答えなさい。

(3) 港から $x\,\mathrm{km}^2$ だけ歩く間に、人と遭遇する確率を式で表しなさい。

(4) 港から $0.1\,\mathrm{km}^2$ 歩いても人に遭遇しませんでした。これは珍事でしょうか。

(5) 何 $\mathrm{km}^2$ 以上歩いて初めて人と遭遇する状況が珍事か、確率密度を用いて微小移動面積を $0.01\,\mathrm{km}^2$ として、危険率 $1\%$ で分析しなさい。

**8.4** 雨粒の落下運動について、以下の各問に答えなさい。

(1) 雨粒の質量を $m$ とします。雲の中にある雨粒は、地球の重力 $mg$ （$g$ は重力加速度）に引かれて落下します。一方、落下する際に空気粒と衝突するので、雨粒は空気抵抗 $R$ を受けます。ニュートンの法則に従って、雨粒に掛かる力を左辺、$m \times \alpha$ （$\alpha$ は雨粒の加速度）を右辺にして、運動方程式を作りなさい。

(2) 雨粒の速度を $v$ として、$\alpha$ を $v$ で表しなさい。

(3) 空気抵抗 $R$ の大きさは、落下速度 $v$ に比例します。$R$ を $v$ で表しなさい（比例係数を正の実数 $k$ とすること）。

(4) 上の $(1)\sim(3)$ をまとめて、$v$ に関する方程式を作りなさい。

(5) 上の $(4)$ の方程式の解が

$$v = C + ae^{bt}$$

の形であることがわかっているとして、具体的に解きなさい。また、加速度 $\alpha$ を求めなさい。

**8.5** それぞれの信頼度が次式で表される部品 A、B、C から成る機械があります。次の各問に答えなさい。$t$ の単位は〔年〕とします。

$$\begin{cases} 部品 A: 1 - R_A = e^{-0.7t} \\ 部品 B: 1 - R_B = e^{-0.02t} \\ 部品 C: 1 - R_C = e^{-0.005t} \end{cases}$$

(1) 最も壊れにくい部品はどれですか。

(2) この機械の信頼度を求めなさい。

(3) この機械が 4 年後にまだ壊れていない確率を求めなさい。

(4) 各部品が 4 年目に壊れる確率密度を求めなさい。

**8.6** 減衰する打撃音は、式 (8.11) で表されます。$f_1(t)$ は減衰を表す包絡関数[*2]、$f_2(t)$ は音色を表す波形関数です。次の各問に答えなさい。

$$f(t) = f_1(t) \times f_2(t) \tag{8.11}$$

(1) 減衰現象を特徴付ける母数は、減衰率（損失係数）$\eta$ で、式 (8.12) で定義されます。ここで、$t$ は時刻、$f$ はその音の基調となる周波数、$V$ は（電気信号の）振幅、$t_0$ と $V_0$ はそれぞれ打撃時の値です。式 (8.12) を、$V$ について解きなさい。

$$\eta = \frac{\ln \dfrac{V_0}{V}}{\pi f(t - t_0)} \tag{8.12}$$

(2) $f_1(t)$ が (1) で求めた式で、また、$f_2(t) = \sin(2\pi ft)$ のとき、式 (8.11) を電気計測したときに得られるグラフの概略を描きなさい。

---

[*2] **包絡線**とは、曲線群（直線を含む）全てに接する曲線（直線を含む）のことで、それを関数表現したものを**包絡関数**と言います。この問題の場合には、音波が周期的に変動したときに発生する極大点（最大点を含む）全てに接する曲線を指します。解答例にそのグラフを示しますので、問題を解いた後に確認してみてください。

第 **9** 章

# 推定と検定

> ここまで、手元にあるデータ群を統計処理して、そのデータ群自体の議論をしてきました。本章から先は、いまだとれていないそのデータ群の仲間のデータ（母集団）を、推定や検定で予測します。
>
> データをとる際には、全数調査できないことが多いです。その場合にはやむを得ず、部分集団（標本集団）から全体（母集団）を考えるのです。

## 9.1　母集団と標本集団

### (1)　難しい全数調査

これまで本書では、日本人の身長と体重について議論するために、日本人全員を調べることは無理なので、身近な男女 6 人のデータを集めました。英語に関する学力調査も、1 クラスの被験者からのデータを基にしました。

この一部の被験者（からのデータ）を**標本集団**（**部分集団**）、本当は知りたかった全体（からのデータ）を**母集団**と呼びます。本章以降、母集団と標本集団の関係性について論じていきます。

> **例 9.1**
>
> A 社が新薬を開発したとします。効果を臨床試験（治験）で評価するために世界の全ての患者に試したいのですが、人数的に無理ですし、後から発病する

者も出てくるでしょう。そこで、例えば現在の患者 100 人を取りあえず抽出して新薬の効果を評価し、その結果から一般的に薬として提供できるかを予測します。

例 9.2

　B 社が、橋梁を設計中だとします。使う予定の材料がどの程度の外力まで破壊せずに耐えられるかを実証したいのですが、それを確認するために試験（評価目的の実験）をしてしまうと、その材料は破壊されてしまって使えなくなります（このような「物を破壊する試験[54]」を破壊試験と言います）。つまり、少量の材料を試験して得られたデータから、この材料の一般的な強度を予測せざるを得ません。

一部から全体を予想できるか？
五感を研ぎ澄ませて……！ [52,53]

類題 9.1

　母集団と標本集団とは何か、説明してみましょう。

答え

- **母集団**：本来調査したい集団。大きさが小さければ全数調査できますが、ほとんどの場合には全数調査できる大きさではありません。
- **標本集団**：抽出調査した集団。母集団から抽出した一部で、それについて調査して得た知見から母集団を予測します。

## (2) 抽 出

標本集団の大きさが大きいほど、母集団を高精度で予測できます。しかし、そもそも標本集団を大きくできないから標本集団を使うのであって、どこまで大きくするかは難しい判断を迫られます。

また、標本集団を母集団から均一に抽出しなければ偏った（恣意的な）標本集団になってしまい、母集団を正しく予測する手掛かりにはなりません。均一な抽出を**無作為抽出**と称し、今後はこれを標本集団の大前提とします。無作為抽出は案外難しく、標本集団を抽出する時点から知恵と労力を要することになります。

## (3) 予測能力

予測を、数値や数式頼りにしてはいけません。むしろ、数値からイメージを広げ、適切な数式を選択できるような、予測力を身につけることが大切です。

人間の日常の生命活動は、予測に支えられています。例えば、目の網膜は二次元曲面なので、視覚情報には奥行方向に関する直接情報が実はありません。さまざまな工夫と訓練に基づき、脳が二次元の網膜像から三次元空間を予測しているのです[52,53]。五感をはじめとする感性とは、得られる情報（感知過程）から周囲の状況を予測（認知過程）し、どう反応すべきか判断して行動する能力であり、生きている証と言えます。生命力＝予想力です。AI に頼って予測力を落とさないようにしましょう。

# 9.2 自由度と不偏分散

## (1) 自由度

例 9.3

直交座標系におけるある関数曲線を母集団、その曲線上のいくつかの点を標本集団とします。つまり、いくつかの点から関数曲線を予測する統計作業をすることを考えます。このとき、点が一つでは関数曲線の描きようがありません。どうにでも線を引けるからです。点は最低二つないと、予測できません。点の数が多くなるほど、関数曲線が見えてきます（5.3 節）。

標本数 $n$ より一つ小さい値を **自由度** $\nu$ と呼びます。$\nu$ が大きいほど、予測精度は高くなります。

| 類題 9.2 |
| :--- |

次の標本集団の標本数 $n$ と自由度 $\nu$ を求めましょう。

(1)　表 3.1 (a)（46 ページ）の女性標本集団

(2)　表 4.4（76 ページ）の標本集団

(3)　表 4.6（82 ページ）の標本集団

(4)　表 4.8（83 ページ）の標本集団

(5)　表 4.9（84 ページ）の標本集団

**答え**

(1)　$n = 6$、$\nu = 6 - 1 = 5$。以下同様に、特性数は関係ありません。

(2)　$n = 185$、$\nu = 185 - 1 = 184$

(3)　$n = 8$、$\nu = 8 - 1 = 7$

(4)　$n = 2$、$\nu = 2 - 1 = 1$

(5)　$n = 3$、$\nu = 3 - 1 = 2$

## (2)　不偏分散

式 (3.9)（58 ページ）で定義された分散と言う概念は、データ群内で議論が完結する場合にのみ使えます。一方、母集団を予測するためには、式 (9.1) で定義される**不偏分散** $\breve{\sigma}_x{}^2$ を使います。数学的に、データが少ない状況を考慮した分散と言えます。

$$
\breve{\sigma}_x{}^2 \equiv \frac{S}{N-1} = \frac{1}{N-1} \sum_{i=1}^{N} (x_i - \mu_x)^2
$$

$$
= \frac{1}{\nu} \sum_{i=1}^{N} \Delta x_i{}^2 \tag{9.1}
$$

これ以降、分散 $\sigma_x{}^2$ なのか不偏分散 $\breve{\sigma}_x{}^2$ なのか、よく注意してください。データ数が十分でない場合の推定や検定の際には、不偏分散 $\breve{\sigma}_x{}^2$ を使います（第 10 章で解説している t 分布、第 11 章で解説しているカイ二乗分布を参照）。

類題 9.3

次の標本集団における不偏分散 $\breve{\sigma}_x{}^2$ を求めましょう。

(1) $n = 13$ で、$S = 48$ のときの $\breve{\sigma}_x{}^2$。

(2) $n = 8$ で、$\sigma_x{}^2 = 5$ のときの $\breve{\sigma}_x{}^2$。

答え

(1) $n = 13$ より $\nu = 12$。

$\therefore \breve{\sigma}_x{}^2 = 48 \div 12 = 4$

(2) $n = 8$ より $\nu = 7$、$S = 5 \times 8 = 40$。

$\therefore \breve{\sigma}_x{}^2 = 40 \div 7 = \dfrac{40}{7}$

# 9.3 母集団と標本集団の関係

## (1) 母平均と標本平均

例 9.4

$\infty$ 個のサイコロを投げたときに出る目を母集団とします。その目の平均は 3.5 であり、これは母集団の平均なので**母平均** $\mu$ と言います。

1 個のサイコロを投げて出る目を、確率変数 $x$ とします。これは、標本数（大きさ）$n = 1$ の標本集団です。さて、$x = 2$ が出たとします。サイコロの目であることを知らされず、この 2 だけを告げられたら、母平均の 3.5 を予測する手掛かりはありません。この目の値は、期待値 $\mu_x = 3.5$、期待値からのぶれ $\sigma_x{}^2 = 2.917$ に支配されます（章末問題 9.8、174 ページ）。

次に、2 個のサイコロを投げて出る目を、確率変数 $y_i$ $(i = 1, 2)$ とします。$y$ は標本数 $n = 2$ の標本集団で、平均 $\overline{y}$ を**標本平均**と呼びます。さて、$y_i = 2$ と 4 $(\overline{y} = 3)$ になったとします。同様にこの 2 と 4 だけから母平均を予測したいのですが、今回は $2 \leq \mu \leq 4$ ではないかと考えられます。ちなみに、$\overline{y}$ もある確率質量分布に従い、$\mu_y = 3.5$、$\sigma_y{}^2 = 1.458$ になります（章末問題 9.8）。

このように、投げるサイコロの数を多くする（標本数 $n$ を増やす）と、標本平均は母平均 3.5 を中心にブレながらも、次第にブレを小さくしながら母平均

に近づいていきます。図 9.1 は、$n$ を増やすに従って、標本平均と母平均の差が徐々に 0 に近づく様子を示します。

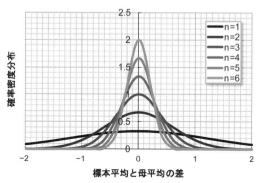

**図 9.1　$n$ 個のサイコロの目における平均の分布**

---

**類題 9.4**

　例 9.4 において、$n=1$ で $x=2$ となった場合、母平均は推定できますか。

**答え**

　唯一わかっている 2 としか言いようがありません。母平均の値＝期待値で、最も出やすいという考え方です。もちろん、精度は猛烈に悪いです。

## （2）　母分散と標本平均の分散

　期待値からのブレ $\sigma_x{}^2$ と標本集団の分散 $\sigma_y{}^2$ の比は $\sigma_x{}^2 : \sigma_y{}^2 = 2 : 1$ です。また、図 9.1 を見てもわかりますが、標本数が増えると標本平均の分散が反比例して小さくなることが、数学的に証明されています。

　母集団から抽出する毎に、抽出した標本変数は母平均値を中心に母分散のバラつきを示します。したがって、標本変数のバラつきを示す分散は、最初の抽出時には母分散そのものであり、抽出数が増すにつれ反比例して小さくなり、遂には全数抽出により母集団と標本集団が一致して 0 となります。

## （3）　中心極限定理

　いくつかの独立な母集団（一つでもよい）から、合計 $n$ 個の要素を抽出して標本集団を作ります。このとき、$n$ が十分大きければ、標本平均は母集団の分

布にかかわらず正規分布に従います。これを**中心極限定理**[51]と言います。母集団が正規分布に従うときは、より小さい $n$ でもそうなります。

前項 (2) と合わせると、標本平均 $\overline{\mu}$ の母平均 $\widetilde{\mu}$ からのずれ $|\overline{\mu} - \widetilde{\mu}|$ は、標本サイズを大きくしたとき（第 10 章の t 分布の解説参照）に、近似的に正規分布 $N\left(0, \dfrac{\sigma^2}{n}\right)$ に従うことがわかります。抽出数 $n \to \infty$ で誤差が 0 $(\overline{\mu} = \widetilde{\mu})$ となります。言い換えると、母集団が正規分布 $N(\mu, \sigma^2)$ に従うとき、その標本集団の平均は正規分布 $N\left(\mu, \dfrac{\sigma^2}{n}\right)$ に従います。

---

**類題 9.5**

$N(\widetilde{\mu}, \widetilde{\sigma}^2)$ に従う母集団から、無作為抽出数 40 で標本集団を作りました。

(1) 標本平均 $\overline{\mu}$ が従う正規分布を求めましょう。

(2) 40 も抽出したら、標本分散 $\sigma^2$ は母分散 $\widetilde{\sigma}^2$ とほぼ一致することがわかっています。標本平均 $\overline{\mu}$ が従う正規分布を、$\sigma^2$ を用いて表しましょう。

(3) $|\overline{\mu} - \widetilde{\mu}|$ が $N\left(0, \dfrac{\sigma^2}{n}\right)$ に従うことを利用して、標準正規分布に従う確率変数 $z$ を作ってみましょう。

---

この変換は、これから学ぶ母平均の推定問題に使う、基本変換です。

---

**答え**

(1) $N\left(\widetilde{\mu}, \dfrac{\widetilde{\sigma}^2}{n}\right)$

(2) $N\left(\widetilde{\mu}, \dfrac{\sigma^2}{n}\right)$

(3) $z = \dfrac{\overline{\mu} - \widetilde{\mu}}{\sqrt{\dfrac{\sigma^2}{n}}}$

$(9.2)$

# 9.4　母平均の推定と検定

## (1)　母集団がわかっている推定問題

例 9.5

コイントスを 1000 回したら、表が 540 回、裏が 460 回出ました。重要なテニスの試合で、このコインを使うことに問題はないでしょうか。すなわち、このコインが表裏同率で出るように作られているかどうかを確認します。

「表か裏か」は二項分布に従いますが、コインで表が出る確率 $p = 0.5$ として、$n = 1000$ 回も投げたので母集団は正規分布で近似できると考えてよいでしょう。すなわち、

$$\mu = 1000 \times 0.5 = 500, \quad \sigma = 1000 \times 0.5 \times 0.5 = 250$$

の正規分布で近似します。この正規分布において、表の出る回数 $x$ が $460 \leq x \leq 540$ の範囲に入らない確率（表裏逆パターンも考えます）を調べればよいことになります。

このとき、標本集団の平均は、$N\left(500, \dfrac{250}{1000}\right)$ に従います。これを、式 (6.10) により基準化します。すなわち、標本集団 $x_i$ に対して、

$$z_i = \frac{x_i - 500}{\sqrt{250}}$$

を考えると、変換集団 $z_i$ は標準正規分布に従います。$460 \leq x \leq 540$ に対応する $z$ の範囲は $-2.530 \leq z \leq 2.530$ です。

確率変数 $z$ がこの範囲に入らない確率は、表 6.1（121 ページ）より

$$1 - 0.494297 \times 2 = 1.14 \, [\%]$$

と計算できます。

## (2)　推定と検定の概念

さて、ここで 2 通りの考え方があります。

① 「このコインがもし表裏同じ確率で出るコインだとしたら、今回の事象は 1.14% 以下（この数値には表が 461 回以上出る確率も含みます）の確率で起こり得る珍事である」と言えます。これは、原因がわかってい

るときに結果の確率を順説的に予測する方法で、**推定**と称します。

② 他方、「このコインが表裏同じ確率で出るとすると、今回の事象は $1.14\%$ 以下の確率でしか起こらないので、このコインが表裏同じ確率であるとは思えない」とも言えます。これは、原因を結果から予測する、いわば逆説的な言い方で、特に**検定**と称して①と区別します。一般的には、「コインが裏表同じ確率で出る：$p = 0.5$」という仮説を、「そうであるとは言えない」と棄却するか、ないしは「そうでないと言い切れない」と採択するのです。

> 危険率 $= 0.1\%$ としても、起こる可能性はあります。所詮、覚悟が必要です。

統計学は、確率しか示してくれません。この $1.14\%$ をどう判断するかは、統計学を実施する人間の決断に委ねられます。珍事かどうかの境界線は、一般的には確率が $1\%$、$5\%$、$10\%$のいずれかに設定しますが、この限りではありません。この境界線を**有意水準**と言います。推定の際には**信頼係数**、検定の際には**危険率**と呼ぶこともあります。また、対応する確率変数の範囲を、**棄却域**あるいは**危険域**と言います。

---

**類題 9.6**

ある工業製品の寸法 $x$ が $N(\tilde{\mu}, \tilde{\sigma}^2)$ に従うことがわかっています。今しがた無作為抽出した製品の寸法 $x_a$ が $\tilde{\mu} - 3\tilde{\sigma}$ でした。これは珍事でしょうか。上述の2通りの考え方で検討してみましょう。

---

**答え**

まず、変換します。

$$x \rightarrow z = \frac{x - \tilde{\mu}}{\tilde{\sigma}}$$

$x_a$ に対応する $z_a$ は $-3$。$x_a$ が $\tilde{\mu} - 3\tilde{\sigma}$ より小さい側に外れる確率は、表 6.1（121 ページ）より

$$0.5 - 0.498650 = 0.00135$$

（逆に外れることを考慮しても 0.0027）。したがって①珍事といえるでしょう。あるいは、②珍事が起きたと考えるよりは、むしろ製造装置に不具合が発生したと考えるほうが妥当かもしれません。

なお、$z_a$ が 1（$-1 \leq z \leq 1$）の領域を「$1\sigma$（いちシグマ）」、2（$-2 \leq z \leq 2$）の領域を「$2\sigma$（にシグマ）」、3（$-3 \leq z \leq 3$）の領域を「$3\sigma$（さんシグマ）」と言います。

> $3\sigma$ から外れることは、極めて稀です。

## (3)　母集団がわかっていない推定問題

**例 9.6**　第 6 章例 6.1

表 6.2（123 ページ）の度数分布表にまとめました。$\mu = 172.7$〔cm〕、$\sigma^2 = 30.30$〔$\mathrm{cm}^2$〕の正規分布に良く一致しています。ここで、本当に知りたいのは日本全体の、20 歳前後男子の身長の分布（母集団）であり、得たデータは標本集団に過ぎないとします。母平均 $\tilde{\mu}$ を求めましょう。

式 (7.9) により、

$$z = \frac{172.7 - \tilde{\mu}}{\sqrt{\dfrac{30.30}{135}}}$$

は、標準正規分布に従います。

まず、$\mu$ と $\tilde{\mu}$ の大小関係は不明です。したがって、$z$ は五分五分で正または負であると考えます（$z$ は $\mu > \tilde{\mu}$ で正、$\mu < \tilde{\mu}$ で負になります）。

次に、$0 \leq z \leq z_a$ である確率は表 6.1（121 ページ）からわかります。例えば $z$ が 90％の確率で入っている範囲を知りたければ（危険率 ＝ 10％とすると）、正負とも 45％の確率で入っている範囲と考えて、0.45 に対応する $z_a$ を調べます。すると、1.64 と 1.65 の間の値（正確には 1.645）であることがわかります。

以上より、確率 90％ で、

$$-1.645 \leq \frac{172.7 - \widetilde{\mu}}{\sqrt{\dfrac{30.30}{135}}} \leq 1.645$$

です。

この不等式を解くと、「確率 90% で $171.92 \leq \widetilde{\mu} \leq 173.48$ だろう」となります。

---

**類題 9.7**

では、上記例 9.6 で 95% の確率で入っている範囲はどうなるでしょうか。さらに、99% の確率で入っている範囲はどうなるでしょうか。

---

**答え**

$z$ が 95% の確率で入っている範囲は、0.475 に対応する $z_a$ を調べます。1.96（正確に計算しても 1.960）ですね。

したがって、確率 95% で、

$$-1.960 \leq \frac{172.7 - \widetilde{\mu}}{\sqrt{\dfrac{30.30}{135}}} \leq 1.960 \;\; \rightarrow \;\; 171.77 \leq \widetilde{\mu} \leq 173.63$$

$z$ が 99% の確率で入っている範囲は、0.495 に対応する $z_a$ を調べます。2.57 と 2.58 の間の値（正確に計算すると 2.578）ですね。

したがって、確率 99% で、

$$-2.578 \leq \frac{172.7 - \widetilde{\mu}}{\sqrt{\dfrac{30.30}{135}}} \leq 2.578 \;\; \rightarrow \;\; 171.48 \leq \widetilde{\mu} \leq 173.92$$

存在確率が上がるほど、存在範囲が広がり、言い換えると推定精度が下がります。

---

**類題 9.8** 🗶 **Excel の問題**

Excel を使って、類題 9.7 のそれぞれの確率 90%、95%、99% に対応する $z_a$ を求めなさい。

> **答え**
>
> 以下の Excel の式を使って計算できます。
>
> - =NORMINV(0.95,0,1)　表示：1.6448536
> - =NORMINV(0.975,0,1)　表示：1.959964
> - =NORMINV(0.995,0,1)　表示：2.578293
>
> NORMINV と言う関数は、$-\infty$ からの累積確率値を引数として、対応する $z_a$ を計算します。例えば、$0 \leq z \leq z_a$ である確率が 45%（$-z_a \leq z \leq z_a$ である確率が 90%）だとすると、$-\infty \leq z \leq z_a$ である確率は
>
> $$50\,[\%] + 45\,[\%] = 95\,[\%]$$
>
> となり、これが第 1 引数になります。第 2 引数は平均、第 3 引数は標準偏差です。

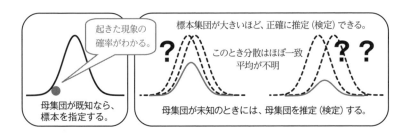

## （4）　両側推定と片側推定

ここまで、$z$ が入っている範囲を $0$ に関して正負対称的に考えました。これを**両側推定（両側検定）**と言います。他方、$z$ が入っている範囲を $-\infty$〜負のある値、または正のある値〜$\infty$ と考えることもあります。これを**片側推定（片側検定）**と言います。

両側推定するか片側推定するかは、適宜、意味を考えて適切に選択すべきです。基本的には、標本の示す値から母集団がどうずれている可能性があるかで、判断します。

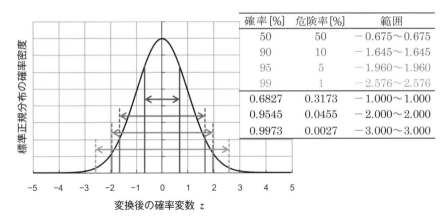

| 確率 [%] | 危険率 [%] | 範囲 |
|---|---|---|
| 50 | 50 | $-0.675 \sim 0.675$ |
| 90 | 10 | $-1.645 \sim 1.645$ |
| 95 | 5 | $-1.960 \sim 1.960$ |
| 99 | 1 | $-2.576 \sim 2.576$ |
| 0.6827 | 0.3173 | $-1.000 \sim 1.000$ |
| 0.9545 | 0.0455 | $-2.000 \sim 2.000$ |
| 0.9973 | 0.0027 | $-3.000 \sim 3.000$ |

**図 9.2　両側推定の変換後の確率変数 $z$ の範囲とそこに入る確率**

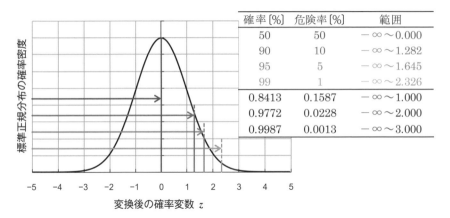

| 確率 [%] | 危険率 [%] | 範囲 |
|---|---|---|
| 50 | 50 | $-\infty \sim 0.000$ |
| 90 | 10 | $-\infty \sim 1.282$ |
| 95 | 5 | $-\infty \sim 1.645$ |
| 99 | 1 | $-\infty \sim 2.326$ |
| 0.8413 | 0.1587 | $-\infty \sim 1.000$ |
| 0.9772 | 0.0228 | $-\infty \sim 2.000$ |
| 0.9987 | 0.0013 | $-\infty \sim 3.000$ |

**図 9.3　$-\infty$ からの片側推定の変換後の確率変数 $z$ の範囲とそこに入る確率**

## 章 末 問 題

◆ **9.1** 標準正規分布について、次の各問に答えなさい。

(1) 分布を表現する式を書きなさい。

(2) 標準正規分布はどんな正規分布か、述べなさい。

(3) 確率変数 $= 0$ に対応する確率密度を答えなさい。

◆ **9.2** 某製鉄所の鋼管工場で製造された STAM540（引張強度が 540 MPa を満たす自動車構造用の電気的抵抗溶接炭素鋼鋼管）の出荷前引張試験[54] を抜き取った 20 本で実施したところ、平均 548 MPa、分散 6 MPa$^2$ の正規分布上に乗りました。

(1) この工場で製造される STAM540 全体は、統計における何集団でしょうか。また、大量に製造されるとすると、その引張強度はどんな分布に乗るか、述べなさい。

(2) 今回、出荷前引張試験をした 20 本は、統計における何集団か、述べなさい。

(3) 母分散と標本分散の差はどの程度あると考えられるか、述べなさい。

(4) 母平均を両側 90% 推定しなさい。

◆ **9.3** $p$ が 0.5 と 0.4 の二項分布を、$n = 5$、10、20、30 の場合で正規分布と対応させました（図 9.4、図 9.5）。次の各問に答えなさい。

(1) $p = 0.4$ と 0.5 では、どちらが正規分布とよく一致しているか述べなさい。

(2) 正規分布とよく一致する $n$ を求めなさい。

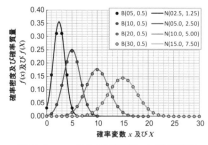

**図 9.4** $p = 0.5$ の二項分布と正規分布

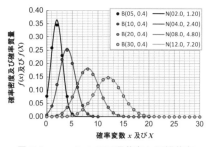

**図 9.5** $p = 0.4$ の二項分布と正規分布

**9.4** ある集団で、ある試験をしました。偏差値を出してみようと思います。次の各問に答えなさい。

表 9.1 試験結果（素点のみ）

| 名　前 | 素点 | 偏差$^2$ | 偏差値 |
|---|---|---|---|
| 優二郎 | 83 | | |
| 巫美子 | 91 | | |
| 美　鈴 | 79 | | |
| 沙三郎 | 84 | | |
| Rainbow | 88 | | |
| 聡一郎 | 96 | | |
| 美悠貴 | 85 | | |
| 晶　冠 | 89 | | |
| 雅一郎 | 92 | | |
| 則四郎 | 87 | | |
| 平　均 | | | |
| 標準偏差 | | | |

(1) この母集団が従う正規分布の母数を求めなさい。

(2) 表 9.1 は、ある試験結果（標本集団）です。平均と分散を求めなさい。

(3) この 10 人の偏差値を計算しなさい。

(4) 91 点の巫美子と 96 点の聡一郎の偏差と偏差値から言えることを、簡単に述べなさい。

(5) 偏差値 40〜60 の間には、全変数の何 % 程度が含まれるか述べなさい。

(6) 偏差値の考慮が不適切になる可能性が高いデータの特徴を考えなさい。

**9.5** 10 回コイントスして、表と裏の出る回数の差が 2 回以内となる確率を求めようと思います。次の各問に答えなさい。

(1) 表が出る回数を確率変数 $X$ としたときに、これが従う分布を求めなさい。

(2) 表が何回出る確率を求めればよいか、述べなさい。

(3) 確率変数 $X$ が従う分布を近似する正規分布を求めなさい。また、その近似精度はどの程度か述べなさい。

(4) 確率変数 $X$ を正規分布の確率変数 $x$ に対応させなさい。

(5) 確率変数 $x$ を標準正規分布の確率変数 $z$ に対応させなさい。

(6) 設問の確率を求めなさい。

💎 **9.6** 次のそれぞれの単語について、説明しなさい。

(1) 推定と検定

(2) $3\sigma$

(3) 分散と不偏分散

💎💎💎 **9.7** 製鉄所で作られる SS400（引張強度 400 MPa の炭素鋼）の出荷前引張試験を 40 ロットで実施したところ、平均が 402 MPa で、不偏分散が 8 MPa$^2$ でした。次の各問に答えなさい。

(1) 引張試験は試験片を引きちぎってその限界強度を求める試験なので、試験片は製品としては使えなくなります。このような試験を何と呼びますか。

(2) たまたま、40 ロットの試験結果は正規分布に従いました。この生産ラインで出荷する SS440 の引張強度が十分かどうかを、5% 危険率で片側検定しなさい。

(3) 今回は片側検定しましたが、両側検定しても良かったのか考えなさい。

💎💎 **9.8** 1 個のサイコロを投げたときに出る目の数を確率変数 $x$ とし、2 個のサイコロを投げたときに出る目の数の平均を確率変数 $y$ とします。多数回投げたときの $x$ 及び $y$ の平均と分散を求めなさい。

💎💎💎💎 **9.9** 某ウズラ農家が出荷する卵 400 個を温めたところ、24 個から雛が生まれました。この農家の出荷するウズラの卵全数中の雛が生まれる卵が混入している割合 $r$ を、次の手順に沿って 95% の両側検定で求めなさい。

(1) $n$ 個の卵から、雛が $X$ 羽産まれる確率を表す二項分布を求めなさい。

(2) この二項分布を、$n$ が十分大きいとみなして近似する正規分布を求めなさい。

(3) この正規分布（母集団）から 400 個を取り出したときに産まれる雛の数 $x$ が、確率 95% で入っている範囲を求める不等式を作りなさい。

(4) この不等式を解きなさい。

**9.10** 某大学の入学試験の結果が発表されました。満点 100 点、平均点 48 点、標準偏差 12 点、50 点以上 60 点以下の者 360 人、合格者 460 人でした。次の各問に答えなさい。

(1) 得点分布が正規分布に従うとすると、確率変数 $x$ と確率密度 $f(x)$ の関係式を作りなさい。

(2) 50 点以上 60 点以下の者の、受験者全体に対する割合を求めなさい。

(3) 総受験人数を求めなさい。

(4) 合格点は何点だったか予測しなさい。

t分布は、標準正規分布に成り損ねた分布です。

カイ二乗分布は標準正規分布の 2 乗です。

カイとはギリシャ文字の $\chi$ のことで、アルファベットの $x$ に似てますが、$c$ に対応しています。しかし、カイ二乗分布はヘルメルトが提案し、ピアソンが命名したとされますが、標準正規分布の変数が $x$ なので、その 2 乗、$\chi^2$ 分布と言われるのかもしれません。

| ギリシャ文字 | 対応するラテン文字 | 読み | |
|---|---|---|---|
| $A, \alpha$ | $A, a$ | alpha | アルファ |
| $B, \beta$ | $B, b$ | beta | ベータ |
| $\Gamma, \gamma$ | $G, g$ | gamma | ガンマ |
| $\Delta, \delta$ | $D, d$ | delta | デルタ |
| $E, \varepsilon$ | $E, e$ | epsilon | イプシロン |
| $Z, \zeta$ | $Z, z$ | zeta | ゼータ |
| $H, \eta$ | $\overline{E}, \overline{e} \ (H, h)$ | eta | イータ |
| $\Theta, \theta \ (\vartheta)$ | $TH, th$ | theta | シータ |
| $I, \iota$ | $I, i$ | iota | イオタ |
| $K, \kappa$ | $K.k$ | kappa | カッパ |
| $\Lambda, \lambda$ | $L, l$ | lambda | ラムダ |
| $M, \mu$ | $M, m$ | mu | ミュー |
| $N, \nu$ | $N, n$ | nu | ニュー |
| $\Xi, \xi$ | $X, x$ | xi | クシー |
| $O, o$ | $O, o$ | omicron | オミクロン |
| $\Pi, \pi \ (\varpi)$ | $P, p$ | pi | パイ |
| $P, \rho \ (\varrho)$ | $R, r$ | rho | ロー |
| $\Sigma, \sigma \ (\varsigma)$ | $S, s$ | sigma | シグマ |
| $T, \tau$ | $T, t$ | tau | タウ |
| $\Upsilon, \upsilon$ | $U, u \ (Y, y)$ | upsilon | ユプシロン |
| $\Phi, \phi \ (\varphi)$ | $PH, ph \ (F, f)$ | phi | ファイ |
| $X, \chi$ | $KH, kh \ (C, c)$ | chi | カイ |
| $\Psi, \psi$ | $PS, ps$ | psi | プサイ |
| $\Omega, \omega$ | $\overline{O}, \overline{o}$ | omega | オメガ |

# 第 **10** 章

## t 分布

標本集団の要素数が十分あれば、標準正規分布を用いて母平均を高精度で求めることができました（第 9 章）。しかし、実際には、要素数が不十分な場合も多々あります。

そんなとき、t 分布を用いて、母平均を推定するのです。t 分布は、標準正規分布の成り損ないのような分布で、自由度により異なる曲線になります。

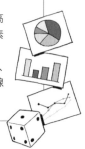

## 10.1　データ不足への工夫

例 10.1　第 7 章の章末問題 7.2 (1)

STAM540 の出荷前引張試験（＝破壊試験）において、いくら何でも試験片 20 本は多すぎると、工場長は試験片 5 本で実施するよう指示を出し直しました。結果、平均 $548\,\mathrm{MPa}$、不偏分散 $6\,\mathrm{MPa}$ の正規分布に、一応は乗りました。さて、今回は母平均を推定できるでしょうか。

第 9 章で学んだ通り、正規分布 $N(\tilde{\mu}, \tilde{\sigma}^2)$ に従う母集団から無作為に抽出した $n$ 個のデータで成る標本集団が概ね正規分布に従っている場合、母平均 $\tilde{\mu}$ を推定できます。ただし、それには $n$ が十分多いことが前提です。もし少ないと、母分散 $\tilde{\sigma}^2$ と標本分散 $\sigma_x^2$ の差が大きくなり、代用による数学的乖離が無視できなくなり標準正規分布が使えなくなるからです。しかし、母分散 $\tilde{\sigma}^2$ は相変わらずわからないので、何かで代用せざるを得ません。さあ、どうしま

しょう。

　ゴセットはその数学的な乖離＝無理を解消すべく、標準正規分布に似て非な
る **t 分布**（**学生分布**）を定義しました。ここで、<u>標本分散 $\sigma_x^2$ ではなく標本不
偏分散 $\breve{\sigma}_x{}^2$ を代用</u>すべきことも、数学的に証明されています。

# 10.2　概　要

## (1)　確率密度関数の定義

　t 分布の確率密度関数は、式 (10.1) の通り定義されます[*1]。$\nu \equiv n - 1$ は自
由度で、自由度 $\nu$ の t 分布を $f(t : \nu)$ あるいは $t(\nu)$ と記します。<u>母数は $\nu$ の
み</u>です。

$$f(t : \nu) \equiv \frac{\Gamma\left(\dfrac{\nu + 1}{2}\right)}{\sqrt{\nu\pi}\,\Gamma\left(\dfrac{\nu}{2}\right)}\left(1 + \frac{t^2}{\nu}\right)^{-\frac{\nu+1}{2}} \tag{10.1}$$

ここで、$\Gamma(z)$ はガンマ関数で、

$$\Gamma(z) \equiv \int_0^\infty x^{z-1}e^{-x}dx$$

で定義されます。

　標準正規分布と比較しながら、t 分布の確率密度分布のグラフの特徴を把握
しておきましょう。図 10.1 に $\nu = 1$、2、4、10 の t 分布を、標準正規分布と
比較します。<u>$\nu \to \infty$ で、$t(\nu) \to N(0, 1)$</u> です。本質的には、標準正規分布
と似た形です。すなわち、左右対称で、$x$ 軸に漸近する点では同じです。

　他方、より緩やかで長い裾野と、中央に局部的な鋭い頂きを持つ山形状です。

---

**類題 10.1**　🅧 Excel の問題

　Excel を使って[*2]、確率変数 $t$（セル B3 : B83 とします）と自由度 $\nu$（セル
C2 : G2）から、確率密度 $f(t : \nu)$（セル B4 : G83）を計算しましょう。図 10.1
が作れます（ただし、Excel 2013 以降に対応しています）。

---

[*1]　統計学を学ぶうえでは、式 (10.1) を覚える必要はありません。

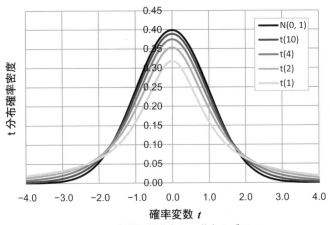

**図 10.1　標準正規分布と t 分布のグラフ**

---

答え

```
=T.DIST($B3,C$2,false)
```

ここで、第 3 引数は、確率密度分布は false、累積分布は true。

なお、Excel 2013 以前の版では、T.DIST という関数はありません。代わりに TDIST という関数がありますが、確率密度は計算できません。

---

類題 10.2

図 10.1 より、各自由度の t 分布確率密度の中央ピーク値を読み取りましょう。

---

答え

表 10.1 の通り。ちなみに、標準正規分布の 0.398942449 に対して、

$$t(20) = 0.393988586$$

と約 98.76% まで上がります。本来、正規分布を使いたいところを、t 分布でやむを得ず代用している、という本音がにじみ出ていますね。

---

*2　viii ページでダウンロード方法を説明しているファイルを入手していただくと、問題に取り組んでいただきやすいかもしれません。以下の設問中の B3:B83 などは、これらのファイルの該当するセルを指しています。

**表 10.1　t 分布の確率密度ピーク値一覧表**

| t(1) | t(2) | t(3) | t(4) | t(5) |
|---|---|---|---|---|
| 0.318 309 886 | 0.353 553 391 | 0.367 552 597 | 0.375 000 000 | 0.379 606 690 |

| t(6) | t(7) | t(8) | t(9) | t(10) |
|---|---|---|---|---|
| 0.382 732 772 | 0.384 991 451 | 0.386 699 021 | 0.388 034 909 | 0.389 108 384 |

## (2)　コーシー分布との関係

式 (10.2) に、最頻値 $\mu$ と半値半幅 $\gamma$ を母数とする**コーシー分布**の確率密度関数を示します。これは強制共鳴を記述する微分方程式の解や、共鳴広がりなどにより拡散した分光スペクトルの形を記述するのに便利です。

$\mu = 0$、$\gamma = 1$ の分布を**標準コーシー分布**と言います。$t(1)$ と一致します。

$$f(x : \mu, \gamma) = \frac{1}{\pi\gamma\left[1 + \left(\dfrac{x - \mu}{\gamma}\right)^2\right]} = \frac{1}{\pi}\left[\frac{\gamma}{(x - \mu)^2 + \gamma^2}\right] \tag{10.2}$$

## (3)　累積確率の定義

式 (10.1) の $t_a \sim t_b$ の定積分は、図 10.1 におけるグラフが $t_a \leq t \leq t_b$ の範囲で $t$ 軸と囲う面積になります。その面積は、$t_a \leq t \leq t_b$ となる確率を示します。

表 6.1 に代わる t 分布の累積分布関数値を、**表 10.2** に一覧にします。これは同様に $0 \leq t \leq t_a$ の累積確率を示していますが、表 6.1 とは異なり、縦軸は確率変数 $t$、横軸は自由度 $\nu$ の二次元の表です。

---

**類題 10.3　🗶 Excel の問題**

Excel で確率変数 $t$（セル B263:B304 とします）と自由度 $\nu$（セル C2:L2）から、$0 \sim t$ の累積確率 $f(t : \nu)$（セル B263:L304）を計算しましょう。表 10.2 が作れます。

---

**答え**

```
=0.5-TDIST($U296,X$260,1)
```

ここで、第 3 引数は 1 で $t \sim \infty$ の累積確率、2 で $-\infty \sim t$ 及び $t \sim \infty$ の累積分布です。

## 表 10.2　ｔ分布の累積分布関数値の一覧表

| t(n) | v=1(n=2) | v=2(n=3) | v=3(n=4) | v=4(n=5) | v=5(n=6) | v=6(n=7) | v=7(n=8) | v=8(n=9) | v=9(n=10) | v=10(k=11) |
|---|---|---|---|---|---|---|---|---|---|---|
| 0.0 | 0.000 000 | 0.000 000 | 0.000 000 | 0.000 000 | 0.000 000 | 0.000 000 | 0.000 000 | 0.000 000 | 0.000 000 | 0.000 000 |
| 0.1 | 0.031 726 | 0.035 267 | 0.036 674 | 0.037 422 | 0.037 885 | 0.038 199 | 0.038 426 | 0.038 598 | 0.038 732 | 0.038 840 |
| 0.2 | 0.062 833 | 0.070 014 | 0.072 865 | 0.074 381 | 0.075 320 | 0.075 957 | 0.076 417 | 0.076 765 | 0.077 037 | 0.077 255 |
| 0.3 | 0.092 774 | 0.103 757 | 0.108 118 | 0.110 439 | 0.111 875 | 0.112 850 | 0.113 555 | 0.114 088 | 0.114 505 | 0.114 840 |
| 0.4 | 0.121 119 | 0.136 083 | 0.142 032 | 0.145 201 | 0.147 163 | 0.148 496 | 0.149 459 | 0.150 188 | 0.150 758 | 0.151 216 |
| 0.5 | 0.147 584 | 0.166 667 | 0.174 276 | 0.178 335 | 0.180 851 | 0.182 560 | 0.183 796 | 0.184 732 | 0.185 464 | 0.186 053 |
| 0.6 | 0.172 021 | 0.195 283 | 0.204 599 | 0.209 579 | 0.212 670 | 0.214 772 | 0.216 293 | 0.217 445 | 0.218 347 | 0.219 072 |
| 0.7 | 0.194 400 | 0.221 803 | 0.232 837 | 0.238 750 | 0.242 426 | 0.244 928 | 0.246 741 | 0.248 114 | 0.249 190 | 0.250 056 |
| 0.8 | 0.214 777 | 0.246 183 | 0.258 901 | 0.265 736 | 0.269 993 | 0.272 895 | 0.274 999 | 0.276 593 | 0.277 844 | 0.278 850 |
| 0.9 | 0.233 262 | 0.268 447 | 0.282 774 | 0.290 497 | 0.295 314 | 0.298 602 | 0.300 988 | 0.302 798 | 0.304 217 | 0.305 360 |
| 1.0 | 0.250 000 | 0.288 675 | 0.304 499 | 0.313 050 | 0.318 391 | 0.322 041 | 0.324 692 | 0.326 703 | 0.328 282 | 0.329 553 |
| 1.1 | 0.265 146 | 0.306 980 | 0.324 158 | 0.333 458 | 0.339 275 | 0.343 252 | 0.346 142 | 0.348 336 | 0.350 059 | 0.351 447 |
| 1.2 | 0.278 858 | 0.323 498 | 0.341 869 | 0.351 824 | 0.358 054 | 0.362 316 | 0.365 414 | 0.367 766 | 0.369 613 | 0.371 102 |
| 1.3 | 0.291 286 | 0.338 376 | 0.357 766 | 0.368 274 | 0.374 850 | 0.379 347 | 0.382 616 | 0.385 098 | 0.387 047 | 0.388 617 |
| 1.4 | 0.302 568 | 0.351 763 | 0.371 996 | 0.382 950 | 0.389 798 | 0.394 479 | 0.397 879 | 0.400 460 | 0.402 486 | 0.404 117 |
| 1.5 | 0.312 833 | 0.363 803 | 0.384 708 | 0.396 000 | 0.403 048 | 0.407 860 | 0.411 351 | 0.413 998 | 0.416 075 | 0.417 746 |
| 1.6 | 0.322 192 | 0.374 634 | 0.396 048 | 0.407 575 | 0.414 752 | 0.419 642 | 0.423 184 | 0.425 867 | 0.427 969 | 0.429 659 |
| 1.7 | 0.330 747 | 0.384 383 | 0.406 155 | 0.417 823 | 0.425 062 | 0.429 980 | 0.433 536 | 0.436 224 | 0.438 326 | 0.440 015 |
| 1.8 | 0.338 586 | 0.393 167 | 0.415 160 | 0.426 881 | 0.434 121 | 0.439 024 | 0.442 558 | 0.445 223 | 0.447 305 | 0.448 974 |
| 1.9 | 0.345 786 | 0.401 090 | 0.423 184 | 0.434 881 | 0.442 068 | 0.446 915 | 0.450 397 | 0.453 016 | 0.455 056 | 0.456 689 |
| 2.0 | 0.352 416 | 0.408 248 | 0.430 337 | 0.441 942 | 0.449 030 | 0.453 787 | 0.457 190 | 0.459 742 | 0.461 724 | 0.463 306 |
| 2.1 | 0.358 537 | 0.414 725 | 0.436 717 | 0.448 173 | 0.455 123 | 0.459 761 | 0.463 064 | 0.465 531 | 0.467 441 | 0.468 961 |
| 2.2 | 0.364 200 | 0.420 596 | 0.442 414 | 0.453 674 | 0.460 453 | 0.464 949 | 0.468 134 | 0.470 503 | 0.472 330 | 0.473 779 |
| 2.3 | 0.369 452 | 0.425 926 | 0.447 506 | 0.458 530 | 0.465 114 | 0.469 450 | 0.472 504 | 0.474 765 | 0.476 500 | 0.477 873 |
| 2.4 | 0.374 334 | 0.430 775 | 0.452 063 | 0.462 822 | 0.469 190 | 0.473 353 | 0.476 267 | 0.478 412 | 0.480 051 | 0.481 342 |
| 2.5 | 0.378 881 | 0.435 194 | 0.456 147 | 0.466 617 | 0.472 755 | 0.476 736 | 0.479 504 | 0.481 529 | 0.483 069 | 0.484 277 |
| 2.6 | 0.383 125 | 0.439 229 | 0.459 812 | 0.469 976 | 0.475 875 | 0.479 669 | 0.482 287 | 0.484 191 | 0.485 631 | 0.486 754 |
| 2.7 | 0.387 094 | 0.442 921 | 0.463 107 | 0.472 953 | 0.478 608 | 0.482 212 | 0.484 680 | 0.486 463 | 0.487 803 | 0.488 843 |
| 2.8 | 0.390 812 | 0.446 304 | 0.466 074 | 0.475 594 | 0.481 003 | 0.484 418 | 0.486 738 | 0.488 401 | 0.489 644 | 0.490 603 |
| 2.9 | 0.394 302 | 0.449 410 | 0.468 749 | 0.477 941 | 0.483 105 | 0.486 333 | 0.488 507 | 0.490 054 | 0.491 202 | 0.492 083 |
| 3.0 | 0.397 584 | 0.452 267 | 0.471 166 | 0.480 029 | 0.484 950 | 0.487 989 | 0.490 029 | 0.491 464 | 0.492 522 | 0.493 328 |
| 3.1 | 0.400 674 | 0.454 900 | 0.473 352 | 0.481 889 | 0.486 573 | 0.489 442 | 0.491 339 | 0.492 667 | 0.493 639 | 0.494 375 |
| 3.2 | 0.403 589 | 0.457 330 | 0.475 334 | 0.483 550 | 0.488 002 | 0.490 700 | 0.492 467 | 0.493 694 | 0.494 584 | 0.495 254 |
| 3.3 | 0.406 342 | 0.459 576 | 0.477 133 | 0.485 033 | 0.489 262 | 0.491 796 | 0.493 440 | 0.494 571 | 0.495 385 | 0.495 993 |
| 3.4 | 0.408 947 | 0.461 657 | 0.478 769 | 0.486 361 | 0.490 374 | 0.492 752 | 0.494 279 | 0.495 320 | 0.496 063 | 0.496 614 |
| 3.5 | 0.411 414 | 0.463 586 | 0.480 259 | 0.487 552 | 0.491 358 | 0.493 587 | 0.495 003 | 0.495 960 | 0.496 638 | 0.497 137 |
| 3.6 | 0.413 755 | 0.465 379 | 0.481 619 | 0.488 621 | 0.492 228 | 0.494 317 | 0.495 630 | 0.496 509 | 0.497 126 | 0.497 576 |
| 3.7 | 0.415 978 | 0.467 047 | 0.482 861 | 0.489 582 | 0.493 000 | 0.494 956 | 0.496 173 | 0.496 979 | 0.497 540 | 0.497 946 |
| 3.8 | 0.418 091 | 0.468 600 | 0.483 998 | 0.490 448 | 0.493 686 | 0.495 516 | 0.496 643 | 0.497 382 | 0.497 891 | 0.498 257 |
| 3.9 | 0.420 103 | 0.470 050 | 0.485 040 | 0.491 229 | 0.494 295 | 0.496 008 | 0.497 051 | 0.497 728 | 0.498 190 | 0.498 519 |
| 4.0 | 0.422 021 | 0.471 405 | 0.485 996 | 0.491 935 | 0.494 838 | 0.496 441 | 0.497 405 | 0.498 025 | 0.498 445 | 0.498 741 |
| 4.6 | 0.431 862 | 0.477 924 | 0.490 344 | 0.494 985 | 0.497 080 | 0.498 154 | 0.498 758 | 0.499 122 | 0.499 355 | 0.499 510 |

全ての数値は、小数点以下 6 桁で表示してあります。

---

### 類題 10.4

次の変域に対応するｔ分布の累積確率を、表 10.2 を用いて求めましょう。

(1)　自由度が 4 のときの、変数 $t : 0 \leq t \leq 2.5$ の累積確率。

(2)　抽出数が 8 のときの、変数 $t : 0 \leq t \leq 3.95$ の累積確率。

(3)　自由度が 1 のときの、変数 $t : -0.9 \leq t \leq 0.9$ の累積確率。

> **答え**
>
> (1) $\nu = 4$（$n = 5$）列の $t = 2.5$ の欄を見ると、0.466616728。
>    ∴ 46.67%
>
> (2) $\nu = 7$（$n = 8$）列の $t = 3.9$ と 4.0 の欄を見ると、それぞれ 0.497050560 と 0.497405043。したがって、0.497050560 と 0.497405043 の平均をとって、49.72%。
>
> (3) $\nu = 1$（$n = 2$）列で $t = 0.9$ の欄をみると、0.2332620870。
>    ∴ $0.2332620870 \times 2 = 46.65$ [%]

# 10.3　母平均の推定

> **例 10.2**　**第 7 章の章末問題 7.2(1) の派生**

　STAM540 の出荷前引張試験から、母平均を予測します。5 本は少ないので、標準正規分布ではなく t 分布を使います。

## (1)　確率変数の定義

　式 (10.1) に対して、式 (10.3) の通り、母平均推定用の確率変数 $t$ を定義します。標本不偏分散 $\breve{\sigma}_x^{\,2} \neq$ 母分散 $\tilde{\sigma}^2$ なので、$t$ は式 (7.9) における $z$ とは似て非なる値です。

$$t = \frac{\overline{\mu} - \tilde{\mu}}{\sqrt{\dfrac{\breve{\sigma}_x^{\,2}}{n}}} \tag{10.3}$$

これに、平均 548 MPa、不偏分散 6 MPa を代入します。

$$t = \frac{548 - \tilde{\mu}}{\sqrt{\dfrac{6}{5}}} = \frac{548 - \tilde{\mu}}{1.095445}$$

## (2)　t の設定

　今回の例では、両側 90% 推定することにして、0.45 に対応する $t_a = 2.13$（正確には 2.13185）を使いましょう。表には $t_a$ は小数点以下 1 桁で書かれていますので、ぴったりとした値でなければ、その前後で線形に補間して 2 桁目まで求めます。以上より、

$$-2.13 \leq \frac{548 - \tilde{\mu}}{1.095445} \leq 2.13$$

となり、母平均は $545.7 \leq \tilde{\mu} \leq 550.3$ の範囲に、確率 90% で入ると推定されます。

ちなみに、$n = 20$ のときには 547.1~548.9 の範囲に入る（第 9 章の章末問題 9.2 の解答例：272 ページ）ので、今回の推定結果は<u>より広範囲を考えざるを得なかった</u>、つまり<u>推定精度が下がった</u>ことがわかります。データが少ない分、やむを得ません。

---

**類題 10.5**

では、例 10.2 において、両側 95%、99% での推定結果はどうなるでしょうか。

---

**答え**

- 両側 95% 推定：0.475 に対応する $t_a = 2.78$ （正確には 2.77645）
  したがって、$-2.78 \leq \dfrac{548 - \tilde{\mu}}{1.095445} \leq 2.78$ より、$544.95 \leq \tilde{\mu} \leq 551.05$。
- 両側 99% 推定：0.495 に対応する $t_a = 4.60$ （正確には 4.60409）
  したがって、$-2.78 \leq \dfrac{548 - \tilde{\mu}}{1.095445} \leq 2.78$ より、$544.95 \leq \tilde{\mu} \leq 551.05$。

# 10.4 標準正規分布との使い分け

### (1) t分布と標準正規分布

t 分布は、母平均を推定する際や、二つの母平均の一致性を検定する際（12.1 節：201 ページ）に使われます。<u>いずれも、母分散が未知の場合の推定や検定</u>です。

ただし、母分散を標本分散で代用できる場合には、t 分布ではなく標準正規分布で推定や検定をします。t 分布は、母分散と標本分散の解離に応じて標準正規分布を変更（または、標準正規分布から逸脱）した分布と捉えればよいでしょう。

母集団がわかっている場合に現在起きた事象を評価する際には、その母集団が従っている分布で考えることになります。母集団が t 分布に従っている場合には t 分布で議論しますが、<u>大抵の場合には正規分布に当てはめるので、t 分</u>

布は使いません。

## (2)　標準正規分布を使える限界

図 10.1（179 ページ）の通り、t 分布の頂点の確率密度は $\nu = 20$（$n = 21$）で約 98.76% まで正規分布に近づきます。$\nu = 19$ では確率密度 = 0.39373 なので、98.69% まで近づいています。98.69% とは、言わば危険率 1.31% なので、正規分布に十分近いと言ってもよいでしょう。ちなみに、$\nu = 25$（確率密度 = 0.394974）で 99% を超え、$\nu = 39$（確率密度 = 0.396393）では 99.34% まで近づきます。

以上より、データ数 20~40 が、データが十分かどうかの境界線と言えます。実験や調査の際には、$n = 20$ をデータ取得数の一つの目標にしてみてください。

## (3)　分散と不偏分散

推定や検定で、母分散の代わりに標本分散を用いる際には、必ず不偏分散を用いる、と覚えるとよいでしょう。$n \to \infty$ で、不偏分散は分散に一致します。すなわち、$n$ が十分に大きい場合には、近似的に標本分散を代用できる、と言うわけです。

データ数 $n$ が大きくなるほど、不偏分散は分散に近づきます。表 10.3 を見ると、$n = 10$ では 5% 以上ある差が、$n = 20$ では 2.6% まで下がります。

表 10.3　データ数による分散と不偏分散の値

| $n$ | 2 | 4 | 6 | 8 | 10 | 12 | 14 | 16 | 18 | 20 |
|---|---|---|---|---|---|---|---|---|---|---|
| 分　散 | 1.41421 | 2.00000 | 2.44949 | 2.82843 | 3.16228 | 3.46410 | 3.74166 | 4.00000 | 4.24264 | 4.47214 |
| 不偏分散 | 1.00000 | 1.73205 | 2.23607 | 2.64575 | 3.00000 | 3.31662 | 3.60555 | 3.87298 | 4.12311 | 4.35890 |
| 比 | 1.41421 | 1.15470 | 1.09545 | 1.06904 | 1.05409 | 1.04447 | 1.03775 | 1.03280 | 1.02899 | 1.02598 |

## (4)　推定と検定の思想

t 分布による推定や検定の計算法や考え方は、標準正規分布によるものと全く同じです。両側と片側の概念や選択法も同じで、珍事かどうかの境界線も 10%、5%、1% が一般的です。最終的に当事者が判断や決断をすることも同じです。

図 10.1（179 ページ）をみてもわかる通り、標本データ数が少ない分、不正確な推定や検定になります。現実的には、可能な範囲でデータを数増しするこ

とが重要ですし、データが不十分かどうかや、どの程度不正確かを常に念頭に議論する必要があります。

## 章 末 問 題

◆ **10.1** 表 10.2（181 ページ）の t 分布累積分布関数表を見ながら、次の各問に答えなさい。

(1) 自由度が 1 の場合、変数 $x$ が $0 \leq t \leq 2$ の範囲にある確率を求めなさい。

(2) 上記 (1) の答えは、標準正規分布において同じ範囲にある確率 0.477 より小さいです。これは t 分布が標準正規分布と比べて、どういう分布になっているからか、簡潔に述べなさい。

(3) 自由度が 2 の場合、および 10 の場合、同様に変数 $t$ が $0 \leq t \leq 2$ の範囲にある確率を求めなさい。

(4) 自由度が上がると、t 分布はどう変化するか簡潔に述べなさい。

(5) 自由度が 2 の場合、変数 $t$ が $0 \leq t \leq t_a$ の範囲にある確率が 35% の場合、$t_a$ はいくつか求めなさい。

(6) 自由度が 3 の場合、変数 $t$ が $t \leq -3 \vee 3 \leq t$ の範囲にある確率を求めなさい。

(7) 自由度が 4 の場合、変数 $t$ が $t \leq -t_a \vee t_a \leq t$ の範囲にある確率が 5% の場合、$t_a$ はいくつか求めなさい。

◆◆◆ **10.2** 製薬工程 A において、薬 B に含まれる成分 C が平均して 0.3 mg 未満にならないように管理しています。いま、10 個を無作為抽出して分析したところ、成分 C の含有量の平均は 0.264 mg、不偏標準偏差は 0.15 mg でした。95% の区間推定をすることにして、次の各問に答えなさい。

(1) まず、この製薬工程 A が正しく管理されているかどうかを検定します。$t$ を計算し、対応する確率を求めなさい。

(2) 次に、この製薬工程 A で製造される薬 B の成分 C 平均値を推定します。対応する確率を求め、$\mu$ の範囲を計算しなさい。

◆◆ **10.3** 式 (10.1) を見て、t 分布の本質的な特徴を考えなさい。

(1) 定数部分をまとめて、最も簡単な形に直しなさい。

(2) $t = 0$ 付近のグラフ頂点の丸みを出しているのは、式のどの部分かを述べなさい。

**10.4** 某野球選手の前半戦の打率は 0.325 でした。後半戦が始まり、1 日目は 4 打数 1 安打、2 日目は 5 打数 2 安打、3 日目は 3 打数 0 安打、4 日目は 5 打数 1 安打でした。打撃不振かどうか、危険率 5% で検定しなさい。

(1) 後半戦 4 試合の平均打率を、①各試合の打率を標本データとして扱う方法、②合計の打数と安打数で求める方法、の 2 通りの方法で計算しなさい。また、その差異がなぜ発生したかについて検討し、検定ではどちらを使うべきかを議論しなさい。

(2) ①の方法を進めて検定しなさい。

(3) ②の方法を進めて検定しなさい。

**10.5** 某製鉄所で作られる SS400（引張強度 400 MPa の炭素鋼）の出荷前引張試験を 11 本で実施したところ、平均が 402 MPa で、不偏分散が 8 MPa でした。次の各問に答えなさい。

(1) 母平均を推定したいのですが、この標本数は十分かどうか述べなさい。

(2) 推定に必要な確率変数を求めなさい。

(3) この生産ラインで出荷する SS400 の期待値が 403 以上であるかどうかを、90% で検定しなさい。これは、両側と片側のいずれの検定をすべきか考えなさい。

(4) この生産ラインで出荷する SS400 の期待値が 90% の確率で入る範囲を推定しなさい。

(5) この生産ラインで出荷する SS400 の引張強度が十分かどうかを、5% 危険率で検定しなさい。

**10.6** 某ゴルファーが、遠くに球を飛ばすゲームに出場することになりました。試打の結果は 304 m、275 m、299 m でした。次の各問に答えなさい。

(1) 標本平均と分散を求めなさい。

(2) ゲーム本番では、このゴルファーの飛距離の期待値はいくらでしょうか。確率 95% で入る範囲を求めなさい。

(3) ゲーム主催者は、客にこのゴルファーと対戦して、より遠くまで飛ばした場合に景品を出すことにしました。あるデータによると、初心者の飛距離の期待値は 85 m、ゴルフマニアは 135 m とのこと。これを信じると、主催者が設定すべき客に与えるハンデはいくらになるか、述べなさい。

第 **11** 章

# カイ二乗分布

前々章と前章では、母分散と標本分散がほぼ等しいことを利用して、標準正規分布やt分布を用いて母平均を推定、または検定しました。しかし、データ数が不足すると、標本分散は母分散から乖離するという問題がありました。

本章では、母分散を推定または検定しましょう。それには、カイ二乗分布という、正規分布の2乗のような分布を用います。

# 11.1　概　要

## (1)　定　義

**カイ二乗分布**という確率密度関数を、正数の確率変数に対して式 (11.1) の通り定義します。t分布同様に、式そのものよりも、自由度 $k$ に応じて図 11.1 のようなグラフになることを知っておいてください。母数は自由度 $k$ です。

$$f(Z:k) = \frac{\left(\dfrac{1}{2}\right)^{\frac{k}{2}}}{\Gamma\left(\dfrac{k}{2}\right)} Z^{\frac{k}{2}-1} e^{-\frac{Z}{2}} \qquad \left(\Gamma(z) = \int_0^\infty x^{z-1} e^{-x} dx\right) \qquad (11.1)$$

## (2)　考え方

$k$ 個の独立な変数 $x_i$ $(i = 1 \sim k)$ が、全て標準正規分布 $N(0, 1)$ に従っているかどうかを検定します。このとき、個別に検定した場合の危険率は、全体を

同時に検定した場合より小さくなります（**検定の多重性**）。つまり、1 回で検定すべきなのです。

　平均 $= 0$ の分布に従う変数 $x_i$ は総和するとバラつきが相殺されてしまうので、分散を求めるように 2 乗して足すことを考えます。

$$\chi^2 = \sum_{i=1}^{k} x_i{}^2 \tag{11.2}$$

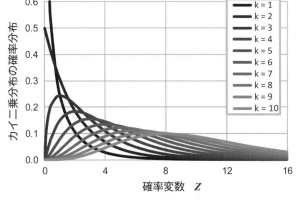

**図 11.1　カイ二乗分布のグラフ**

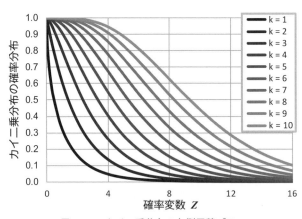

**図 11.2　カイ二乗分布の右側累積グラフ**

　変数 $x_i$ $(i = 1\sim k)$ が全て $N(0, 1)$ に従う場合、式 (11.2) で定義された値が従うべき分布が、自由度 $k$ のカイ二乗分布です。グラフは図 11.1 のようになります。

## (3) 一般化

平均 $\mu_i$ で分散 $\sigma_i{}^2$ の正規分布 $N(\mu_i, \sigma^2{}_i)$ に従う独立な $k$ 個の変数 $x_i$ に対して、式 (11.3) で定義される統計量（すなわち、確率変数）$Z$ は、カイ二乗分布に従います。

$$Z = \chi_k{}^2 = \sum_{i=1}^{k} \left( \frac{x_i - \mu_i}{\sigma_i} \right)^2 \tag{11.3}$$

### 類題 11.1

全ての変数が平均 $\mu$、分散 $\sigma^2$ に従う、例えば同一の母集団の場合や、あるいは複数の母集団が同じ平均と分散を持った場合には、式 (11.3) はどう表記されるか考えてみましょう。

### 答え

$$Z = \chi_k{}^2 = \sum_{i=1}^{k} \left( \frac{x_i - \mu}{\sigma} \right)^2 = \frac{1}{\sigma^2} \sum_{i=1}^{k} (x_i - \mu)^2 \tag{11.4}$$

### 類題 11.2　x Excel の問題

Excel[1]で、確率変数 $Z$（セル AG309:AG357 とします）と自由度 $k$（セル AH308:AQ308）から、従うべき確率密度分布を計算しましょう。図 11.1 が作れます。

### 答え

```
=1/2^(AH$306/2)/EXP(GAMMALN(AH$306/2))*$AF309^(AH$306/2-1)
*EXP(-$AF309/2)
```

これは、素直に定義式で計算する方法です。Excel 2007 では関数がありませんので、

```
=CHISQ.DIST($AF309,AH$306,false)
```

---

[1]　viii ページでダウンロード方法を説明しているファイルを入手していただくと、問題に取り組んでいただきやすいかもしれません。以下の設問中の AG309:AG357 などは、これらのファイルの該当するセルを指しています。

ここで、第 3 引数は確率密度分布は false、累積分布は true です。
CHISQ.DIST は Excel 2010 以降に使える関数です。

# 11.2　正規分布との関係

### (1)　自由度 1 における同一性

式 (11.1) は $k = 1$ のとき

$$N_{\max}(0, 1) = 0.39894228$$

を乗ずると、式 (11.5) となります。これは、標準正規分布の変数 $x$ を $Z = x^2$ と変換した式です。

$$f(Z : 1) = \frac{\left(\dfrac{1}{2}\right)^{\frac{1}{2}}}{\Gamma\left(\dfrac{1}{2}\right)} (Z)^{-\frac{1}{2}} \exp\left(-\frac{Z}{2}\right) = \frac{\left(\dfrac{1}{\sqrt{2}}\right)}{\sqrt{\pi}} \cdot \frac{1}{\sqrt{Z}} \exp\left(-\frac{Z}{2}\right)$$

$$\rightarrow \quad N_{\max}(0, 1) \cdot \frac{1}{x} \left\{ \frac{1}{\sqrt{2\pi}} \exp\left(-\frac{x^2}{2}\right) \right\} \tag{11.5}$$

他方、標準正規分布のグラフを、式 (11.5) を参考に変換してみましょう。まず、横軸を変数 $x$ から変数 $Z = x^2$ に作り直し（図 11.3）、次に、このグラフの縦軸を $x$ で割ります（図 11.4）。このグラフは $k = 1$ のカイ二乗分布と等しくなります。ちょうど $N_{\max}(0, 1)$ と $\dfrac{1}{x}$ の効果で、全範囲での積分が 1 になります。すなわち、標準正規分布に関して $x^2$ と $\dfrac{f(x)}{x}$ のグラフを描くと、カイ二乗分布になります。

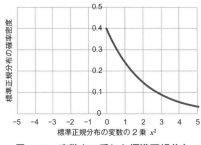

**図 11.3　変数を二乗した標準正規分布**

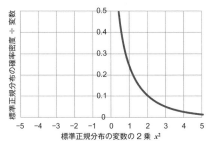

**図 11.4　変数で割った分布**

　なお、$k = 1$ のカイ二乗分布は $x^2 = 0$ で確率密度が $\infty$ となり、一見奇異ですが、確率密度自体は確率を示すものではないので問題ありません。

## (2) 領域の対応

　図 11.5 の標準正規分布の両側、それぞれ 2.5% の領域（$x \leq -1.96$ かつ $1.96 \leq x$）は、図 11.6 の $k = 1$ の、カイ二乗分布の片側 5% の領域（$3.84 \leq x^2$）に対応します。正規分布の両側領域は、カイ二乗分布の片側領域に集約されます。

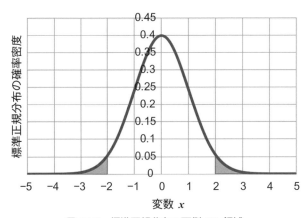

**図 11.5　標準正規分布の両側 5% 領域**

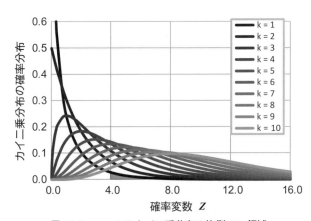

**図 11.6　$k = 1$ のカイ二乗分布の片側 5% 領域**

## (3) 特　徴

　母集団が標準正規分布に従うとき、図 11.1（188 ページ）の確率密度分布を
カイ二乗分布として得られます。すなわち、検定でカイ二乗分布を用いる前提
として、「母集団が正規分布に近いこと」が必要です。また、定義式 (11.1) に
おける $k$ の値に数学的な制約はないですが、本来の意味を考えると $k$ は自然数
をとらなければいけません。

　カイ二乗分布の特徴は、以下の通りです。

- $Z_1 = {\chi^2}_1$ と $Z_2 = {\chi^2}_2$ がいずれもカイ二乗分布に従う場合、

  $$Z_1 + Z_2 = {\chi^2}_{1+2}$$

  もまたカイ二乗分布に従う（再生性）。
- $k \to \infty$ で、カイ二乗分布（$Z$ の分布）は正規分布にゆっくり近づく。
- $k \to \infty$ で、次の $Z$ に関する分布は近似的に、次の正規分布にそれぞれ比
  較的早くに近づく。

  $$\sqrt{2Z} \to N(\sqrt{2k-1},\, 1), \qquad \sqrt[3]{\frac{Z}{k}} \to N\left(1 - \frac{2k}{9},\, \frac{2k}{9}\right)$$

### 類題 11.3

　標準正規分布の両側 10% 領域は、カイ二乗分布のどの領域と対応するで
しょうか。また、片側 5% 領域はどうでしょうか。

### 答え

　両側 10% は、右側 10% の領域に一対一対応します。一方、標準正規分布
の片側 5% はカイ二乗分布の右側 5% に対応しますが、逆は一意に定まりま
せん。

# 11.3　累積分布関数

## (1) 定　義

　式 (11.1) の $Z_a \sim Z_b$ の定積分は、図 11.1 におけるグラフが $Z_a \le Z \le Z_b$
の範囲で $Z$ 軸と囲う面積になります。図 11.2 は、**右側累積グラフ**と言って、
$Z \sim \infty$ までの面積（＝累積確率）を分布にしたものです。

## (2) 一覧表

これを一覧にしたものが**表 11.1** です。標準正規分布と t 分布では $0\sim x$、$0\sim t$ の累積確率を一覧表にしましたが、カイ二乗分布では違うので気をつけてください（使い方の違いによる慣習の違いです）。

**表 11.1　カイ二乗分布の累積分布関数値の一覧表**

| $X^2(n)$ | k=1 | k=2 | k=3 | k=4 | k=5 | k=6 | k=7 | k=8 | k=9 | k=10 |
|---|---|---|---|---|---|---|---|---|---|---|
| 0.0 | 0.997 477 | 0.999 995 | 1.000 000 | 1.000 000 | 1.000 000 | 1.000 000 | 1.000 000 | 1.000 000 | 1.000 000 | 1.000 000 |
| 0.002 | 0.964 329 | 0.999 000 | 0.999 976 | 1.000 000 | 1.000 000 | 1.000 000 | 1.000 000 | 1.000 000 | 1.000 000 | 1.000 000 |
| 0.005 | 0.943 628 | 0.997 503 | 0.999 906 | 0.999 997 | 1.000 000 | 1.000 000 | 1.000 000 | 1.000 000 | 1.000 000 | 1.000 000 |
| 0.010 | 0.920 344 | 0.995 012 | 0.999 735 | 0.999 988 | 0.999 999 | 1.000 000 | 1.000 000 | 1.000 000 | 1.000 000 | 1.000 000 |
| 0.020 | 0.887 537 | 0.990 050 | 0.999 252 | 0.999 950 | 0.999 997 | 1.000 000 | 1.000 000 | 1.000 000 | 1.000 000 | 1.000 000 |
| 0.050 | 0.823 063 | 0.975 310 | 0.997 071 | 0.999 693 | 0.999 971 | 0.999 997 | 1.000 000 | 1.000 000 | 1.000 000 | 1.000 000 |
| 0.100 | 0.751 830 | 0.951 229 | 0.991 837 | 0.998 791 | 0.999 838 | 0.999 980 | 0.999 998 | 1.000 000 | 1.000 000 | 1.000 000 |
| 0.200 | 0.654 721 | 0.904 837 | 0.977 589 | 0.995 321 | 0.999 114 | 0.999 845 | 0.999 975 | 0.999 996 | 0.999 999 | 1.000 000 |
| 0.300 | 0.583 882 | 0.860 708 | 0.960 028 | 0.989 814 | 0.997 643 | 0.999 497 | 0.999 900 | 0.999 981 | 0.999 997 | 0.999 999 |
| 0.4 | 0.527 089 | 0.818 731 | 0.940 242 | 0.982 477 | 0.995 330 | 0.998 852 | 0.999 737 | 0.999 943 | 0.999 988 | 0.999 998 |
| 0.8 | 0.371 093 | 0.670 320 | 0.849 467 | 0.938 448 | 0.977 033 | 0.992 074 | 0.997 444 | 0.999 224 | 0.999 777 | 0.999 939 |
| 1.2 | 0.273 322 | 0.548 812 | 0.753 004 | 0.878 099 | 0.944 877 | 0.976 885 | 0.990 927 | 0.996 642 | 0.998 821 | 0.999 606 |
| 1.6 | 0.205 903 | 0.449 329 | 0.659 390 | 0.808 792 | 0.901 249 | 0.952 577 | 0.978 644 | 0.990 920 | 0.996 335 | 0.998 589 |
| 2.0 | 0.157 299 | 0.367 879 | 0.572 407 | 0.735 759 | 0.849 145 | 0.919 699 | 0.959 840 | 0.981 012 | 0.991 468 | 0.996 340 |
| 2.4 | 0.121 335 | 0.301 194 | 0.493 635 | 0.662 627 | 0.791 474 | 0.879 487 | 0.934 437 | 0.966 231 | 0.983 453 | 0.992 254 |
| 2.8 | 0.094 264 | 0.246 597 | 0.423 500 | 0.591 833 | 0.730 786 | 0.833 498 | 0.902 867 | 0.946 275 | 0.971 699 | 0.985 747 |
| 3.2 | 0.073 638 | 0.201 897 | 0.361 805 | 0.524 931 | 0.669 183 | 0.783 358 | 0.865 905 | 0.921 187 | 0.955 835 | 0.976 318 |
| 3.6 | 0.057 780 | 0.165 299 | 0.308 022 | 0.462 837 | 0.608 313 | 0.730 621 | 0.824 523 | 0.891 292 | 0.935 716 | 0.963 593 |
| 4.0 | 0.045 500 | 0.135 335 | 0.261 464 | 0.406 006 | 0.549 416 | 0.676 676 | 0.779 777 | 0.857 123 | 0.911 413 | 0.947 347 |
| 4.4 | 0.035 939 | 0.110 803 | 0.221 385 | 0.354 570 | 0.493 374 | 0.622 714 | 0.732 723 | 0.819 352 | 0.883 171 | 0.927 504 |
| 4.8 | 0.028 460 | 0.090 718 | 0.187 042 | 0.308 441 | 0.440 773 | 0.569 709 | 0.684 355 | 0.778 723 | 0.851 383 | 0.904 131 |
| 5.2 | 0.022 587 | 0.074 274 | 0.157 724 | 0.267 385 | 0.391 963 | 0.518 430 | 0.635 571 | 0.736 002 | 0.816 537 | 0.877 423 |
| 5.6 | 0.017 960 | 0.060 810 | 0.132 778 | 0.231 078 | 0.347 105 | 0.469 454 | 0.587 151 | 0.691 937 | 0.779 188 | 0.847 676 |
| 6.0 | 0.014 306 | 0.049 787 | 0.111 610 | 0.199 148 | 0.306 219 | 0.423 190 | 0.539 749 | 0.647 232 | 0.739 918 | 0.815 263 |
| 6.4 | 0.011 412 | 0.040 762 | 0.093 691 | 0.171 201 | 0.269 219 | 0.379 904 | 0.493 895 | 0.602 520 | 0.699 313 | 0.780 613 |
| 6.8 | 0.009 116 | 0.033 373 | 0.078 553 | 0.146 842 | 0.235 945 | 0.339 740 | 0.449 997 | 0.558 357 | 0.657 933 | 0.744 182 |
| 7.2 | 0.007 290 | 0.027 324 | 0.065 789 | 0.125 689 | 0.206 186 | 0.302 747 | 0.408 357 | 0.515 216 | 0.616 305 | 0.706 438 |
| 7.6 | 0.005 837 | 0.022 371 | 0.055 044 | 0.107 380 | 0.179 702 | 0.268 897 | 0.369 182 | 0.473 485 | 0.574 903 | 0.667 844 |
| 8.0 | 0.004 678 | 0.018 316 | 0.046 012 | 0.091 578 | 0.156 236 | 0.238 103 | 0.332 594 | 0.433 470 | 0.534 146 | 0.628 837 |
| 8.4 | 0.003 752 | 0.014 996 | 0.038 429 | 0.077 977 | 0.135 525 | 0.210 238 | 0.298 646 | 0.395 403 | 0.494 392 | 0.589 827 |
| 8.8 | 0.003 012 | 0.012 277 | 0.032 072 | 0.066 298 | 0.117 312 | 0.185 142 | 0.267 336 | 0.359 448 | 0.455 937 | 0.551 184 |
| 9.2 | 0.002 420 | 0.010 052 | 0.026 747 | 0.056 290 | 0.101 348 | 0.162 639 | 0.238 614 | 0.325 706 | 0.419 021 | 0.513 234 |
| 9.6 | 0.001 946 | 0.008 230 | 0.022 291 | 0.047 733 | 0.087 396 | 0.142 539 | 0.212 397 | 0.294 230 | 0.383 827 | 0.476 259 |
| 10.0 | 0.001 565 | 0.006 738 | 0.018 566 | 0.040 428 | 0.075 235 | 0.124 652 | 0.188 573 | 0.265 026 | 0.350 485 | 0.440 493 |
| 10.4 | 0.001 260 | 0.005 517 | 0.015 455 | 0.034 203 | 0.064 663 | 0.108 787 | 0.167 016 | 0.238 065 | 0.319 084 | 0.406 128 |
| 10.8 | 0.001 015 | 0.004 517 | 0.012 858 | 0.028 906 | 0.055 493 | 0.094 758 | 0.147 584 | 0.213 291 | 0.289 667 | 0.373 311 |
| 11.2 | 0.000 818 | 0.003 698 | 0.010 692 | 0.024 406 | 0.047 556 | 0.082 388 | 0.130 139 | 0.190 622 | 0.262 249 | 0.342 150 |
| 11.6 | 0.000 660 | 0.003 028 | 0.008 887 | 0.020 587 | 0.040 699 | 0.071 511 | 0.114 504 | 0.169 963 | 0.236 810 | 0.312 718 |
| 12.0 | 0.000 532 | 0.002 479 | 0.007 383 | 0.017 351 | 0.034 788 | 0.061 969 | 0.100 559 | 0.151 204 | 0.213 309 | 0.285 057 |
| 12.4 | 0.000 429 | 0.002 029 | 0.006 131 | 0.014 612 | 0.029 699 | 0.053 618 | 0.088 148 | 0.134 229 | 0.191 687 | 0.259 177 |
| 12.8 | 0.000 347 | 0.001 662 | 0.005 090 | 0.012 296 | 0.025 327 | 0.046 324 | 0.077 134 | 0.118 919 | 0.171 867 | 0.235 070 |
| 13.2 | 0.000 280 | 0.001 360 | 0.004 223 | 0.010 339 | 0.021 575 | 0.039 968 | 0.067 383 | 0.105 151 | 0.153 763 | 0.212 704 |
| 13.6 | 0.000 226 | 0.001 114 | 0.003 503 | 0.008 687 | 0.018 360 | 0.034 438 | 0.058 771 | 0.092 806 | 0.137 282 | 0.192 031 |
| 14.0 | 0.000 183 | 0.000 912 | 0.002 905 | 0.007 295 | 0.015 609 | 0.029 636 | 0.051 181 | 0.081 765 | 0.122 325 | 0.172 992 |
| 14.4 | 0.000 148 | 0.000 747 | 0.002 408 | 0.006 122 | 0.013 259 | 0.025 474 | 0.044 507 | 0.071 917 | 0.108 791 | 0.155 516 |
| 14.8 | 0.000 120 | 0.000 611 | 0.001 996 | 0.005 135 | 0.011 252 | 0.021 871 | 0.038 650 | 0.063 153 | 0.096 578 | 0.139 525 |
| 15.2 | 0.000 097 | 0.000 500 | 0.001 653 | 0.004 304 | 0.009 541 | 0.018 757 | 0.033 519 | 0.055 371 | 0.085 587 | 0.124 939 |
| 15.6 | 0.000 078 | 0.000 410 | 0.001 369 | 0.003 606 | 0.008 084 | 0.016 070 | 0.029 033 | 0.048 477 | 0.075 719 | 0.111 670 |
| 16.0 | 0.000 063 | 0.000 335 | 0.001 134 | 0.003 019 | 0.006 844 | 0.013 754 | 0.025 116 | 0.042 380 | 0.066 882 | 0.099 632 |

全ての数値は、小数点以下 6 桁で表示してあります。

また、t 分布の表と同様に、<u>縦軸は確率変数 $Z$、横軸は自由度 $k$ の二次元の表</u>です。

---

**類題 11.4**

カイ二乗分布における次の累積確率を、それぞれ求めましょう。

(1)　自由度が 3 のとき、変数 $Z : 0 \leq Z \leq 8.4$ の累積確率。

(2)　抽出数が 9 のとき、変数 $Z : 0 \leq Z \leq 3.5$ の累積確率。

(3)　自由度が 2 のとき、変数 $Z : 2.4 \leq Z \leq 4.0$ の累積確率。

---

**答え**

(1)　表の値は $0.038429319$ なので、

$$1 - 0.038429319 = 0.961570681$$

(2)　表の値は $3.6 \leq Z$ で $0.891291605$、$3.2 \leq Z$ で $0.921186513$ なので、

$$1 - (0.891291605 \times 3 + 0.921186513) \div 4$$
$$= 1 - 0.898765332 = 0.101234668$$

（自由度は、$9 - 1 = 8$ です。）

(3)　表の値は $2.4 \leq Z$ で $0.301194212$、$4.0 \leq Z$ で $0.135335283$ なので、

$$0.301194212 - 0.135335283 = 0.165858929$$

# 11.4　母集団の推定への適用

### (1)　本質的な意味

独立変数 $x_i$ を、正規分布 $N_i(\mu_i, \sigma_i)$ に従う複数の母集団から抽出します。そして、式 (11.4) に基づいて $Z$ を計算すると、それは自由度 $k$ のカイ二乗分布に従います。すなわち、未知なる母平均と母分散を用いて、標本集団をカイ二乗分布で推定・検定できます。しかし、未知数が多いため、標本集団のデータから母集団を推定検定することはできません。

ここで、同一の正規分布に従う独立変数から標本集団が成る、特別な場合を考えます。すでに学んだ通り、実際には標本平均は母平均とは異なるのですが、あえて代用してしまいます。

一方、標本平均 $\overline{x}$ は一つに決まりますので、式 (11.6) に示すカイ二乗が自由度 $k$ のカイ二乗分布に従います。ここでは、$k$ は標本数です。

$$Z = {\chi_k}^2 = \frac{1}{\widetilde{\sigma}^2} \sum_{i=1}^{k} (x_i - \widetilde{\mu})^2 \approx \frac{1}{\widetilde{\sigma}^2} \sum_{i=1}^{k} (x_i - \overline{x})^2 = \frac{S}{\widetilde{\sigma}^2} \tag{11.6}$$

## (2)　母分散と標本分散の比

先ほどの標本平均の代用が気になります。データが多いに越したことはありませんので、この際「データ数が一つ少ないものとして取り扱ったら、その分、精度が上がる」

$$Z = {\chi_k}^2 \approx \frac{S}{\widetilde{\sigma}^2} = \frac{(n-1)\dfrac{S}{n-1}}{\widetilde{\sigma}^2} = \frac{(n-1){\breve{\sigma}_x}^2}{\widetilde{\sigma}^2} \tag{11.7}$$

と考えます（数学的にはこの考えで問題がないことが証明できます）。

つまり、式 (11.7) に示すように不偏分散 ${\breve{\sigma}_x}^2$ を用いて、$n$ の標本数のときに、自由度 $k = n-1$ のカイ二乗分布を使い、標本分散から母分散を推定・検定できます。$(n-1){\breve{\sigma}_x}^2 = n\sigma_x^2$ ですが、カイ二乗分布の自由度は $n$ ではないので注意してください。

## (3)　母分散の推定・検定

**例 11.1**

厚さのバラつきの実績が分散 $0.6\,\mathrm{mm}^2$ の、ケント紙製紙ラインがあります。本日は朝からずっと多湿で、いつもの出荷前精密肉厚測定を 5 枚でしたところ標本不偏分散は $0.69\,\mathrm{mm}^2$ でした。多湿のためにバラつきが上がったのかどうかを危険率 5% で検定してみましょう。

仮説：「多湿が原因でバラつきは変化していない」として検定します。式 (11.7) に母分散 $\widetilde{\sigma}^2 = 0.6$、標本不偏分散 ${\breve{\sigma}}^2 = 0.69$、抽出数 $n = 5$ を代入して、式 (11.8) の通り、$Z = 4.6$ と計算できます。

$$Z = {\chi_k}^2 = \frac{(n-1){\breve{\sigma}}^2}{\widetilde{\sigma}^2} = \frac{(5-1) \cdot 0.69}{0.6} = 4.6 \tag{11.8}$$

一方、自由度 $5-1 = 4$ における危険率 5% とは、表 11.1（193 ページ）より $Z_a = $ 約 9.4（9.2 と 9.6 の間なので中央値をとりました。正確には 9.48772904 です）に対応します。

4.6 < 9.4 なので、事実は危険域には入っていません（95% の確率で起こり得ます）。

すなわち、仮説は棄却できず「多湿が原因でバラつきは変化していない」ことはないとは言えない、となります。

また、$Z = 4.6$ に対応する累積確率は表 11.1（193 ページ）の自由度 4 の列より、

$$(0.354570 + 0.308441) \div 2 \approx 0.3315$$

（正確には 0.33085418）です。

つまり、$1 - 0.33 = 67$［%］で起こり得る現象であり、これよりもバラつきが大きくなる確率は 33% ある、と言うことになります。珍事とは言いにくいですね。

参考まで、確率 95% で起こり得る最大の標本不偏分散は、$Z_a = 9.49$ より、

$$0.6 \times 9.49 \div (5 - 1) = 1.42$$

すなわち、標本不偏分散 $\overset{\smile}{\sigma}^2 = 1.42$ ぐらいまでなら 95% の確率で変動し得るので珍事とは言いにくい、ということがわかります。

---

### 類題 11.5　🅧 Excel の問題

　母分散 $\tilde{\sigma}^2$（セル B5 とします）から抽出した標本数 $n$（セル B2）の標本の不偏分散 $\overset{\smile}{\sigma}^2$（セル B3）のとき、危険率 $\alpha$［%］（セル B4）に対応する確率変数 $Z_a$（セル C2）を求め、検定しましょう。

---

### 答え

- 確率変数 $Z_a$（セル C2）：=CHIINV(B4/100,B2-1)
- 確率変数 $Z$（セル C4）：=(B2-1)*B3/B5

$Z$ と $Z_a$ の大小関係を求めます。$Z \leq Z_a$ であれば珍事ではありません。

- 確率変数 $Z_a$ に対応する不偏分散値（セル D3）：=C2*B5/(B2-1)

危険率 $\alpha$［%］に相当する（確率 $100 - \alpha$［%］で起こり得る最大の）不偏分散を計算できます。珍事であれば $\overset{\smile}{\sigma}^2$ より小さく、珍事でなければ大きくなるはずです。

●$\overset{\smile}{\sigma}^2$ に対応する危険率（セル D4）：=(1-CHIDIST(B4,B2-1))*100

---

**類題 11.6**

　体重を風呂上がりに毎日計測している人がいます。この 1 年間は比較的安定していて、平均 = 66.2 [kg]、分散 = 2.87 [kg$^2$] でした。しかしこの 7 日間、飲み会やパーティでバイキング形式の外食が続き、この 7 日の平均は 68.8 kg、不偏分散は 4.21 kg$^2$ でした。

　外食の影響を危険率 10% で推定しましょう。

---

**答え**

　式 (11.8) に代入し、$Z = 8.8$。自由度 $7 - 1 = 6$ における危険率 10% とは、表 11.1（193 ページ）より $Z_a =$ 約 10.6（10.4 と 10.8 の間なので中央値をとりました。正確には 10.8446407 です）に対応します。

　$Z \leq Z_a$ なので、影響はありません……。ただし、バラつきに対しては、です。

　さて、母分布が正規分布に乗っているとすると、標準正規分布に乗る確率変数は、

$$z = \frac{|68.8 - 66.2|}{\sqrt{\dfrac{2.87}{7}}} = 4.06$$

であり、$3\sigma$ を超えているので、標本平均は母平均から逸脱している（別の集団である）と言えます。

　体重は増えてしまったのですね。

## (4)　危険率の設定

　これまでの分布同様に、カイ二乗確率密度分布でも、90%（危険率 10%）、95%（危険率 5%）、99%（危険率 1%）の推定・検定をすることが一般的です。もちろん数値は任意で、その時々で適切に選択することが重要です。

　ここで、両側推定の意味を考えます。本質的には<u>母分散が既知の場合は、片側推定します</u>。母分散 < 標本分散であり、標本分散 → 母分散で $Z$ が小さくなるので、$Z$ が大きい側が危険だからです。他方、母分散を標本分散から検

定する場合には、何が起こっているかわからない、すなわち、どちらが大きくなるかわからないので、両側検定します。

■　章　末　問　題　■

◈ **11.1** 某製鉄所の亜鉛メッキ工場で、亜鉛メッキの厚みを管理しています。次の各問に答えなさい。

(1) 実績バラつきの母分散が $0.2\,\mathrm{mm}^2$ で、気温の低い日に 5 枚を抜き取り調査して、標本バラつきの標本不偏分散が $0.42\,\mathrm{mm}^2$ の場合、バラつきは気温の影響を受けると言えるでしょうか、信頼性係数 95% で推定しなさい。

(2) 実績バラつきの母分散が $0.34\,\mathrm{mm}^2$ で、常々、危険率 10% で考える場合、5 枚の抜き取り調査の際の標本不偏分散は、どの範囲に入れば操業バラつきが安定していると言える（安定していないとは言えない）か述べなさい。

(3) 実績データが紛失しました。今日の 6 枚の抜き取り調査で標本不偏分散が $0.38\,\mathrm{mm}^2$ でしたが、今日は特に変わったことが起きてないものと考え、母分散を危険率 95% で検定しなさい。

◈ **11.2** 表 11.1（193 ページ）の累積分布関数表を見ながら、各問に答えなさい。

(1) 自由度が 2 の場合、確率変数が $6 \leq Z$ の範囲にある確率を求めなさい。

(2) 自由度が 1 の場合、確率変数が $0 \leq Z \leq 2$ の範囲にある確率を求めなさい。

(3) 自由度が 3 の場合、確率変数が $Z_a \leq Z$ の範囲にある確率が 5.5% の場合、$Z_a$ の値を求めなさい。

(4) 自由度が 5 の場合、確率変数が $0 \leq Z \leq Z_a$ の範囲にある確率が 33% の場合、$Z_a$ の値を求めなさい。

◈ **11.3** 強烈なサーブを武器に短時間でセットを奪取する（テニスは 2 または 3 セット先取）テニス選手がいます。今年の奪取 1 セット当たり所要時間のバラつきは $8.5\,\mathrm{min}^2$ の分散でしたが、本日に限り、気温 38℃ 不快指数 100% の過酷気象となり、3 セットの分散が $11.7\,\mathrm{min}^2$ でした。

(1) この過酷気象がバラつきに影響したかを、危険率 10% で推定しなさい。

(2) 次の試合で、3 セットの奪取セット所要時間の分散が $11.7\,\mathrm{min}^2$ 以上になる確率を推定しなさい。

(3) 90% の確率で起こり得る、3 セット先取試合での分散の範囲を求めなさい。

(4) 今日の分散から、母分散を信頼係数 90% で検定しなさい。

**11.4** ある母集団から抽出数を 2 から 12 まで 1 ずつ増して標本集団を作りました。すると、誠に珍事ながら、不偏分散が全ての標本集団で 10 になりました。設問の手順で、信頼性 90% で母分散を検定しなさい。

(1) 信頼性に対応する $Z$ の範囲を、標本数 $n$、カイ二乗確率密度分布 $\chi_k{}^2(a)$ を用いて式で表しなさい。ただし、$\chi_k{}^2(a)$ とは、自由度 $k$ で、$\infty$ までの累積確率値が $a$ となるような $Z$ を示します。

(2) 表 11.2 の空欄を埋めなさい。ただし、0.05 対応値および 0.09 対応値とは、$\chi_k{}^2(0.05)$ および $\chi_k{}^2(0.95)$ に対応する母分散値です。また、推定幅とは、母分散が信頼性 90% で入ると考えられる領域の幅（単位は分散と同じ）です。

**表 11.2　標本集団の情報と母分散の推定範囲一覧**

| 標本数 | 分散 | 不偏分散 | 推定幅 | 0.95 対応値 | 0.05 対応値 |
|---|---|---|---|---|---|
| 2 | | 10 | | 2.603 | 2543.144 |
| 3 | | 10 | | 3.338 | 194.957 |
| 4 | | 10 | | 3.839 | 85.264 |
| 5 | | 10 | | | 56.281 |
| 6 | | 10 | | 4.517 | 43.650 |
| 7 | | 10 | | 4.765 | 36.689 |
| 8 | | 10 | | 4.976 | 32.298 |
| 9 | | 10 | | 5.159 | 29.276 |
| 10 | | 10 | | 5.319 | |
| 11 | | 10 | | 5.462 | 25.379 |
| 12 | | 10 | | 5.591 | 24.045 |

(3) 母分散推定領域と標本数 $n$ の関係性について考えなさい。

💎 **11.5**　カイ二乗分布に関して、次の文章の正誤を判定しなさい。

(1)　母平均の予測に用いることができる。

(2)　t 分布とともに、確率密度グラフは左右対称である。

(3)　自由度が大きくなるにつれ、正規分布に近づく。

(4)　90% の予測と 99% の予測では、99% の予測のほうが予測領域は広い。

(5)　仮説の棄却可否検討をすることを、カイ二乗検定と呼ぶ。

第 **12** 章

# その他の分布と推定方法

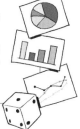

　本章では、これまで学んできた分布や推定検定以外の、いくつかの
よく用いる分布や推定、検定について簡単に説明します。
　統計学の初心者が最初に使う内容の 90% にはまず含まれないと判
断して、最終章である本章にまとめましたが、余力があればぜひ学習
してみてください。

## 12.1　ウェルチの t 検定

　二つのデータ群があったとき、これらの母集団の平均値が同じかどうかを論
じるときに、**ウェルチの t 検定**をします[57]。本質的には、二つのデータ群の分
散が異なる可能性がある場合に行う検定です。

**例 12.1**

　母集団 $X$ から無作為抽出した標本集団 $\{x\}$ と、$Y$ から無作為抽出した $\{y\}$
を考えます。$X$ と $Y$ は互いに独立で、かつ、それぞれの母分散と標本分散が
同じとみなし得るとします。

　すると、式 (10.3) の派生式 (12.1) が成立します。

$$t = \frac{(\overline{x} - \overline{y}) - (\mu_X - \mu_Y)}{\sqrt{\dfrac{\widehat{\sigma}_x^2}{n_x} + \dfrac{\widehat{\sigma}_y^2}{n_y}}} \tag{12.1}$$

この $t$ 検定で、母平均の差 $\mu_X - \mu_Y$ を未知数として議論できます。

---

**類題 12.1**

式 (12.1) を $\mu_X - \mu_Y$ について解いてみましょう。

**答え**

$$(\mu_X - \mu_Y) = (\overline{x} - \overline{y}) - t\sqrt{\frac{\breve{\sigma}_x^{\,2}}{n_x} + \frac{\breve{\sigma}_y^{\,2}}{n_y}} \tag{12.2}$$

---

**類題 12.2**

表 12.1 の身長データは、2 歳下の弟がいる中学生女子の身長一覧です。ちょうど男女差がない頃かと思いデータを集めたのですが、差はみられるでしょうか。

表 12.1　類題 12.2 の元データと分析表

| 名前 | 姉（中学 1 年生）身長 元値 | 偏差 | 偏差$^2$ | 名前 | 弟（小学 5 年生）身長 元値 | 偏差 | 偏差$^2$ |
|---|---|---|---|---|---|---|---|
| 美　空 | 159.2 | | | 飛一郎 | 160.6 | | |
| Rainbow | 170.3 | | | 呂一郎 | 172.2 | | |
| 優美子 | 169.5 | | | 優一郎 | 168.3 | | |
| 風　雅 | 162.4 | | | 雅一郎 | 163.4 | | |
| Soleil | 174.1 | | | 龍一郎 | 173.0 | | |
| 真理恵 | 158.7 | | | 真一郎 | 158.2 | | |
| 美　聡 | 160.4 | | | 聡一郎 | 160.2 | | |
| 美　摩 | 160.8 | | | 摩一郎 | 160.5 | | |
| 夏　雀 | 163.3 | | | 燕一郎 | 162.7 | | |
| 知　弘 | 157.3 | | | 弘一郎 | 158.0 | | |
| 平均値 | | 分散 | | 平均値 | | 分散 | |

(1) 表を埋めて、姉集団と弟集団の平均 $\overline{x}$ と $\overline{y}$、分散 $\sigma_x{}^2$ と $\sigma_y{}^2$ を求めましょう。

(2) 姉集団と弟集団の不偏分散 $\breve{\sigma}_x{}^2$ と $\breve{\sigma}_y{}^2$ を求めましょう。

(3) ウェルチの t 検定の t を求めましょう。

(4) この年頃の 2 歳違いの姉弟の平均身長が同じである確率を求めましょう。

(5) 危険率を 5% とした場合、姉弟の平均身長が同じと言えないのは、両者の標本平均の差がどの程度の場合でしょうか。

**答え**

表 12.2　類題 12.2 の元データおよび分析データ

| 姉（中学 1 年生） | | | | 弟（小学 5 年生） | | | |
|---|---|---|---|---|---|---|---|
| 名前 | 身長 | | | 名前 | 身長 | | |
| | 元値 | 偏差 | 偏差$^2$ | | 元値 | 偏差 | 偏差$^2$ |
| 美　空 | 159.2 | −4.4 | 19.4 | 飛一郎 | 160.6 | −3.1 | 9.7 |
| Rainbow | 170.3 | 6.7 | 44.9 | 呂一郎 | 172.2 | 8.5 | 72.1 |
| 優美子 | 169.5 | 5.9 | 34.8 | 優一郎 | 168.3 | 4.6 | 21.1 |
| 風　雅 | 162.4 | −1.2 | 1.4 | 雅一郎 | 163.4 | −0.3 | 0.1 |
| Soleil | 174.1 | 10.5 | 110.3 | 龍一郎 | 173.0 | 9.3 | 86.3 |
| 真理恵 | 158.7 | −4.9 | 24.0 | 真一郎 | 158.2 | −5.5 | 30.4 |
| 美　聡 | 160.4 | −3.2 | 10.2 | 聡一郎 | 160.2 | −3.5 | 12.3 |
| 美　摩 | 160.8 | −2.8 | 7.8 | 摩一郎 | 160.5 | −3.2 | 10.3 |
| 夏　雀 | 163.3 | −0.3 | 0.1 | 燕一郎 | 162.7 | −1.0 | 1.0 |
| 知　弘 | 157.3 | −6.3 | 39.7 | 弘一郎 | 158.0 | −5.7 | 32.6 |
| 平均値 | 163.6 | 分散 | 29.3 | 平均値 | 163.7 | 分散 | 27.6 |

(1) 表 12.2 のとおり。

(2) $\breve{\sigma}_x{}^2 = 29.26 \times 10 \div (10 - 1) = 32.51$

$\breve{\sigma}_y{}^2 = 27.58 \times 10 \div (10 - 1) = 30.65$

(3) $t = \dfrac{(163.6 - 163.7) - (\mu_X - \mu_Y)}{\sqrt{\dfrac{32.5}{10} + \dfrac{30.7}{10}}} = \dfrac{-0.1 - (\mu_X - \mu_Y)}{2.51}$

(4) $\mu_X - \mu_Y = 0$ とすると、$t = -0.0438$。母平均が同じ場合に、標本平均の差がこれ以下でしかない確率は、$-0.0438 \leq t \leq 0.0438$ に対応する累積密度 0.034 です。

したがって、この程度の標本平均の差は、確率 $1 - 0.034 = 0.966$

で、母平均が同じ場合にはあり得ます。裏返すと、姉弟の平均身長が同じ確率は 96.6% です。

(5) 危険率 5% ということは、$t = 0$ から右に $(1 - 0.05) \div 2 = 47.5\%$ の累積確率となる $t$ が境界値となります。この値は自由度 18 の場合、2.10 です。したがって、姉弟の平均身長が同じと言えないのは、

$$2.10 < \frac{|\overline{x} - \overline{y}|}{2.51}$$

より、標本平均差が 5.28 を超える場合です。

---

**類題 12.3** 🗒 **Excel の問題**

上記の類題 12.2 において、次の数値を Excel で求めましょう[1]。

(1) 元値（姉：セル H16:H25、弟：セル L25:L25 とします）から、両側検定の確率を出します。
(2) 既知の $t$ 値（セル D17）から、両側検定の確率を出しましょう。
(3) 既知の両側検定の危険率（セル B26）に対応する、標本平均の差を出しましょう。

---

**答え**

(1) =TTEST(H16:H25,L16:L25,2,3)　または
=T.TEST(H16:H25,L16:L25,2,3)
● 第 1 引数と第 2 引数は、姉集団と弟集団のデータ範囲です。
● 第 3 引数は、片側検定の際には 1、両側検定の際には 2 です。
● 第 4 引数は、投薬前後など対応関係のあるデータの場合には 1、両母集団の分散が等しい場合には 2、その他の場合には 3 です。

(2) =TDIST(D17,18,2)
● 第 1 引数は、$t$ 値です。
● 第 2 引数は、自由度です。
● 第 3 引数は、右側（上側）確率を求める際には 1、両側確率を求め

---

[1] viii ページでダウンロード方法を説明しているファイルを入手していただくと、問題に取り組んでいただきやすいかもしれません。以下の設問中の H16:H25 などは、これらのファイルの該当するセルを指しています。

> る際には 2 です。
>
> (3) =TINV(B26,18)
> - 第 1 引数は両側検定の危険率です。
> - 第 2 引数は自由度です。

# 12.2 ピアソンのカイ二乗検定

以下に述べる適合度検定と独立性の検定を合わせて、**ピアソンのカイ二乗検定**と総称します[58]。カイ二乗分布を用いる検定のうち、最も基本的で汎用的な検定です。理屈は難しいですが使うのは比較的簡単なので、それぞれの例を紹介しておきます。

なお、標本集団に基づき何らかの推定（検定）を行う際に、その母集団が特定の分布に従っているという前提に立つのが**パラメトリック推定（検定）**で、特定の分布を考えないのが**ノンパラメトリック推定（検定）**です。

パラメトリック推定（検定）では、平均や分散等の母数を用いて統計量を計算します。正規分布やt分布を用いた平均の推定は、パラメトリック推定です。対して、データサイズが小さい場合や母集団の従う分布が推定しかねる場合には、ノンパラメトリック検定を行います。ノンパラメトリック推定（検定）の長所は、どんな標本集団にも適用できることで、欠点は分布を用いない分、推定（検定）力が落ちることです。

ピアソンのカイ二乗検定は特定の分布を考えないので、ノンパラメトリック推定です。

## (1) 適合度検定

事象 $i$ が、理論上あるいは理想上 $x_{\mathrm{ex},i}$（期待値）だけ現れると計算されたのに対して、実際に $x_{\mathrm{ob},i}$（観測値）だけ現れたとします。事象が $N$ 個あるとき、式 (12.3) は数学的に、自由度 $= N - 1$ のカイ二乗分布に近似的に従います。

$$Z = \chi^2 = \sum_{i=1}^{N} \frac{(x_{\mathrm{ob},i} - x_{\mathrm{ex},i})^2}{x_{\mathrm{ex},i}} \tag{12.3}$$

これを適合度検定と言い、血液型（$N = 4$）、性別（$N = 2$）など、ミシィに分類されたデータ群の要素数の割合が理論（理想）通りかを検定できます。

**例 12.2**

2019 年の参議院議員の男性議員数は 191 人、女性議員数は 50 人です。細かいことは抜きで、男女比率 1 : 1（男も女も 120.5 人）が理想であるとします。さて、日本の参議院議員は男女公平に選ばれているでしょうか。

$$Z = \chi^2 = \frac{(191 - 120.5)^2}{120.5} + \frac{(50 - 120.5)^2}{120.5} = 62.8 \tag{12.4}$$

自由度 1 のカイ二乗分布において、$Z = 62.8$ の状態よりも男女比が偏る確率は $2.3 \times 10^{-5}$ ですから、ほとんど起こり得ない状態であると言えます。

すなわち、日本の参議院議員は女性が少なすぎます。ちなみに、衆議院議員はもっと偏っています。

参考ながら、2018 年の日本の女性衆議院議員割合は 10.2% で世界 193 か国中 165 位だそうです。1 位はルワンダで 61.3%、スウェーデンは 47.3% で 5 位、中国は 24.9% で 73 位です[56]。

---

**類題 12.4**

学科の級友の血液型を調べ、表 12.3 を作りました。同表には日本全国、最も A 型が多い福岡県、B 型が多い青森県、O 型が多い岩手県、AB 型が多い茨城県における人口の血液型割合も記しました。日本全国の割合を理想とみなして、学科および各県で、血液型割合の偏りについて調べましょう。

ここで、日本全国の人口は概数です。また、学科の各血液型の人数が自然数ではないのは、血液型が不明な者について、親族の血液型などから確率論的に取り扱った（O 型の確率 50%、A 型の確率 50% の場合、0.5 人を O 型に、0.5 人を A 型に算入）からです。

**表 12.3　類題 12.4 の元データと分析表**

| 集団／血液型 | 合計人数 | O | A | B | AB | | $\chi^2$ | 確率 |
|---|---|---|---|---|---|---|---|---|
| | | 割合または人数 | | | | | | |
| 日本全国 | 126890000 | 29% | 39% | 22% | 10% | 理想 | | |
| 福岡県 | 5071968 | 29% | 42% | 21% | 9% | 現実 | | |
| 青森県 | 1373339 | 33% | 33% | 25% | 8% | 現実 | | |
| 岩手県 | 1330147 | 34% | 34% | 23% | 8% | 現実 | | |
| 茨城県 | 2969770 | 32% | 35% | 23% | 11% | 現実 | | |
| 機械工学科 | 132 | 36.30 | 47.00 | 30.30 | 18.30 | 現実 | | |
| | | | | | | 理想 | | |

国によって割合は違います。
そもそも、正しい割合があるわけではありません。

**答え**

　式 (12.3) に従って、**表 12.4** が完成できます。各県については、割合ではなく人数を代入してください。念のため、学科の $\chi^2$ を出す式は以下の通りです。

$$Z = \chi^2 = \frac{(36.30 - 132 \cdot 0.29)^2}{132 \cdot 0.29} + \frac{(47.00 - 132 \cdot 0.39)^2}{132 \cdot 0.39} + \cdots = 2.52$$

　それぞれの $\chi^2$ から、それ以上に割合が偏る（つまり $\chi^2$ が大きくなる）確率を求めたところ、学科は 47%、各県はほぼ 0% となりました。すなわち、クラスの血液型割合はかなり理想的であり、各県の割合は理想から大きく外れていました。

　各県は要素数（県人口）が多いので、その分 $\chi^2$ が大きくなります。式 (12.3) より、10 人中 6 人が女子であるとき（$\chi^2 = 3.2$）と 100 人中 60人が女子であるとき（$\chi^2 = 32$）は、$\chi^2$ が 10 倍違うことがわかります。要素数が多くなっても消えない割合の偏りは、実在しているだろうということです。

表 12.4　類題 12.4 の元データおよび分析データ

| 集団 | 血液型 合計人数 | O | A | B | AB | | $\chi^2$ | 確率 |
|---|---|---|---|---|---|---|---|---|
| | | 割合または人数 | | | | | | |
| 日本全国 | 126890000 | 29% | 39% | 22% | 10% | 理想 | | |
| 福岡県 | 5071968 | 29% | 42% | 21% | 9% | 現実 | 19081.95 | 0.00 |
| 青森県 | 1373339 | 33% | 33% | 25% | 8% | 現実 | 31365.58 | 0.00 |
| 岩手県 | 1330147 | 34% | 34% | 23% | 8% | 現実 | 25918.57 | 0.00 |
| 茨城県 | 2969770 | 32% | 35% | 23% | 11% | 現実 | 25719.86 | 0.00 |
| 機械工学科 | 132 | 36.30 | 47.00 | 30.30 | 18.30 | 現実 | 2.52 | 0.47 |
| | | 38.28 | 51.48 | 29.04 | 13.20 | 理想 | | |

上記の類題 12.4 において、次の数値を Excel で求めましょう。

(1)　元値（学科＝現実：セル S36:V36、理想：セル S37:V37 とします）
　　　から、適合確率を計算しましょう。
(2)　既知の $Z$ 値（セル X36）から、適合確率を計算しましょう。
(3)　既知の適合性の危険率（セル B34）に対応する、$Z$ 値を計算しま
　　　しょう。

答え

(1)　=CHITEST(S36:V36,S37:V37)
　　　● 第 1 引数と第 2 引数は、現実と理想の集団のデータ範囲です。
(2)　=CHIDIST(X36,3)
　　　● 第 1 引数は、$Z$ 値です。
　　　● 第 2 引数は、自由度です。
(3)　=CHIINV(B34,3)
　　　● 第 1 引数は、適合性の危険率です。
　　　● 第 2 引数は、自由度です。

## (2)　独立性検定

例 12.3　　第 4 章の例 4.3（再）

　上述の適合度検定を、以下のように考えて相関関係に応用することができます。これを**独立性検定**と言います。

　英語能力 $i$ は低い側から $1, \ldots, 6$、英語への関心 $j$ は薄い側から $1, \ldots, 6$ とします。全階級数 $N$ は $6 \times 6 = 36$ で、自由度は $(6-1) \times (6-1) = 25$ です。各 $i, j$ の度数を $f_{ij}$、英語能力に関する度数（横合計）を $f_i$（例えば $f_{i=1} = 3$）、英語への関心に関する度数（縦合計）を $f_j$（例えば $f_{j=2} = 11$）と表すことにします。

　各 $i, j$ の度数の理想値 $f_{ij}{}^*$ は**表 12.5** のように $\dfrac{f_i f_j}{N}$ とします。

　その後、各 $i, j$ に対して式 (12.3) を実施すると、**表 12.6** のように $Z = 65.908$ と計算できます。対応する確率はほぼ 0 です。

**表 12.5　例 12.3 の理想値**

| $f_{ij}^{*}$ | 1 | 2 | 3 | 4 | 5 | 6 | 合計 |
|---|---|---|---|---|---|---|---|
| 6 | 0.195 | 0.357 | 1.557 | 2.173 | 1.557 | 0.162 | 6 |
| 5 | 0.941 | 1.724 | 7.524 | 10.503 | 7.524 | 0.784 | 29 |
| 4 | 2.076 | 3.805 | 16.605 | 23.178 | 16.605 | 1.730 | 64 |
| 3 | 2.173 | 3.984 | 17.384 | 24.265 | 17.384 | 1.811 | 67 |
| 2 | 0.519 | 0.951 | 4.151 | 5.795 | 4.151 | 0.432 | 16 |
| 1 | 0.097 | 0.178 | 0.778 | 1.086 | 0.778 | 0.081 | 3 |
| 合計 | 6 | 11 | 48 | 67 | 48 | 5 | 185 |

**表 12.6　例 12.3 の $Z$ 値**

| $Z_{ij}$ | 1 | 2 | 3 | 4 | 5 | 6 | 合計 |
|---|---|---|---|---|---|---|---|
| 6 | 0.195 | 0.357 | 1.557 | 0.633 | 1.338 | 20.829 | 24.908 |
| 5 | 0.004 | 1.724 | 1.651 | 0.024 | 1.606 | 1.887 | 6.895 |
| 4 | 0.557 | 0.857 | 0.345 | 0.060 | 0.345 | 0.308 | 2.472 |
| 3 | 0.633 | 6.316 | 0.022 | 0.575 | 2.344 | 1.811 | 11.701 |
| 2 | 11.863 | 0.951 | 1.955 | 0.556 | 1.115 | 0.432 | 16.872 |
| 1 | 0.097 | 0.178 | 0.778 | 0.007 | 1.917 | 0.081 | 3.059 |
| 合計 | 13.349 | 10.384 | 6.308 | 1.854 | 8.665 | 25.348 | 65.908 |

　ここで、理想通りとは、英語能力と関心の「独立性が良い」＝「相関がない」状態です。すなわち、確率 0 とは相関性が認められるという意味です。ちなみに、相関係数は 0.3 でした（第 4 章）。

---

**類題 12.6**

　パズル好きな人、読書好きな人、スポーツ好きな人それぞれ 30 人に、数学、国語、体育のどれかで受験できる大学を受ける際にどれを選ぶかを尋ねました。表 12.7 がその結果です。この独立性検定をしましょう。

**表 12.7　類題 12.6 の現実値**

| $f_{ij}$ | 体育 | 国語 | 数学 | 合計 |
|---|---|---|---|---|
| パズル | 2 | 1 | 27 | 30 |
| 読書 | 1 | 26 | 3 | 30 |
| スポーツ | 25 | 3 | 2 | 30 |
| 合計 | 28 | 30 | 32 | 90 |

**答え**

表 12.8 に理想値を、表 12.9 に $Z$ 値を一覧にします。$Z$ 値の合計は大変大きく、大変強い相関性が認められます。例えば、

$$f_{31}{}^* = 28 \times 30 \div 90 = 9.33 \qquad (i = 3：スポーツ、j = 1：体育)$$

などと求めます。

<table>
<tr><td colspan="5" align="center">表 12.8　類題 12.6 の理想値</td></tr>
<tr><td>$f_{ij}{}^*$</td><td>体育</td><td>国語</td><td>数学</td><td>合計</td></tr>
<tr><td>パズル</td><td>9.33</td><td>10.00</td><td>10.67</td><td>30.00</td></tr>
<tr><td>読書</td><td>9.33</td><td>10.00</td><td>10.67</td><td>30.00</td></tr>
<tr><td>スポーツ</td><td>9.33</td><td>10.00</td><td>10.67</td><td>30.00</td></tr>
<tr><td>合計</td><td>28.00</td><td>30.00</td><td>32.00</td><td>90.00</td></tr>
</table>

<table>
<tr><td colspan="5" align="center">表 12.9　類題 12.6 の $Z$ 値</td></tr>
<tr><td>$Z_{ij}$</td><td>体育</td><td>国語</td><td>数学</td><td>合計</td></tr>
<tr><td>パズル</td><td>5.76</td><td>8.10</td><td>25.01</td><td>38.87</td></tr>
<tr><td>読書</td><td>7.44</td><td>25.60</td><td>5.51</td><td>38.55</td></tr>
<tr><td>スポーツ</td><td>26.30</td><td>4.90</td><td>7.04</td><td>38.24</td></tr>
<tr><td>合計</td><td>39.50</td><td>38.60</td><td>37.56</td><td>115.66</td></tr>
</table>

# 12.3　F 分布

本節では、分散分析などに用いられる **F 分布** の定義と概要を説明します。また、最も基本的な F 分布を適用した検定問題に触れます。

## (1)　定　義

カイ二乗分布に従う独立な 2 変数 $\chi_1{}^2$（自由度 $k_1$）と $\chi_2{}^2$（自由度 $k_2$）の比を、式 (12.5) で定義する $F$ で考えます。このとき、$F$ は、図 12.1（次ページ）に示すような確率密度分布（式は省略）を示します。母数は自由度 $k_1$ と自由度 $k_2$ の二つです。

$$F(k_1,\, k_2) = \frac{\dfrac{\chi_1{}^2}{k_1}}{\dfrac{\chi_2{}^2}{k_2}} \tag{12.5}$$

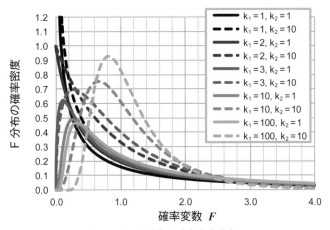

**図 12.1 F 分布の確率密度分布**

---

**類題 12.7**

正規分布 $N(\mu, \sigma^2)$ に従う母集団から、二つの標本集団を無作為抽出しました。

- $N(\mu_1, \sigma_1{}^2)$ に従う標本集団 $\{x_{1,j} : j = 1, \ldots, N_1\}$
- $N(\mu_2, \sigma_2{}^2)$ に従う標本集団 $\{x_{2,j} : j = 1, \ldots, N_2\}$

(1) 各標本 $x_{i,j}$ を線形変換し、標準正規分布に従う標本集団 $z_{i,j}$ を作りましょう。

(2) カイ二乗分布に従う値を二つ作りましょう。

(3) 上記のカイ二乗分布の自由度を示しましょう。

(4) F 分布に従う値を作りましょう。

---

**答え**

(1) $z_{i,j} = \dfrac{x_{i,j} - \mu_i}{\sigma_i}$ （∵ 式 (6.10)）

(2) $Z_i = \chi_i{}^2 = \displaystyle\sum_{j=1}^{N_i} z_{i,j}{}^2 = \sum_{j=1}^{N_i} \left( \dfrac{x_{i,j} - \mu_i}{\sigma_i} \right)^2$ （∵ 式 (11.4)）

(3) $N_i$

(4)

$$F(N_1,\,N_2) = \frac{\dfrac{{\chi_1}^2}{N_1}}{\dfrac{{\chi_2}^2}{N_2}} = \frac{N_2}{N_1}\frac{\displaystyle\sum_{j=1}^{N_1}\left(\dfrac{x_{1,j}-\mu_1}{\sigma_1}\right)^2}{\displaystyle\sum_{j=1}^{N_2}\left(\dfrac{x_{2,j}-\mu_2}{\sigma_2}\right)^2}$$

$$= \frac{{\sigma_2}^2}{{\sigma_1}^2}\frac{\dfrac{1}{N_1}\displaystyle\sum_{j=1}^{N_1}(x_{1,j}-\mu_1)^2}{\dfrac{1}{N_2}\displaystyle\sum_{j=1}^{N_2}(x_{2,j}-\mu_2)^2}$$

$$= \frac{{\sigma_2}^2}{{\sigma_1}^2}\frac{{\sigma_1}^2}{{\sigma_2}^2} = 1 \quad (\because \text{式 (12.5)})$$

同じ母集団からとったデータなので、比較しても当然、同じになりました。

## （2）　一般的な二つの標本集団の比較

類題 12.7（211 ページ）において、もし母集団が異なる場合には、標本集団から母集団を推定するために自由度が一つ減り、標本分散ではなく標本不偏分散 $\breve{\sigma_i}^2$ を用います。この結果、<u>任意の二つの正規分布に従う標本</u>について式 (12.6) が成立します。

$$F(N_1-1,\,N_2-1) = \frac{{\sigma_2}^2}{{\sigma_1}^2}\frac{\breve{\sigma_1}^2}{\breve{\sigma_2}^2} \tag{12.6}$$

---

**類題 12.8**

正規分布 $N(-2,\,13)$ に従う母集団 A から 23 要素を無作為抽出し、不偏分散が 11 の標本集団を作りました。

また、正規分布 $N(3,\,17)$ に従う母集団 B から 7 要素を無作為抽出し、不偏分散が 19 の標本集団を作りました。

(1)　F 分布に従う変数を計算しましょう。

(2)　この F 分布の自由度はいくつでしょうか。

**答え**

(1) $F(22, 6) = \dfrac{17}{13} \dfrac{11}{19} = 0.757$ （$\because$ 式 (12.5)）

二つの自由度を交換すると、この逆数になります。

(2) 上記の場合、$k_1 = 23 - 1 = 22$、$k_2 = 7 - 1 = 6$。

### (3) 分散検定

F 分布の累積分布は、自由度が二つあるので大量になります。したがって、Excel が一般的になっている現在では、累積分布表は使いません。

他方、正規分布からずっと累積分布表を見て検定してきたので、表 12.10（218 ページ）に一例を示します。

---

**類題 12.9**

類題 12.8 (1) で求めた F 値は確定値ですが、本来は母分散が不明で、F が確定しないことが多いです。母分散がわからないときに、母集団 A と B の分散が同じかどうかの検定をしましょう。

---

**答え**

分散が同じだとすると、$F(22, 6) = \dfrac{11}{19} = 0.579$ になります。本来、同じ母分散であれば標本分散も同じであってほしいのですが、あいにく、ずれてしまうことがほとんどです。これよりもっとずれると、F 値はもっと小さくなります。

$F(22, 6)$ の累積分布表は本書にはありませんが、Excel などで調べると、危険率 5% 検定に際して $0 \leq F(22, 6) \leq 0.3923$ の間の累積確率が 5% であることがわかります。$0.3923 < 0.579$ なので、A と B の母分散が異なるとは言えない、となります。

通常、分散検定では、片側検定します。母分散の大小関係と標本分散の大小関係が同じ、と考えられるという発想です。もちろん、両側検定をすることもあります。

> **類題 12.10**　🅧 **Excel の問題**
>
> 上記の類題 12.9 において、次の数値を Excel で求めましょう。
>
> (1) F 値（セル W79 とします）から、対応する右側確率を出しましょう。
> (2) 既知の適合性の危険率（セル W78）に対応する、F 値を出しましょう。

**答え**

(1)　=FDIST(W79,22,6)
- 第 1 引数は、F 値です。
- 第 2 引数と第 3 引数は、二つの自由度です。

(2)　=FINV(W78,22,6)
- 第 1 引数は、危険率（167 ページ）です。
- 第 2 引数と第 3 引数は、二つの自由度です。

# 12.4　ワイブル分布

　時間劣化を表現するのに用いられる**ワイブル分布**の定義と概要を説明します。また、最も基本的な疲労試験結果への当てはめについて、簡単に説明します。

## (1)　最弱リンク理論

　鎖を構成する環のどれが壊れても、鎖は機能しなくなります。壊れた環は、おそらく最も弱い環だったと推察されます。全体の強度が最も弱い局所に支配されるこの理屈を、**最弱リンク理論**（モデル）と称します。

　鎖が $m$ 個の同じ環で構成され、一つの環が壊れる確率を $p$ とすると、鎖全体がつながっている確率 $P_n$ は式 (12.7) で表されます。

$$P_m = (1 - p)^m = (e^{-p})^m = \exp(-p^m) \qquad (\because \ 式 (L\text{-}1)) \tag{12.7}$$

すなわち、最弱リンク理論は、本質的には指数関数で表現されています。

　最弱リンク理論は、部品で構成される機械のほか、人員で構成される組織、個々の機能で構成される仕組みなど、たくさんの物事に適用できます。

> **類題 12.11**
>
> 次の物事のうち、最弱リンク理論に従うものはどれでしょうか。
>
> (1) チェーン状のネックレス
> (2) 人において、感覚器から得た情報に基づき大脳で現状を認識する仕組み
> (3) 自動車において、エンジン、ドライブシャフト、ギア、タイヤなどで構成される駆動系

**答え**

(1) 従います。

(2) ある程度従います。視覚だけが弱まっても、他の能力でカバーすることにより、認識能力を完全には失いません。

(3) 従います。どれか 1 か所破損しても、自動車は動きません。

## (2) 定 義

普通、物は時間とともに弱くなります。そこで、式 (12.7) で用いた確率 $p$ を、時間 $t$ とともに線形に増大する確率 $\dfrac{t}{\eta}$ に置き換えた式 (12.8) を考えます。$F(t:m, \eta)$ は、$m$ 個の部品で構成される系の健全確率を表します。これが、ワイブル分布の累積分布関数の定義式です。母数は、尺度パラメータ $\eta$ とワイブル係数 $m$ です。

$$F(t : m, \eta) = \exp\left\{ - \left(\frac{t}{\eta}\right)^m \right\} \tag{12.8}$$

また、故障確率は式 (12.9) です。**不信頼度**と呼ぶこともあります。

$$F_R(t : m, \eta) \equiv 1 - \exp\left\{ - \left(\frac{t}{\eta}\right)^m \right\} \tag{12.9}$$

ここで、式 (12.8) を時間 $t$ に関して微分すると、式 (12.10) の通り、ワイブル分布の確率密度関数を得られます。見ての通り、ややこしい関数なので、普通は式 (12.8) を直接使います。非指数部分 $\lambda(x)$ を**故障係数**、指数部分 $R(x)$ を**減衰関数**と呼びます。

$$f(t:m, \eta) = \frac{m}{\eta} \left( \frac{t}{\eta} \right)^{m-1} \cdot \exp \left\{ -\left( \frac{t}{\eta} \right)^m \right\} \equiv \lambda(t) \cdot R(t) \tag{12.10}$$

$$\lambda(x) \equiv \frac{m}{\eta} \left( \frac{x}{\eta} \right)^{m-1}, \qquad R(x) \equiv \exp \left\{ -\left( \frac{x}{\eta} \right)^m \right\} \rightarrow 1 \tag{12.11}$$

ワイブル分布の確率密度関数は、$\eta = 1$ の場合は指数分布（第 8 章）に、$\eta = 2$ の場合はレイリー分布と呼ばれるものに一致します。

---

**類題 12.12**

ワイブル分布について、以下の各問に答えましょう。

(1) 破損に対して、正規分布との考え方の違いを考えてみましょう。

(2) 二つの母数は何でしょうか。

(3) そのうち、経年劣化が激しいときに大きくなるのはどちらでしょうか。

---

**答え**

(1) 部品の形状や材質のバラつきや不具合と言った巨視的（平均的）な不良性は、正規分布で整理しやすいです。一方で、材料の最弱部にできた破損が全体に及ぶ現象は、極めて局所的（確率論的）です。

(2) $\eta$ と $m$ です。

(3) 両方です。

$m \approx 3.6$ あるいは $3.26$ で正規分布に近似できます。二つの母数が変わると分布がどう変わるか、どんな現象を説明するのに適しているかを、いろいろ調べてみましょう[59]。

## (3)　ワイブルプロット

疲労試験結果は、よくワイブル分布（**ワイブルプロット**）に当てはめられます。その際、横軸 $X$ に（試験片が壊れたときの）繰り返し回数 $N$ や経過時間 $t$ を、縦軸 $Y$ に故障確率 $F_R$（試験片全数中何体壊れたか）を割り当てます。

ワイブル分布の累積分布関数を示す式 (12.9) を、式 (12.12) の通り変形して

使います。

$$Y = m(X - \ln \eta) \tag{12.12}$$

$$\left( ただし、Y = \ln \left\{ \ln \left( \frac{1}{1 - F_R} \right) \right\}, \quad X = \ln t \right)$$

疲労試験以外にも、腐食やクリープ等の材料が時々刻々壊れていく現象を扱う試験の結果を整理する際に、ワイブル分布への当てはめがよく行われます[57]。試験や議論の内容によって、横軸と縦軸を適切に選択します。

結果を整理する際には、$m$ に注目します。$m$ は試験方法や材料によって広くバラつき[58]、一般的には大きいほど、同一材料における試験対象となっている特性のバラつきは小さくなります。

## 表 12.10　F 分布の累積分布関数値の一覧表

| $F(k_1,k_2)$ | $k_1=1, k_2=1$ | $k_1=1, k_2=5$ | $k_1=2, k_2=1$ | $k_1=2, k_2=5$ | $k_1=3, k_2=1$ | $k_1=3, k_2=5$ | $k_1=5, k_2=1$ | $k_1=5, k_2=5$ | $k_1=9, k_2=1$ | $k_1=9, k_2=5$ |
|---|---|---|---|---|---|---|---|---|---|---|
| 0.0 | 0.999 999 | 0.999 999 | 1.000 000 | 1.000 000 | 1.000 000 | 1.000 000 | 1.000 000 | 1.000 000 | 1.000 000 | 1.000 000 |
| 0.001 | 0.979 875 | 0.975 996 | 0.999 001 | 0.999 001 | 0.999 931 | 0.999 950 | 0.999 999 | 1.000 000 | 1.000 000 | 1.000 000 |
| 0.002 | 0.971 548 | 0.966 061 | 0.998 006 | 0.998 003 | 0.999 804 | 0.999 859 | 0.999 997 | 0.999 999 | 1.000 000 | 1.000 000 |
| 0.005 | 0.955 059 | 0.946 369 | 0.995 037 | 0.995 017 | 0.999 234 | 0.999 446 | 0.999 968 | 0.999 991 | 1.000 000 | 1.000 000 |
| 0.010 | 0.936 549 | 0.924 230 | 0.990 148 | 0.990 070 | 0.997 872 | 0.998 444 | 0.999 829 | 0.999 948 | 0.999 996 | 1.000 000 |
| 0.020 | 0.910 561 | 0.893 058 | 0.980 581 | 0.980 277 | 0.994 184 | 0.995 663 | 0.999 125 | 0.999 714 | 0.999 942 | 0.999 997 |
| 0.05 | 0.859 951 | 0.831 912 | 0.953 463 | 0.951 699 | 0.979 165 | 0.983 563 | 0.993 434 | 0.997 448 | 0.998 450 | 0.999 876 |
| 0.10 | 0.805 018 | 0.764 605 | 0.912 871 | 0.906 602 | 0.949 218 | 0.956 581 | 0.974 969 | 0.987 758 | 0.988 492 | 0.998 208 |
| 0.15 | 0.764 763 | 0.714 473 | 0.877 058 | 0.864 441 | 0.918 361 | 0.925 340 | 0.950 687 | 0.971 165 | 0.970 400 | 0.992 678 |
| 0.20 | 0.732 280 | 0.673 428 | 0.845 154 | 0.824 975 | 0.888 633 | 0.892 184 | 0.924 413 | 0.949 030 | 0.947 823 | 0.981 858 |
| 0.25 | 0.704 833 | 0.638 299 | 0.816 497 | 0.787 986 | 0.860 674 | 0.858 387 | 0.898 061 | 0.922 811 | 0.923 447 | 0.965 489 |
| 0.30 | 0.680 994 | 0.607 435 | 0.790 569 | 0.753 277 | 0.834 630 | 0.824 714 | 0.872 536 | 0.893 791 | 0.898 823 | 0.944 103 |
| 0.4 | 0.640 983 | 0.554 878 | 0.745 356 | 0.690 009 | 0.788 015 | 0.759 464 | 0.825 312 | 0.831 316 | 0.851 695 | 0.890 026 |
| 0.5 | 0.608 173 | 0.511 084 | 0.707 107 | 0.633 938 | 0.747 785 | 0.698 453 | 0.783 563 | 0.767 489 | 0.809 053 | 0.827 290 |
| 0.6 | 0.580 431 | 0.473 597 | 0.674 200 | 0.584 044 | 0.712 810 | 0.642 353 | 0.746 830 | 0.705 638 | 0.771 121 | 0.761 975 |
| 0.7 | 0.556 468 | 0.440 925 | 0.645 497 | 0.539 480 | 0.682 132 | 0.591 222 | 0.714 409 | 0.647 471 | 0.737 459 | 0.697 978 |
| 0.8 | 0.535 441 | 0.412 075 | 0.620 174 | 0.499 534 | 0.654 985 | 0.544 835 | 0.685 627 | 0.593 733 | 0.707 494 | 0.637 483 |
| 0.9 | 0.516 761 | 0.386 346 | 0.597 614 | 0.463 610 | 0.630 766 | 0.502 843 | 0.659 910 | 0.544 613 | 0.680 684 | 0.581 533 |
| 1.0 | 0.500 000 | 0.363 217 | 0.577 350 | 0.431 201 | 0.608 998 | 0.464 855 | 0.636 783 | 0.500 000 | 0.656 564 | 0.530 476 |
| 1.1 | 0.484 837 | 0.342 293 | 0.559 017 | 0.401 878 | 0.589 304 | 0.430 480 | 0.615 858 | 0.459 626 | 0.634 740 | 0.484 263 |
| 1.2 | 0.471 023 | 0.323 260 | 0.542 326 | 0.375 272 | 0.571 379 | 0.399 349 | 0.596 820 | 0.423 152 | 0.614 888 | 0.442 633 |
| 1.3 | 0.458 363 | 0.305 868 | 0.527 046 | 0.351 068 | 0.554 979 | 0.371 120 | 0.579 409 | 0.390 223 | 0.596 741 | 0.405 224 |
| 1.4 | 0.446 700 | 0.289 911 | 0.512 989 | 0.328 994 | 0.539 901 | 0.345 484 | 0.563 412 | 0.360 486 | 0.580 075 | 0.371 643 |
| 1.5 | 0.435 906 | 0.275 220 | 0.500 000 | 0.308 816 | 0.525 979 | 0.322 165 | 0.548 651 | 0.333 610 | 0.564 706 | 0.341 496 |
| 1.6 | 0.425 876 | 0.261 652 | 0.487 950 | 0.290 329 | 0.513 073 | 0.300 917 | 0.534 977 | 0.309 291 | 0.550 476 | 0.314 413 |
| 1.7 | 0.416 522 | 0.249 086 | 0.476 731 | 0.273 355 | 0.501 066 | 0.281 522 | 0.522 266 | 0.287 255 | 0.537 254 | 0.290 054 |
| 1.8 | 0.407 769 | 0.237 419 | 0.466 252 | 0.257 738 | 0.489 860 | 0.263 785 | 0.510 410 | 0.267 255 | 0.524 929 | 0.268 111 |
| 1.9 | 0.399 555 | 0.226 562 | 0.456 435 | 0.243 343 | 0.479 369 | 0.247 536 | 0.499 320 | 0.249 072 | 0.513 405 | 0.248 310 |
| 2.0 | 0.391 827 | 0.216 437 | 0.447 214 | 0.230 048 | 0.469 522 | 0.232 624 | 0.488 916 | 0.232 511 | 0.502 601 | 0.230 409 |
| 2.1 | 0.384 536 | 0.206 977 | 0.438 529 | 0.217 749 | 0.460 255 | 0.218 915 | 0.479 132 | 0.217 402 | 0.492 445 | 0.214 194 |
| 2.2 | 0.377 643 | 0.198 121 | 0.430 331 | 0.206 350 | 0.451 514 | 0.206 290 | 0.469 908 | 0.203 591 | 0.482 875 | 0.199 477 |
| 2.3 | 0.371 112 | 0.189 818 | 0.422 577 | 0.195 770 | 0.443 251 | 0.194 644 | 0.461 195 | 0.190 945 | 0.473 838 | 0.186 093 |
| 2.4 | 0.364 913 | 0.182 021 | 0.415 227 | 0.185 934 | 0.435 424 | 0.183 885 | 0.452 946 | 0.179 344 | 0.465 287 | 0.173 898 |
| 2.5 | 0.359 017 | 0.174 688 | 0.408 248 | 0.176 777 | 0.427 997 | 0.173 928 | 0.445 122 | 0.168 684 | 0.457 179 | 0.162 764 |
| 2.6 | 0.353 401 | 0.167 782 | 0.401 610 | 0.168 238 | 0.420 935 | 0.164 700 | 0.437 688 | 0.158 872 | 0.449 478 | 0.152 579 |
| 2.7 | 0.348 043 | 0.161 270 | 0.395 285 | 0.160 266 | 0.414 212 | 0.156 134 | 0.430 613 | 0.149 825 | 0.442 152 | 0.143 245 |
| 2.8 | 0.342 924 | 0.155 122 | 0.389 249 | 0.152 813 | 0.407 800 | 0.148 173 | 0.423 868 | 0.141 471 | 0.435 171 | 0.134 675 |
| 2.9 | 0.338 026 | 0.149 310 | 0.383 482 | 0.145 836 | 0.401 675 | 0.140 762 | 0.417 430 | 0.133 743 | 0.428 509 | 0.126 792 |
| 3.0 | 0.333 333 | 0.143 811 | 0.377 964 | 0.139 297 | 0.395 819 | 0.133 855 | 0.411 276 | 0.126 585 | 0.422 142 | 0.119 529 |
| 3.2 | 0.324 510 | 0.133 662 | 0.367 607 | 0.127 398 | 0.384 833 | 0.121 385 | 0.399 739 | 0.113 774 | 0.410 213 | 0.106 630 |
| 3.4 | 0.316 357 | 0.124 520 | 0.358 057 | 0.116 875 | 0.374 713 | 0.110 470 | 0.389 119 | 0.102 686 | 0.399 238 | 0.095 574 |
| 3.6 | 0.308 792 | 0.116 256 | 0.349 215 | 0.107 529 | 0.365 350 | 0.100 872 | 0.379 301 | 0.093 038 | 0.389 096 | 0.086 040 |
| 3.8 | 0.301 748 | 0.108 759 | 0.340 997 | 0.099 197 | 0.356 655 | 0.092 395 | 0.370 188 | 0.084 601 | 0.379 688 | 0.077 773 |
| 4.0 | 0.295 167 | 0.101 939 | 0.333 333 | 0.091 742 | 0.348 552 | 0.084 877 | 0.361 701 | 0.077 189 | 0.370 929 | 0.070 566 |
| 4.5 | 0.280 438 | 0.087 359 | 0.316 228 | 0.076 226 | 0.330 485 | 0.069 451 | 0.342 796 | 0.062 200 | 0.351 430 | 0.056 168 |
| 5.0 | 0.267 720 | 0.075 587 | 0.301 511 | 0.064 150 | 0.314 962 | 0.057 669 | 0.326 572 | 0.050 970 | 0.334 710 | 0.045 548 |
| 5.5 | 0.256 594 | 0.065 952 | 0.288 675 | 0.054 592 | 0.301 438 | 0.048 498 | 0.312 450 | 0.042 374 | 0.320 167 | 0.037 528 |
| 6.0 | 0.246 752 | 0.057 973 | 0.277 350 | 0.046 914 | 0.289 518 | 0.041 241 | 0.300 013 | 0.035 672 | 0.307 367 | 0.031 347 |
| 7.0 | 0.230 053 | 0.045 659 | 0.258 199 | 0.035 526 | 0.269 385 | 0.030 677 | 0.279 029 | 0.026 091 | 0.285 783 | 0.022 635 |
| 8.0 | 0.216 347 | 0.036 743 | 0.242 536 | 0.027 662 | 0.252 940 | 0.023 541 | 0.261 907 | 0.019 753 | 0.268 186 | 0.016 964 |
| 9.0 | 0.204 833 | 0.030 099 | 0.229 416 | 0.022 035 | 0.239 180 | 0.018 527 | 0.247 593 | 0.015 375 | 0.253 483 | 0.013 096 |
| 10.0 | 0.194 982 | 0.025 031 | 0.218 218 | 0.017 889 | 0.227 445 | 0.014 889 | 0.235 395 | 0.012 242 | 0.240 959 | 0.010 357 |
| 20.0 | 0.140 049 | 0.006 566 | 0.156 174 | 0.004 115 | 0.162 575 | 0.003 250 | 0.168 088 | 0.002 552 | 0.171 944 | 0.002 089 |
| 30.0 | 0.114 964 | 0.002 765 | 0.128 037 | 0.001 641 | 0.133 227 | 0.001 270 | 0.137 696 | 0.000 980 | 0.140 821 | 0.000 793 |

全ての数値は、小数点以下 6 桁で表示してあります。

## 章　末　問　題

💎 **12.1** F 市在住の日本人の母親と白人の母親 10 名ずつの身長を比べてみました。最終的に、人種間の身長差があるかどうかを論じようと思います。

- (1) 表 12.11 を埋めなさい。
- (2) 日本人と白人の母親それぞれ 10 人の身長は、何と呼ばれるデータか述べなさい。
- (3) 日本人と白人の母親それぞれ全員の身長は、何と呼ばれるデータか述べなさい。
- (4) 何検定をすればよいか述べなさい。
- (5) 人種間に身長差がなければ、何と何が同じになるか述べなさい。
- (6) 累積分布を求める際に用いるべき値を求めなさい。
- (7) 対応する累積分布を求めなさい（次に、両側検定をします）。
- (8) 両側検定 5% で、身長差の有無を論じなさい。

**表 12.11　F 市在住の日本人と白人の母親の身長一覧**

| 日本人の母親 | | | | 白人の母親 | | | |
|---|---|---|---|---|---|---|---|
| 名前 | 身長 | | | 名前 | 身長 | | |
| | 元値 | 偏差 | 偏差$^2$ | | 元値 | 偏差 | 偏差$^2$ |
| 百合江 | 158.2 | | | Scarlett | 158.4 | | |
| 弥　生 | 162.3 | | | Patricia | 174.8 | | |
| 優　美 | 168.2 | | | Helen | 159.6 | | |
| 花　蓮 | 158.3 | | | Lune | 177.8 | | |
| 冴由里 | 159.8 | | | Rose | 174.1 | | |
| 真理子 | 155.7 | | | Irina | 157.3 | | |
| 雪　子 | 151.9 | | | Romy | 169.6 | | |
| 雅　美 | 165.8 | | | Micaela | 156.8 | | |
| 美　和 | 161.4 | | | Aurora | 182.5 | | |
| 鋭利子 | 159.1 | | | Emma | 170.4 | | |
| 平均値 | | 分散 | | 平均値 | | 分散 | |

💎 **12.2** ジョーカーを除くトランプ 52 枚から 12 枚が配布され、確認したところ ♠6 枚、♢3 枚、♡2 枚、♣1 枚でした。これが珍しいかどうかを考えます。

- (1) それぞれのスートは、理想的には何枚手元にくるか述べなさい。

(2) 何検定をすればよいか述べなさい。

(3) 累積分布を求める際に用いるべき値を求めなさい。

(4) 対応する累積分布を求めなさい（次に片側検定します）。

(5) 片側検定 5% で、この手札の不ぞろいさを論じなさい。

◈ **12.3** 女子大生 195 人に、食べたいデザートのケーキセットの組合せを尋ねました。表 12.12 がその結果です。この独立性検定をしなさい。

表 12.12　章末問題 12.3 の実値

| $f_{ij}$ | チョコレート | イチゴ | チーズ | 合計 |
|---|---|---|---|---|
| コーヒー | 19 | 46 | 27 | 92 |
| 紅茶 | 22 | 39 | 42 | 103 |
| 合計 | 41 | 85 | 69 | 195 |

(1) 理想人数を合計値から計算し、それを基に $Z$ を求めなさい。

(2) 飲み物とケーキの独立性を論じなさい。

(3) 次の式から、$Z_{i=1}$ と $Z_{i=2}$ を計算しなさい。

$$Z_{i=1} = \frac{n^2}{f_{i=1} \cdot f_{i=2}} \left\{ \sum_{j=1}^{3} \left( \frac{f_{1j}{}^2}{f_j} \right) - \left( \frac{f_{i=1}{}^2}{n} \right) \right\} \quad (12.13)$$

$$Z_{i=2} = \frac{n^2}{f_{i=1} \cdot f_{i=2}} \left\{ \sum_{j=1}^{3} \left( \frac{f_{2j}{}^2}{f_j} \right) - \left( \frac{f_{i=2}{}^2}{n} \right) \right\} \quad (12.14)$$

◈ **12.4** F 分布について、次の各問に答えなさい。

(1) 自由度が $(2, 1)$ のとき、変数 $F : 0 \leq F \leq 2.4$ の累積確率を求めなさい。

(2) 自由度が $(1, 1)$ のとき、変数 $F : F_a \leq F$ の累積確率が 0.5 になる $F_a$ の値を求めなさい。

(3) 自由度が $(5, 1)$ のときの $F = 0.1$ の場合と、累積分布値の和が 1 になる、自由度 $(5, 1)$ のときの $F$ を求めなさい。

(4) 正規分布 $N(11, 7)$ に従う母集団 A から 10 要素を無作為抽出した標本集団 A′ の不偏分散が 20、正規分布 $N(-23, 5)$ に従う母集団 B から 6 要素を無作為抽出した標本集団 B′ の不偏分散が 4 でした。F 分布に従う変数と、対応する累積分布値を求めなさい。

**12.5** 母集団から 100 人を無作為抽出した部分集団が、男 $x$ 人と女 $(100 - x)$ 人で構成されています。次の各問に答えなさい。

(1) 取り扱うべき確率変数を $x$ で表しなさい。

(2) 母集団の男女数が同じと言える $x$ を、5% 危険率で論じなさい。

(3) 危険率 1% の珍事として、女が多くなるような $x$ を求めなさい。

**12.6** 某年行われた共通一次試験は、某県立高校の A 組 35 人の平均が 785 点、不偏分散が 2507 点$^2$ で、B 組 34 人の平均が 792 点、不偏分散が 3387 点$^2$ と言う結果でした。A 組と B 組の学力レベルが同じかどうかを、母分散が同じと仮定して、危険率 5% の両側検定をしなさい。

**12.7** 表 12.13 は、同時購入した $N = 10$ の機械が故障するまでに稼働した時間を、早く故障した順番に示しています。設問に順に答えて、このデータをワイブル分布に当てはめなさい。

(1) この 10 個の機械の破損数 $N_{\mathrm{liv}}$ から、次の式 (12.15) で定義される平均ランク故障確率 $F_{\mathrm{ave}}$ を計算しなさい（$N < 20$ 程度のサンプル数が少ない場合には、$N_{\mathrm{liv}}$ ではなく $F_{\mathrm{ave}}$ で整理します）。

$$F_{\mathrm{ave}} = \frac{N_{\mathrm{liv}}}{N + 1} \tag{12.15}$$

(2) $X = \ln t$ と $Y = \ln\left\{\ln\left(\dfrac{1}{1 - F_R}\right)\right\}$ を求めなさい。

(3) ワイブル分布の母数 $\eta$ と $m$ を求めなさい。式 (12.12) を用いてもよいし、グラフを描いて作図で求めてもよいです。

**表 12.13　ある機械の破損履歴（白紙）**

| 機械番号 | 故障時間〔h〕 | 故障確率 $N_{\mathrm{liv}}$ | 故障確率 $F_{\mathrm{ave}}$ | ワイブル変数 $X$ | ワイブル変数 $Y$ |
|---|---|---|---|---|---|
| 3 | 620 | | | | |
| 7 | 789 | | | | |
| 1 | 1230 | | | | |
| 6 | 1344 | | | | |
| 10 | 1458 | | | | |
| 2 | 1793 | | | | |
| 8 | 2359 | | | | |
| 9 | 2789 | | | | |
| 5 | 3671 | | | | |
| 4 | 4028 | | | | |

◆ **12.8**　あるダイエット食品を愛用している 100 人を調査しました。摂取前の体重は、平均 49.3 kg で分散 95.2 kg² でした。また、1 か月間、このダイエット食品を摂取した後の体重は、平均 47.6 kg で分散 114.8 kg² でした。このダイエット食品の効果があったかどうかを論じなさい。

◆ **12.9**　式 (12.8) に示すワイブル分布の累積分布関数を見て、次の各問に答えなさい。

    (1)　式 (12.8) において破損確率を示す部分を抜き出して書きなさい。また、この破損確率の特徴を簡単に説明しなさい。

    (2)　母数 $\eta$ はどんな意味を持つか、簡単に説明しなさい。

    (3)　母数 $m$ はどんな意味を持つか、簡単に説明しなさい。

◆ **12.10**　血液型 OA（A 型）の父と OB（B 型）の母から生まれた子ども 100 人に対して血液型を調べたところ、A 型が 29 人、B 型が 19 人、AB 型が 33 人、O 型が 19 人でした。次の各問に答えなさい。

    (1)　それぞれの血液型の出現確率はいくらか、計算しなさい。

    (2)　カイ二乗分布に従う値を計算しなさい。

    (3)　この調査結果がどの程度、珍事か、簡単に説明しなさい。

◆ **12.11**　表 3.1（46 ページ）に示した男女の身長データを標本データとみなし、女子データの変動と男子データの変動のバラつきの大小について論じなさい。

◆ **12.12**　A 市と B 市の間に新幹線の駅を作るかどうかを、それぞれの市で代表者を選び議論しました。A 市では代表者 125 人中 71 人が、B 市では 208 人中 93 人が賛成意見でした。単純に多数決で考えると、A 市は賛成、B 市は反対となりますが、いずれにしても五分五分に近く市民の理解が得られないと判断し、両市は議論を続けることにしました。次の各問に答えなさい。

    (1)　両市の住人の間に意見の乖離がそもそもあるのかどうか、気になります。これを危険率 5% で検定しなさい。

    (2)　さて、結論はどうすべきか、簡潔に述べなさい。

# 章末問題の解答例

## 第1章

**1.1** (1) 「予言」「予知」「予感」には、主観的根拠はあっても、客観的根拠はありません。また、「予定」は最終的には主観的根拠に左右されます。

(2) 「予報」は、常に確率論的根拠に基づきます。例えば、天気予報の降雨確率は、同じ気圧配置になった過去100日のうち、降雨になった日数のことです。なお、「予想」「予期」「予想」「予期」「予断」も、それぞれ確率論的根拠に基づくときがあります。

(3) 「予測」＞「予報」＞「予想」＞「予断」＞「予言」

**1.2** (1) 「データ」は、推論に基づき結論を出すための「情報」で、基本的には数値でなければいけません。また、情報とは「事件や物事の事情や内容などの知らせ、知識や資料、または信号など」と一般に定義されます。

(2) 「予測」よりも「予報」のほうが他力本願的です。また、「予想」には期待が、「予定」には意志が含まれ、「予断」には判断が伴います。ちなみに問題にはありませんが、「予知」は事前に認識することで、「予言」は非科学的ですね。

(3) 被験者がどう思っているのかを直接質問するのが主観調査で、体重や血圧などの測定、観察により行うのが客観調査です。

(4) データはまず、直接データと間接データに大別されます。さらに、間接データは、予定データ、隔靴データ、遭遇データに細分されます。

**1.3** (1) 得られるデータに個人情報が含まれていなければ必要ありません。

(2) 選択形式でも、30問もあったら10分は掛かりそうです。質問の厳選をすべきでしょう。

(3) 必要ではありませんが、手間の掛かるアンケートへの協力者を増やすために謝礼をつける方法も考えられます。

(4) データ漏洩対策をしっかりすれば、むしろデータを不特定多数から数多く得られる可能性が増し、さらにデータ処理が容易になるかもしれません。

(5) 被験者が希望した場合には、個人情報に触れない程度の説明をすべきですが、基本的には報告義務はありません。

**1.4** 全体をその一部から予測するための学問であり、それを道具として駆使できて初めて価値が見出せます。

**1.5** (1) 中学校や高校の 1 クラス（約 30〜40 人）程度であれば全数調査も可能ですが、日本全体や世界全体の規模になると、データ数は膨大となり、とても収集できません。その際は、一部のデータから全体を推測することが必要になります（第 9 章）。

(2) 「いま何時かな」と朝起きて時計を見て確認した時刻は、データになり得ます。また、持病のモニタリングをするために血圧を測っていれば、これもデータです。さらに、新聞を広げて昨日起こった出来事の情報を得ることになるでしょう。その横で、TV から流れてくる映像や音楽など、挙げ出すと枚挙に暇がありません。

(3) 気にしていない情報は、情報として認識されていません。逆に、気にしすぎると情報過剰となり、どうすれば良いかわからなくなったり、振り回されたりしてしまいます。もともと人間は、必要な情報だけを認識して、必要な処理をするように作られています。

(4) 最近は、Web からいくらでも個人のコメントが得られるようになりました。対して、週刊誌はゴシップ性を優先させて誇張したり、憶測なのにいかにも事実らしく表現したりすることもあります。50% は正しくない（間違いかというと、完全に間違っていないことも多いのですが……）と考えるのが身の安全上大切かもしれません。

(5) とろうと思ったデータ（情報）が「4」だとします。誰がみても 4 は 4 ですが、その 4 をどう捉えるかは、状況やデータ収集者によって異なってくることがあります。人間は、こうあってほしいという邪念が入ると、情報を見間違える（錯誤する）危険性が多分にある生き物です。正確にデータを得るためには、常に客観的、論理的な落ち着いた姿勢が必要です。

**1.6** (1) いわゆる個人情報が該当します。例えば、次の通りです。体を傷つけない非侵襲検査でも、医療情報収集には負担が付き物です。

- 住所や電話番号：本人の居場所を特定されるので。
- 氏名や顔写真：本人であることを特定されるので。
- 学歴や離婚歴：他人に知られたくない場合があるので。
- 血液：採取時に痛みを伴い、また量によっては身体にも負担が掛かるので。
- CT や MRI 画像：放射線や磁場にさらされ、体や内蔵の形や状態が

わかってしまうので。

●脈波や発汗状態：そのときの精神状態を知られてしまうので。

(2) データ（情報）の大切さやデータ（情報）提供者の負担をよく理解し、必要最小限のデータ（情報）から最大限の効果を得られるように、事前計画を十分練ります。なるべく直接データを多く取得し、データ数を増やしすぎないようにします。

**1.7** (1) 処理の過程においては、定性的な言葉ではなく、定量的な数値データのほうが扱いやすいです。したがって、方向性としては、間違っていないでしょう。

(2) 耳への負担は、使用時間だけでなく、音量や、聴いた音の特性等も勘案すべきです。ただ、被験者の負担が増えるので、まずは何はともあれ累積使用時間を抑えることが第一歩と割り切るのは、妥当な判断でしょう。

(3) ほとんどの人がイヤフォンの使用記録など付けていないでしょうから、これを直接得ることは不可能と言えます。

(4) 目的データである累積使用時間を推測、あるいは計算するための別の直接データが必要になります。つまり、目的データは、間接データになります。したがって、直接データを何にして、そこからどう目的データを得るかに、調査者の知恵が試されることになります。例えば、1 日平均、あるいは週平均の使用時間が何となくわかれば、それに使用期間を乗じて概数が得られるのではないかと考えられます。この場合、「① 1 週間のおおよその平均使用時間」と「②使用年数」を尋ねることになります。

**1.8** ①目的、②表、③近い、④結論、⑤推論、⑥仮説、⑦今後の課題
※ ③以降は、意味が近い別の文言でも構いません。

**1.9** (1) いつ、どこで、誰が、どうやって得たデータかを明記し、いつでも参照できるようにしながらも、紛失や漏洩が起きないように厳重に保管します。

(2) 直接データについては、グラフ化等の適切な処理をして的確な解釈に努めます。また、間接データについては、求めるデータを導出できるデータ処理を見出すように工夫し、しかる後に直接データ同様の処理と分析を心掛けます。

**1.10** (1)　①種類や形式、②データ量

(2)　メールの通信記録、スマホの通話記録、LINE の通信記録、通信販売の購入記録など。さらに、Web 上に入力した情報はすべてビッグデータになります。

(3)　防犯カメラの映像、マイナンバー、住所、氏名、年齢など。

(4)　サーバ。全世界的な大型サーバは、「クラウド」と呼ばれます。

(5)　ビッグデータへのアクセスが簡単で、安価であること。

(6)　非構造化データ、非定型データ、時系列性、リアルタイム性。

(7)　個人データがすでに多数存在していることや、従来、認識していなかった真実を見出す可能性があることから、決して悪意で解析しないことこそが、今後の人類の平和のために必要だと考えます。公平性を欠いた、政治利用や軍事利用がないように、全員で監視しましょう。

**1.11** (1)　口頭試問、アンケート調査、選挙の出口調査など。

(2)　血液検査、知能テスト、遺伝子検査、CT や MRI など。

(3)　交通量の調査、雲の流れの観察、火山活動の監視、共通テストの採点など。

**1.12**　一つの見解として、解答例を提示します。

> 査読論文（真偽の審査を受けた論文）＞ 学会報告
> ＞ 行政広報・新聞記事や TV 情報 ＞ 特許・広告
> ＞ 週刊誌・Web の情報（発信者無記名）

補足します。学会報告は、チェックがないので間違っている可能性があります。特許は商売上の手段なので、必ずしも真実が記載されていないことがあります。また、発信者不明の Web 上の情報は、基本的にまずは信憑性や正確性を疑うべきです。ちなみに、TV 情報は、新聞の記事に基づいて作られることが多いようです。残念ながら、最近は論文の改ざんをして査読者の目をごまかす研究者も増えてきたようなので、査読論文も 100% は信頼できないですね。

## 第 2 章

**2.1**

(1)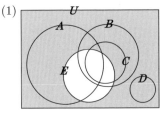

(2)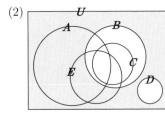

(3)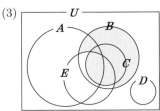

(4) $\emptyset$

(5)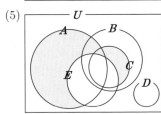

(6)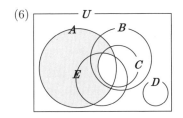

(7)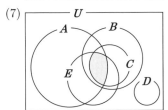

**2.2**

(1) $\displaystyle {}_nP_1 = \frac{n!}{(n-1)!} = n$

(2) $\displaystyle {}_nP_n = \frac{n!}{(n-n)!} = n!$

(3) $\displaystyle {}_8P_3 = \frac{8!}{(8-3)!} = \frac{8!}{5!} = 8 \times 7 \times 6 = 336$

(4) $\displaystyle {}_7P_4 = \frac{7!}{(7-4)!} = 7 \times 6 \times 5 \times 4 = 840$

(5) $\displaystyle {}_7P_3 = \frac{7!}{(7-3)!} = 7 \times 6 \times 5 = 210$

　　すなわち、${}_nP_k \neq {}_nP_{n-k}$

(6) $\displaystyle {}_nC_1 = \frac{n!}{(n-1)!1!} = {}_nP_1 = n$

(7) $\quad {}_nC_n = \dfrac{n!}{(n-n)!n!} = 1$

(8) $\quad {}_6C_2 = \dfrac{6!}{(6-2)!2!} = \dfrac{6 \cdot 5}{2 \cdot 1} = 15$

(9) $\quad {}_7C_4 = \dfrac{7!}{(7-4)!4!} = \dfrac{7 \cdot 6 \cdot 5}{3 \cdot 2 \cdot 1} = 35$

(10) $\quad {}_7C_3 = \dfrac{7!}{(7-3)!3!} = \dfrac{7 \cdot 6 \cdot 5}{3 \cdot 2 \cdot 1} = 35$

すなわち、${}_nC_k = {}_nC_{n-k}$

(11) $\quad {}_nC_k + {}_nC_{k-1}$

$$= \frac{n!}{(n-k)!\,k!} + \frac{n!}{(n-k+1)!\,(k-1)!}$$

$$= \frac{(n+1-k)\,n!}{(n+1-k)!\,k!} + \frac{k\,n!}{(n+1-k)!\,k!} = \frac{(n+1)!}{(n+1-k)!\,k!}$$

$$= {}_{n+1}C_k$$

**2.3** この問題は、数学の「整数」分野の基礎問題の一つですが、「集合」分野の問題でもあります。数学の問題には、複数の分野にまたがるものがよくありますが、別の言い方をすると、同じ問題に対していろいろな考え方のアプローチが可能なのです。関係ないと思いこんでいた二つの分野が頭の中でつながったとき、数学の面白さがわかります。

さて、本問題では、全体集合 $U$ を $50$ までの自然数、集合 $A$ を $5$ で割り切れる数、集合 $B$ を $7$ で割り切れる数とみなして解けます。全数調査でも求めることはできますが、数を計算で出せるようになるとよいでしょう。

$A = \{5,\ 10,\ 15,\ 20,\ 25,\ 30,\ 35,\ 40,\ 45,\ 50\}$

$n(A) = 10 \quad (\because\ 50 \div 5 = 10)$

$B = \{7,\ 14,\ 21,\ 28,\ 35,\ 42,\ 49\}$

$n(B) = 7 \quad (\because\ 50 \div 7 = 7 \cdots 1)$

$C = \{4,\ 8,\ 12,\ 16,\ 20,\ 24,\ 28,\ 32,\ 36,\ 40,\ 44,\ 48\}$

$n(C) = 12 \quad (\because\ 50 \div 4 = 12 \cdots 2)$

ヴェン図を描けば、全体の見通しが良くなります。

(1) $\quad n(A) + n(B) - n(A \cap B)$ が求めるべき数です。

$$n(A \cap B) = 1 \quad (\because\ 50 \div 35 = 1 \cdots 15)$$

したがって、答えは $10 + 7 - 1 = 16$。

具体的には、次の要素となります。

　　　5, 7, 10, 14, 15, 20, 21, 25, 28, 30, 35, 40, 42, 45, 49, 50

(2)　$n(C) - n(A \cap C)$ が求めるべき数です。

$$n(A \cap C) = 2 \quad (\because \ 50 \div 20 = 2 \cdots 10)$$

したがって、答えは $12 - 2 = 10$。

具体的には、次の要素となります。

　　　4, 8, 12, 16, 24, 28, 32, 36, 44, 48

(3)　$n(\overline{A}) + n(\overline{B}) - n(\overline{A \cap B})$ が求めるべき数です。

$$n(\overline{A}) = 50 - 10 = 40, \quad n(\overline{B}) = 50 - 7 = 43$$

$$n(\overline{A \cap B}) = 50 - 1 = 49$$

したがって、答えは $40 + 43 - 49 = 34$。

具体的には、次の要素となります。

　　　1, 2, 3, 4, 6, 8, 9, 11, 12, 13, 16, 17, 18, 19, 22, 23, 24, 26,

　　　27, 29, 31, 32, 33, 34, 36, 37, 38, 39, 41, 43, 44, 46, 47, 48

(4)　$\dfrac{16}{50} = 32 \ [\%]$

ちなみに、(1) と (3) の関係は、ド・モルガンの法則

$$\overline{A \cap B} = \overline{A} \cup \overline{B}, \quad \overline{A \cup B} = \overline{A} \cap \overline{B}$$

より、互いに補集合であることがわかります。実際、両者の要素数を足すと 50 となり、要素を確認すると互いに補完し合っています。

**2.4**　(1)　1 枚目の「S」を「S1」、2 枚目の「S」を「S2」と考えることまでは例 2.4 などと同じですが、この問題においては「S1」と「S2」が両方配列されるとは限りません。そこで、場合分けします。

- 両方配列される場合：「S1」と「S2」のほかに、3 枚から 1 枚をとります。その選び方は $_3C_1 = 3$ ［通り］です。したがって、配列は、$_3C_1 \cdot \dfrac{_3P_3}{_2P_2} = 9$ ［通り］です。

- 片方配列される場合：「S1」または「S2」のほかに、3 枚から 2 枚をとります。その選び方は $_3C_2 = 3$ ［通り］です。したがって、配列は、$_3C_2 \cdot _3P_3 = 18$ ［通り］です。

- 両方配列されない場合：A、E、T から選ぶので、$_3P_3 = 6$ ［通り］。

以上より、合計 33 通りと求まります。

(2)　「A」「E」「SS」「T」のカードから、「SS」とその他 1 枚を取り出す配列を考えれば求まります。ここで、「SS」の位置は 2 通りで、残りの

3 枚から 1 枚を配列する順番は $_3P_1 = 3$〔通り〕です。したがって、$2 \times 3 = 6$〔通り〕です。

(3) $\dfrac{33-6}{33} = \dfrac{27}{33} = \dfrac{9}{11}$

**2.5** (1) ①試行、②独立

(2) 目の和が 10 になる数字の組合せは、数字を大きい順に並べると以下の通りになります。

$$6+3+1, \quad 6+2+2,$$
$$5+4+1, \quad 5+3+2,$$
$$4+4+2, \quad 4+3+3$$

これを順列とみなすと、

$$6+3+1, \quad 5+4+1, \quad 5+3+2$$

の組合せは $_3P_3 = 6$〔通り〕。

また、

$$6+2+2, \quad 4+4+2, \quad 4+3+3$$

の組合せは $\dfrac{_3P_3}{_2P_2} = 3$〔通り〕。

したがって、合計して $3 \times 6 + 3 \times 3 = 27$〔通り〕。

サイコロの出方は $6 \times 6 \times 6$〔通り〕なので、確率は

$$\frac{27}{6 \times 6 \times 6} = \frac{1}{8}$$

となります。

(3) 例えば、「目の和が 9 になる事象」「全ての目が同じ数字になる事象」「4 以上の目が出ない事象」など。

**2.6** これも、数学の定番である問題の一つです。

まず 180 を素因数分解します。

$$180 = 2^2 \times 3^2 \times 5$$

つまり、2 枚の「2」、2 枚の「3」、1 枚の「5」から自由に選んで積を計算する問題に置き換えられます。「2」と「3」は 3 通りのとり方、「5」は 2 通りのとり方があるので、合計

$$3 \times 3 \times 2 = 18$$〔個〕

の約数（1 を含む）があることがわかります。

**2.7** (1) $\dfrac{1}{3}$

(2) 6 回中 2 回 2 マス進み、4 回 1 マス戻れば、元の位置にいることになります。3 の倍数が 6 回中 2 回出る組合せは、$_6C_2 = 15$〔通り〕です。

(3) 3 の倍数が 6 回中 2 回だけ出る確率は、

$$_6C_2 \left(\frac{1}{3}\right)^2 \left(\frac{2}{3}\right)^{6-2} = \frac{80}{243}$$

です。

(4) $_nC_r P(X)^r (1 - P(X))^{n-r}$

**2.8** (1) これは、「2 本とも外れる」ことがない確率を求めることと同じです。この排反である「2 本とも外れる」確率は

$$\frac{7}{10} \times \frac{6}{9} = \frac{7}{15}$$

なので、その補事象の確率は $\dfrac{8}{15} = 53.3$〔%〕と求められます。

(2) 全体集合は、8 枚のカードから 2 枚選んで作った 2 桁の数字と同じなので、$8 \times 7 = 56$〔通り〕です。また、いずれかに選ばれる確率は、いずれにも選ばれない確率の残りです。

そして、自分がいずれにも選ばれない選び方は、ほかの 7 人から代表者と会計を選ぶことと同じなので、$7 \times 6 = 42$〔通り〕です。

したがって、確率は

$$\frac{56 - 42}{56} = 25 \,〔\%〕$$

となります。

(3) ●赤が往復する確率は $\dfrac{3}{8} \times \dfrac{3}{6} = \dfrac{9}{48}$

●白が往復する確率は $\dfrac{5}{8} \times \dfrac{4}{6} = \dfrac{20}{48}$

したがって、

$$\frac{9}{48} + \frac{20}{48} = \frac{29}{48}$$

が答えです。

**2.9** 6 本から 2 本を選ぶ通りは、$_6C_2 = \dfrac{6 \cdot 5}{2 \cdot 1} = 15$。縦線と横線それぞれ 15 通りの選び方があるので、合計で $15 \times 15 = 225$ 通り。

**2.10** (1) ●13 の ♠ から、6 枚が手元に来る組合せは、$_{13}C_6 = 1716$〔通り〕。

●13 の ♢ から、3 枚が手元に来る組合せは、$_{13}C_3 = 286$〔通り〕。

●13 の ♡ から、2 枚が手元に来る組合せは、$_{13}C_2 = 78$〔通り〕。

●13 の ♣ から、1 枚が手元に来る組合せは、$_{13}C_1 = 13$〔通り〕。

したがって、全体では

$$_{13}C_6 \times {}_{13}C_3 \times {}_{13}C_2 \times {}_{13}C_1 = 4.97646864 \times 10^8 \,[\text{通り}]。$$

(2) $_{52}C_{12} = 2063.79406870 \times 10^8 \,[\text{通り}]$

(3) $_{13}C_6 \times {}_{13}C_3 \times {}_{13}C_2 \times {}_{13}C_1 \div {}_{52}C_{12} = 0.00241 = 0.241 \,[\%]$
であり、珍しいと言えます。

**2.11** 東に行くことをカード「→」、北に行くことをカード「↑」に対応させると、この問題は 6 枚の「→」と 5 枚の「↑」の順列問題に置き換えられます。

(1) 全部で 11 枚のカードの同じ物を含む順列なので、

$$11! \div 6! \div 5! = 462 \,[\text{通り}]$$

です。もちろん、$_{11}C_6 \times {}_5C_5$ と計算しても求められます。

(2) ● A から時計台へは $5! \div 3! \div 2! = 10 \,[\text{通り}]$
● 時計台から B へは $6! \div 3! \div 3! = 20 \,[\text{通り}]$
したがって、$10 \times 20 = 200 \,[\text{通り}]$。

(3) ● A から C へは $6! \div 3! \div 3! = 20 \,[\text{通り}]$
● C から B へは $5! \div 3! \div 2! = 10 \,[\text{通り}]$
C を通るルートは、$20 \times 10 = 200 \,[\text{通り}]$ です。したがって、C を通らないルートは

$$462 - 200 = 262 \,[\text{通り}]$$

です。

(4) 緑地を横切らないわけにはいきませんので、極力避けるには緑地に面する道を通らないことになります。この結果、「→」四つと「↑」三つの順列問題になり、

$$7! \div 4! \div 3! = 35 \,[\text{通り}]$$

となります。もちろん、$_7C_4 \times {}_4C_4$ と計算しても求められます。

**2.12** (1) 円に内接しているので、どの三つの頂点をとっても直線上には並びません。また、どの辺の長さも等しくないので、どの 3 点を選んでも異なる三角形になります。したがって、$_nC_3 \,[\text{通り}]$ です。

(2) 「6 辺をどう 3 分割するか」という問題に帰着できます。これを樹形図に描くと、図 2.A のように 3 通りあることがわかります。その 3 通りの三角形を、図 2.B に示します。

図 2.A

図 2.B

(3) 例えば、正六角形から頂点が一つ増えると、辺の最小値が 1 の場合の組合せが一つ増えます（分割する辺長が 114、123 の 2 通りだったのが、115、124、133 の 3 通りになります）。他方、辺の最小値が 2 の場合の組合せは増えません。

次に、正七角形から頂点が一つ増えると、辺の最小値が 1 の場合の組合せは増えず、2 の場合の組合せが増えます（分割する辺長が 222 の 1 通りだったのが、224、233 の 2 通りになります）。

正六角形から正七角形までは、頂点が一つ増えると、組合せが 1 ずつ増えていきます。さらに、頂点が三つ増えると、辺の最小値が一つ大きい組合せが一つ増えます。この結果、組合せは二つ増えます。

以上を表にまとめると、表 2.A のようになります。表の最上行は 4 を示します。

また、左端の 1、2、3、4、5 は辺の最小値を示し、例えば $n = 10$ の列は、正十角形の場合には、辺の最小値が 1 の三角形が四つ、2 の三角形が三つ、3 の三角形が一つ作れると表記しています。正十七角形の場合には、24 通りです。

**表 2.A　樹形図としての一覧表**

| n | 3 | 4 | 5 | 6 | 7 | 8 | 9 | 10 | 11 | 12 | 13 | 14 | 15 | 16 | 17 | ·· |
|---|---|---|---|---|---|---|---|---|---|---|---|---|---|---|---|---|
| 1 | 1 | 1 | 2 | 2 | 3 | 3 | 4 | 4 | 5 | 5 | 6 | 6 | 7 | 7 | 8 | ·· |
| 2 | | | | 1 | 1 | 2 | 2 | 3 | 3 | 4 | 4 | 5 | 5 | 6 | 6 | ·· |
| 3 | | | | | | | 1 | 1 | 2 | 2 | 3 | 3 | 4 | 4 | 5 | ·· |
| 4 | | | | | | | | | | 1 | 1 | 2 | 2 | 3 | 3 | ·· |
| 5 | | | | | | | | | | | | | 1 | 1 | 2 | ·· |
| 計 | 1 | 1 | 2 | 3 | 4 | 5 | 7 | 8 | 10 | 12 | 14 | 16 | 19 | 21 | 24 | ·· |

**2.13** (1) ● 実際の L サイズの割合 $P(L) = \dfrac{8}{13}$

● 実際の S サイズの割合 $P(S) = \dfrac{5}{13}$

● 実際に L サイズで、L サイズと判定される割合 $P_L(l) = 0.95$

●実際に S サイズで、L サイズと誤判定される割合 $P_S(l) = 0.04$

$$\therefore \ P(l) = P(L \cap l) + P(S \cap l)$$
$$= P(L)P_L(l) + P(S)P_S(l) = 60 \ [\%]$$

すなわち、L : S = 6 : 4 となります。表 2.B はミカンの総数が最小の場合の、題意を満たす個数です。

**表 2.B　判定結果表**

|      | L  | S  | 計 |
|------|----|----|----|
| L判定 | 38 | 1  | 39 |
| S判定 | 2  | 24 | 26 |
| 計   | 40 | 25 | 65 |

(2)　$P_l(S) = \dfrac{P(l \cap S)}{P(l)} = \dfrac{\frac{5}{13} \times 0.04}{0.6} \approx 2.56 \ [\%]$

**2.14**　「等式」の問題としてよく見かける問題ですが、十分数ある 3 種類の物から 13 個を選択する重複組合せ問題です。式 (2.11)（31 ページ）より、

$$_{3+13-1}C_{13} = 105 \ [通り]$$

**2.15**　(1)　$n(A \cup B) = n(A) + n(B)$。これを和の法則と言います。

　　　(2)　例えば、$A$ が偶数、$B$ が奇数とすると、互いに補集合です。

　　　　　あるいは、$A$ が 200 の倍数、$B$ が 20 の倍数とすると、$A$ は $U$ においては空集合です。ほかに、$A$ が 1 を除く $3^m$、$B$ が 1 を除く $5^m$ 等も当てはまります（$m$ は自然数）。

**2.16**　(1)　　$P(A) = \dfrac{16}{16+29}, \quad P(B) = \dfrac{29}{16+29}$

　　　　80 点未満である事象を $D$ とすると、

$$P_A(D) = 0.15, \quad P_B(D) = 0.2,$$
$$P(D) = P(A \cap D) + P(B \cap D)$$
$$= P(A)P_A(D) + P(B)P_B(D)$$
$$(\because \ 事象 A と B は互いに排反)$$
$$\therefore \ P(D) = \frac{16}{45} \cdot \frac{15}{100} + \frac{29}{45} \cdot \frac{20}{100} = \frac{41}{225} \approx 18.2 \ [\%]$$

　　　(2)

$$P_D(A) = \frac{P(A \cap D)}{P(D)} = \frac{16}{45} \cdot \frac{15}{100} \div \frac{41}{225} = \frac{48}{164} \approx 29.3 \ [\%]$$

表 2.C は、先生 A, B が教える生徒数が最小の場合の、題意を満たす人数です。

**表 2.C　試験結果**

|  | A | B | 計 |
|---|---|---|---|
| 上位 | 68 | 116 | 184 |
| 下位 | 12 | 29 | 41 |
| 計 | 80 | 145 | 225 |

**2.17** (1) $_7P_7 = 5040$〔通り〕

(2) 中間の 5 人の順列は、$_5P_5 = 120$〔通り〕です。姉妹は左右どちらかに行くので、配列は $120 \times 2 = 240$〔通り〕考えられます。したがって、確率は

$$240 \div 5040 = 4.76 \,[\%]$$

(3) 姉妹が隣り合わせになる確率を 1 から引けば、求められます。隣り合わせになる順列は、姉妹をまとめて 1 人として考え、後で姉妹の左右を入れ替えて 2 倍にして求めます。

6 人の順列は $_6P_6 = 720$〔通り〕なので、

$$\frac{5040 - 720 \times 2}{5040} = 71.4 \,[\%]$$

**2.18** (1) まず、図 2.13 の 12 時の方向を左端にして、横一列に 24 個の果物を展開します。この並べ方は

$$\frac{_{24}P_{24}}{_{14}P_{14} \cdot {}_{10}P_{10}}\text{〔通り〕}$$

あります。円順列なので、果実の数 24 で割った

$$\frac{_{24}P_{24}}{24 \cdot {}_{14}P_{14} \cdot {}_{10}P_{10}} = \frac{1961256}{12} = 81719 \,\text{〔通り〕}$$

になります。

(2) 仮にどこかで切ることを考えましょう。包丁を入れようとした右側半分のピース上にあるブルーベリーの数を $n$ 個（$0 \leq n \leq 10$）とすれば、左側半分のピース上にあるブルーベリーの数は $10 - n$ 個です。

まず、$n = 5$ であればブルーベリーは等分になっているので、切ってよいです。

他方、$n \neq 5$ であれば、切る線を例えば時計回りに、果実 1 個分ずつずらしていきます。すると、果実は一つ減って一つ増えるので、$n$ は $n + 1, n$ または $n - 1$ に変わります。最終的に $180°$ ずらすと、左右ピースが逆になり、$n$ は $10 - n$ になることを考えると、

- $n < 5$ であれば、$10 - n > 5$
- $n > 5$ であれば、$10 - n < 5$

なので、いずれにしても $180°$ ずらすまでの途中で $n = 5$ の場所が存在することになります。

つまり、円順列がどうであっても、必ず等分に切る位置はあります。したがって、確率は $100\%$ です。

(3) 上記の考え方において、ブルーベリーの数が $10$ であることを前提にしていませんので、$10$ 個である必要はありません。ただし、イチゴとブルーベリーの両方とも偶数でないと、整数で等分にはなりません。すなわち、イチゴとブルーベリーの数がそれぞれ偶数である必要があります。

## 第3章

**3.1** (1) 3.2

(2) 負の要素があるので、定義不可。

(3) 64.12

**3.2** 数値を扱うからには、数値の推移や分布はすぐにグラフにして、その特徴を形状として捉える習慣をつけてもらいたいところ。しかし、その余裕がない場合もあるかもしれません。

例えば、1992～2001 年、2001～2010 年、2010～2019 年の移動平均を比較しますと、それぞれ 16.43、16.61、16.62 であり、少しずつ上がっています。実際にグラフを描くと、ゆるやかな右上がりを示します。

**3.3**
$$\mu_y = \frac{1}{x_2 - x_1} \int_{x_1}^{x_2} f(x)dx = \frac{1}{1 - (-1)} \int_{-1}^{1} e^{-\frac{x}{2}} dx$$
$$= \frac{1}{2} \left[ -2e^{-\frac{x}{2}} \right]_{-1}^{1} = - \left( e^{-\frac{1}{2}} - e^{\frac{1}{2}} \right) = \sqrt{e} - \frac{1}{\sqrt{e}}$$
$$\approx 1.04$$

**3.4** (1) 全ての要素が同じ値。

(2) C は平均が B より 15 大きく、分散、第一四分位値などの、バラつきに関する特徴値は全て同じ。

(3) ●共通点：平均と中央値が同じで、第一四分位値と第三四分位値が平均から同じ距離なので、同じ位置にあって、概して左右対称です。

●相違点：第一四分位値と第三四分位値の間隔に 2 倍の差があるので、比較すると、分布 B は鋭い形で、分布 D はなだらか（場合によって

は台形や二山）な形であると言えます。

(4) 分布 E は、かなり左に寄った分布です。第一四分位値が 63、中央値が 55 違うので、概して第三四分位値は、等差数列的に考えて 47 程度低いのではないかと考えられます。

(5) ① E、② B、③ C、④ D、⑤ A。

**3.5** 表 3.A の通り。

**表 3.A　男子集団のデータ例（バラつきに関する間接データ付き）**[23,24]

| 2014 年男子 | | 年齢 | | | 身長 | | | 体重 | | |
|---|---|---|---|---|---|---|---|---|---|---|
| | | 実値 | 偏差 | 偏差$^2$ | 実値 | 偏差 | 偏差$^2$ | 実値 | 偏差 | 偏差$^2$ |
| 個人値 | 敬 | 25 | 2.67 | 7.11 | 178.0 | 6.20 | 38.44 | 74.0 | 6.13 | 37.62 |
| | 隆太郎 | 24 | 1.67 | 2.78 | 172.0 | 0.20 | 0.04 | 66.2 | −1.67 | 2.78 |
| | 大　地 | 22 | −0.33 | 0.11 | 171.0 | −0.80 | 0.64 | 70.0 | 2.13 | 4.55 |
| | 沙次郎 | 22 | −0.33 | 0.11 | 172.2 | 0.40 | 0.16 | 66.4 | −1.47 | 2.15 |
| | 周　夫 | 21 | −1.33 | 1.78 | 166.6 | −5.20 | 27.04 | 74.6 | 6.73 | 45.34 |
| | 譲 | 20 | −2.33 | 5.44 | 171.0 | −0.80 | 0.64 | 56.0 | −11.87 | 140.82 |
| | 相加平均 | 22.33 | | 2.89 | 171.8 | | 11.16 | 67.9 | | 38.88 |
| | 平方根 | | | 1.70 | | | 3.34 | | | 6.24 |
| 全国平均値 | 1994 年 | 25 | | | 170.8 | | | 64.4 | | |
| | 2004 年 | 25 | | | 171.8 | | | 66.5 | | |

**3.6** (1) 表 3.B（次ページ）の通り。

(2) 図 3.A（次ページ）の通り。

(3) 14 階級ヒストグラムでは不連続に見えていた（実際は階級幅が変わったので見かけ上、不連続になっただけです）1000 万円の階級が、7 階級ヒストグラムでは見えにくくなっています。

　　また、女性のヒストグラムは、7 階級では完全に右下がりですが、14 階級では山形をかろうじて呈しています。これ以上階級を減らすと、特徴が失われかねません。

(4) 男性は 500 万円以下、女性は 600 万円以下の人が増え、それ以上の年収の人は減りました。

**表 3.B　男女給与所得者の 2006 年と 2010 年の年収[25] 別人数度数分布表（7 階級）**

| 人数$N$〔千人〕 | | 男性 | | | | | | | |
| 年収〔万円〕 | | 2006年 | | | | 2010年 | | | |
| 0 ～ 200 ( 100 ) | | 2625 | .096 | 2625 | .096 | 2677 | .098 | 2677 | .098 |
| 200 ～ 400 ( 300 ) | | 8133 | .296 | 10758 | .392 | 9040 | .331 | 11717 | .429 |
| 400 ～ 600 ( 500 ) | | 8272 | .301 | 19030 | .693 | 8395 | .308 | 20112 | .737 |
| 600 ～ 800 ( 700 ) | | 4307 | .157 | 23337 | .850 | 3835 | .141 | 23947 | .878 |
| 800 ～ 1000 ( 900 ) | | 2033 | .074 | 25370 | .924 | 1734 | .064 | 25681 | .941 |
| 1000 ～ 2000 ( 1500 ) | | 1874 | .068 | 27244 | .993 | 1446 | .053 | 27127 | .994 |
| 2500 ～ ( － ) | | 202 | .007 | 27446 | 1 | 161 | .006 | 27288 | 1 |
| 合計 | | 27446 | | 累積 | | 27288 | | 累積 | |

| 人数$N$〔千人〕 | | 女性 | | | | | | | |
| 年収〔万円〕 | | 2006年 | | | | 2010年 | | | |
| 0 ～ 200 ( 100 ) | | 7597 | .436 | 7597 | .436 | 7775 | .426 | 7775 | .426 |
| 200 ～ 400 ( 300 ) | | 6654 | .382 | 14251 | .817 | 7191 | .394 | 14966 | .821 |
| 400 ～ 600 ( 500 ) | | 2291 | .131 | 16542 | .949 | 2404 | .132 | 17370 | .953 |
| 600 ～ 800 ( 700 ) | | 554 | .032 | 17096 | .980 | 552 | .030 | 17922 | .983 |
| 800 ～ 1000 ( 900 ) | | 177 | .010 | 17273 | .991 | 167 | .009 | 18089 | .992 |
| 1000 ～ 2000 ( 1500 ) | | 144 | .008 | 17417 | .999 | 124 | .007 | 18213 | .999 |
| 2500 ～ ( － ) | | 21 | .001 | 17438 | 1 | 19 | .001 | 18232 | 1 |
| 合計 | | 17438 | | 累積 | | 18232 | | 累積 | |

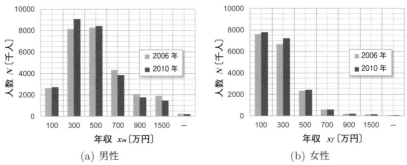

(a) 男性　　　　　　　　　(b) 女性

**図 3.A　年収分布（7 階級）**

**3.7**　(1)　6 と 12 の調和平均です。

$$\frac{1}{\frac{1}{6}+\frac{1}{12}}=4\ [\Omega]$$

(2)　表 3.C の通りで、3.3 です。

(3)　●左図：円周角同一と直角につき、$\triangle$AXM $\infty$
$\triangle$BXN（$\because$ 2 角同一）なので、AX : XM =
XN : BX。また、XM = XN。

$$\therefore\ \text{AX}\times\text{BX}=\text{AM}^2=\text{AN}^2$$

AX と BX の相乗平均になっているのは
AM および AN。

| 表 3.C | 期待値 | |
|---|---|---|
| 目 | 確率 | 期待値 |
| 1 | $\frac{1}{10}$ | 0.1 |
| 2 | $\frac{3}{10}$ | 0.6 |
| 3 | $\frac{2}{10}$ | 0.6 |
| 4 | $\frac{1}{10}$ | 0.4 |
| 5 | $\frac{2}{10}$ | 1.0 |
| 6 | $\frac{1}{10}$ | 0.6 |
| | $\frac{10}{10}$ | 3.3 |

●右図：$\angle$XCB = $\angle$XAC につき、$\triangle$ XCB $\infty$
$\triangle$ XAC（$\because$ $\angle$X 共通より 2 角同一）なので、XA : XC = XC : XB。

$$\therefore\ \text{AX}\times\text{BX}=\text{XC}^2$$

AX と BX の相乗平均になっているのは XC。
これらが、有名な方冪の定理です。

(4)

$$\sigma^2\equiv\frac{S}{n}=\frac{1}{n}\sum_{i=1}^{n}\Delta x_i{}^2=\frac{1}{n}\sum_{i=1}^{n}(x_i-\mu_x)^2$$

$$=\frac{1}{n}\sum_{i=1}^{n}(x_i{}^2-2x_i\mu_x+\mu_x{}^2)$$

$$\begin{cases}\text{第 2 項：}\dfrac{1}{n}\sum_{i=1}^{n}2x_i\mu_x=-\dfrac{1}{n}\sum_{i=1}^{n}2x_i\mu_x\\[2ex]\qquad\qquad\qquad=-2\mu_x\left(\dfrac{1}{n}\sum_{i=1}^{n}x_i\right)=-2\mu_x{}^2\\[3ex]\text{第 3 項：}\dfrac{1}{n}\sum_{i=1}^{n}\mu_x{}^2=\dfrac{1}{n}\sum_{i=1}^{n}\mu_x{}^2=\mu_x{}^2\dfrac{1}{n}\sum_{i=1}^{n}1=\mu_x{}^2\dfrac{n}{n}=\mu_x{}^2\end{cases}$$

$$\therefore\ \frac{1}{n}\sum_{i=1}^{n}(x_i{}^2-2x_i\mu_x+\mu_x{}^2)=\frac{1}{n}\sum_{i=1}^{n}x_i{}^2-2\mu_x{}^2+\mu_x{}^2$$

$$=\frac{1}{n}\sum_{i=1}^{n}x_i{}^2-\mu_x{}^2$$

手計算をするときには、この式で分散を計算すると簡単です。

**3.8** (1) 実際に起こった現象の話なので、期待値ではなく平均です。

(2) これはまだ起こっていない話なので、平均ではなく期待値です。

(3) 正しいです。

(4) 実際に集合 $XY$ を作り要素は存在しているので、期待値ではなく平均です。期待値の和や積の公式は、平均にも適用できます。

**3.9** (1) $\mu_x = \dfrac{240}{15} = 16$ なので、$\mu_y = 2 \times 16 - 10 = 22$。

(2) $T_x = 8 \times (-2) = -16$ なので、$T_y = -5 \times (-16) + 8 \times 4 = 112$。

(3) $\sigma_x^2 = \dfrac{70}{10} = 7$ なので、$\sigma_y^2 = 3^2 \times 7 = 63$。

(4) $S_x = 2^2 \times 6 = 24$ なので、$S_y = 0.5^2 \times 24 = 6$。

**3.10** 赤のサイコロの目を $X$、黄を $Y$、緑を $Z$ とします。

(1) $$E(XYZ) = E(XY \cdot Z) = E(XY)E(Z) = E(X)E(Y)E(Z)$$
$$= 3.5^3 = 42.875$$

(2) $$E(X + Y + Z) = E(X) + E(Y) + E(Z) = 3.5 \times 3 = 10.5$$

また、
$$V(X + Y + Z) = V\{(X + Y) + Z\} = V(X + Y) + V(Z)$$
$$= V(X) + V(Y) + V(Z)$$

$$V(X) = V(Y) = V(Z)$$
$$= \{(6 - 3.5)^2 + (5 - 3.5)^2 + (4 - 3.5)^2$$
$$+ (3 - 3.5)^2 + (2 - 3.5)^2 + (1 - 3.5)^2\} \div 6$$
$$= \frac{17.5}{6}$$

$$\therefore V(X + Y + Z) = \frac{17.5}{2} = 8.75$$

(3) $$E(X + 10Y + 100Z) = E(X) + 10E(Y) + 100E(Z)$$
$$= 3.5 + 35 + 350 = 388.5$$

$$V(X + 10Y + 100Z) = V(X) + 100V(Y) + 10000V(Z)$$
$$= \frac{17.5 + 1750 + 175000}{6}$$
$$= \frac{176767.5}{6} \approx 29461.1$$

**3.11** (1) 図 3.B の通り。

(2) 平均は 11.1、第一四分位値は 5.21、中央値は 7.17、第三四分位値は 18.25、最頻値は 5、最大値は 22、最小値は 3。

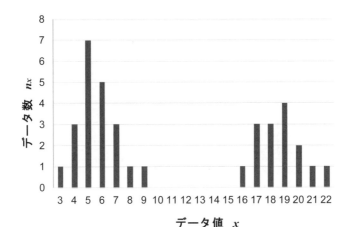

**図 3.B 章末問題 3.11 の答えのヒストグラム**

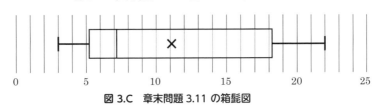

**図 3.C 章末問題 3.11 の箱髭図**

(3) この二山は離れているので、一つの値だけで全体を代表させるのはとても難しいです。少なくとも、第一四分位値、中央値、第三四分位値は必要でしょう。

(4) 図 3.C の通り。最小値と第一四分位値、最大値と第三四分位値が近く、また第一四分位値と中央値も近いです。したがって、要素が両端に寄って二山になっていることがわかり、さらに中位値が寄っている山のほうが大きいこともわかります。

平均は確かに全体の位置を示してはいますが、平均には要素はなく、分布の特徴を示しているとは言えません。

# 第4章

## 4.1

| | | | | |
|---|---|---|---|---|
| (1) 0 | (2) −1 | (3) 1 | (4) 0.8 | (5) 0.6 |
| (6) 0.3 | (7) 0 | (8) 1 | (9) 0 | (10) 0 |

## 4.2

表4.4を完成すると、表4.Aのようになります。

**表4.A ある大学の英語の能力と関心に関する同時度数分布表（完成版）[32]**

| 階級範囲 | 階級値 | 偏差値 | −20〜−15 −17.5 −14.19 | −15〜−10 −12.5 −9.189 | −10〜−5 −7.5 −4.189 | −5〜0 −2.5 0.811 | 0〜5 2.5 5.811 | 5〜10 7.5 10.81 | 合計 | 元値 | 偏差 | 変動 | 共変動 |
|---|---|---|---|---|---|---|---|---|---|---|---|---|---|
| 25〜30 | 27.5 | 11.81 | 0 | 0 | 0 | 1 | 3 | 2 | 6 | 165.0 | 70.9 | 837.0 | 470.8 |
| 20〜25 | 22.5 | 6.81 | 1 | 0 | 4 | 11 | 11 | 2 | 29 | 652.5 | 197.5 | 1345.2 | 432.6 |
| 15〜20 | 17.5 | 1.81 | 1 | 2 | 19 | 22 | 19 | 1 | 64 | 1120.0 | 115.9 | 209.9 | 48.7 |
| 10〜15 | 12.5 | −3.19 | 1 | 9 | 18 | 28 | 11 | 0 | 67 | 837.5 | −213.7 | 681.5 | 273.2 |
| 5〜10 | 7.5 | −8.19 | 3 | 0 | 7 | 4 | 2 | 0 | 16 | 120.0 | −131.0 | 1073.0 | 467.0 |
| 0〜5 | 2.5 | −13.19 | 0 | 0 | 0 | 1 | 2 | 0 | 3 | 7.5 | −39.6 | 521.9 | −164.0 |
| 合計 | | | 6 | 11 | 48 | 67 | 48 | 5 | 185 | 15.7 | 0.0 | 25.2 | 8.3 |
| 元値 | | | −105.0 | −137.5 | −360.0 | −167.5 | 120.0 | 37.5 | −3.3 | 平均 | | 分散 | 共分散 |
| 偏差 | | | −85.1 | −101.1 | −201.1 | 54.3 | 278.9 | 54.1 | 0.0 | 標準偏差 | 5.02 | | |
| 変動 | | | 1208.0 | 928.9 | 842.4 | 44.0 | 1620.7 | 584.4 | 28.3 | 分散 | 5.32 | 相関係数 | |
| 共分散 | | | | | | | | | | | | | 0.309 |

（英語への関心 j / 英語能力 i）

(1) 能力が10〜15、関心が −5〜0 の階級で、最大値28をとります。

(2) 中央に明確なピークが認められますが、一方、裾野の広がる方向に関しては偏りがあまり認められません。すなわち、相関性は不明瞭です。

数値的には0.3と若干の正の相関を示していますので、見た目で判断するのは危険であると言えます。

(3) それぞれの合計欄にある六つのデータをヒストグラムにするとわかりますが、いずれも山型分布を示します。すなわち、能力、関心で大きな特徴の差はありません。

## 4.3

(1) 国語の平均点は96.75、数学の平均点は92.75。

(2) 得点が高く、そのバラつきが小さいので、小さな傾向を分析時に見落とす危険性があります。ちなみに図4.Aに示す散布図が得られます。

(3) 表 4.B の通り。

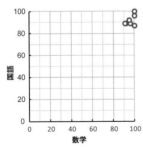

**図 4.A　素点の散布図**

**表 4.B　国語と数学の得点処理結果**[29]

| | 国語 | | 数学 | |
|---|---|---|---|---|
| 百合江 | 96 | -0.75 | 89 | -3.75 |
| 弥　生 | 100 | 3.25 | 96 | 3.25 |
| 優　美 | 92 | -4.75 | 89 | -3.75 |
| 花　蓮 | 95 | -1.75 | 92 | -0.75 |
| 冴由里 | 100 | 3.25 | 100 | 7.25 |
| 真理子 | 100 | 3.25 | 100 | 7.25 |
| 雪　子 | 91 | -5.75 | 89 | -3.75 |
| 雅　美 | 100 | 3.25 | 87 | -5.75 |

(4) 平均点がそれほど違いませんが、ここは変動係数を求めるべきです。

標準偏差は、国語：3.562、数学：4.893。したがって、変動係数は、

$$国語：\frac{3.562}{96.75} = 0.037, \quad 数学：\frac{4.893}{92.75} = 0.053$$

国語と数学の変動係数の比は 37 : 53 なので、バラつきに桁違いの差まではありません。

(5) 点数が大きいので、素点ではなく小さい偏差に基づき分析すると、傾向が大きく現れます。

さらに、国語の偏差を 5.3 倍、数学の偏差を 3.7 倍とする（処理値と呼ぶことにします）と、データ範囲 = バラつきが両者でほぼそろった表 4.C の値となり、図 4.B に示すような国語軸と数学軸が同じ目盛の散布図を得られます。

同図において、原点は国語と数学の平均点であり、国語と数学のバラつきは同一です。ここで、原点に注目して相関性をみるとないように見えます。

**表 4.C　処理値**

| | 国語 | 数学 |
|---|---|---|
| 百合江 | -4.0 | -13.8 |
| 弥　生 | 17.1 | 12.0 |
| 優　美 | -25.1 | -13.8 |
| 花　蓮 | -9.2 | -2.8 |
| 冴由里 | 17.1 | 26.7 |
| 真理子 | 17.1 | 26.7 |
| 雪　子 | -30.3 | -13.8 |
| 雅　美 | 17.1 | -21.2 |

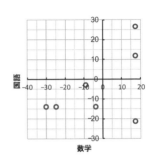

**図 4.B　処理値の散布図**

(6) 相関係数を計算すると、素点でも、偏差でも、また上記 (5) の処理値でも、0.592 になります。数値としてはある程度の正の相関があります。

**4.4** (1) 日本では 0.091、アメリカでは 0.092。

平均は $26.5 : 29.5 \approx 0.9 : 1.0$ で 1 割程度違いますが、バラつきは同程度と言えます。

(2) 日本では 0.018、アメリカでは 0.022。

平均は $171.3 : 175.3 \approx 0.98 : 1.00$ で 2% 程度違い、バラつきも 2 割程度違うと言えます。

(3) ウサギと人間では、寸法の国別相違の様相が違います。寸法にかかわる要因としては遺伝子や環境が第一に考えられますが、様相の違いの原因として、ほかに食生活等が挙げられます。本来、日本もアメリカもそれほど生物の寸法差は生じないところを、貧富の格差や食文化の違いが、ウサギには現れない人間の国別相違を引き起こしている可能性があります。

**4.5** (1) 変動係数は、数学の試験では $\frac{10}{60} = \frac{1}{6}$、100 m 走のタイムでは $\frac{3}{15} = \frac{1}{5}$。したがって、100 m 走のほうが、その学級において能力差が大きいと言えます。

(2) 数学の試験の変動係数が $\frac{10}{40} = \frac{1}{4}$ と変わります。したがって、今度は数学の能力差が大きくなりました。もちろん、生徒の能力が変化したわけではありません。

つまり、変動係数は使い方次第で、異なる結果を導いてしまうということがわかります。

(3) 一つ前の章末問題 4.4 で議論した身長や体重は人為的に増減できませんので、変動係数は動かしようのない事実に基づいたものであるといえます（基準をどうするかは人為的な問題ですが）。100 m 走のタイムも然りです。

一方、数学の試験の点数については、設問を変える等して人為的に容易に増減できますので、変動係数は操作できる値に基づいて計算されると言えます。

人の手によって作られたデータや価値観については、その本質の解釈が重要と言えます。少なくとも、試験の点数だけである人の頭脳を絶対的に評価するなど不可能であることは、間違いない事実でしょう。

**4.6** (1)
$$\mu_x = \frac{x_1 + x_2}{2}, \quad \mu_y = \frac{y_1 + y_2}{2}$$

(2) 特性 $x$ について、
$$\Delta x_1 = \frac{x_1 - x_2}{2}, \quad \Delta x_2 = \frac{x_2 - x_1}{2}$$
$$\therefore \sigma_x = \sqrt{\frac{1}{2} \left\{ \left( \frac{x_1 - x_2}{2} \right)^2 + \left( \frac{x_2 - x_1}{2} \right)^2 \right\}} = \frac{|x_1 - x_2|}{2}$$

同様に、
$$\sigma_y = \frac{|y_1 - y_2|}{2}$$

(3)
$$\sigma^2{}_{xy} = \frac{1}{2} \left( \frac{x_1 - x_2}{2} \cdot \frac{y_1 - y_2}{2} + \frac{x_2 - x_1}{2} \cdot \frac{y_2 - y_1}{2} \right)$$
$$= \frac{x_1 - x_2}{2} \cdot \frac{y_1 - y_2}{2}$$

(4)
$$r_{xy} = \frac{x_1 - x_2}{2} \cdot \frac{y_1 - y_2}{2} \div \frac{|x_1 - x_2|}{2} \div \frac{|y_1 - y_2|}{2} = \pm 1$$

以上より、データの大きさが 2 のときには、$x_i$ と $y_i$ にかかわらず次のことが言えます。

- $(x_1 - x_2)(y_1 - y_2) > 0$、すなわち、正の相関であれば 1 です。
- $(x_1 - x_2)(y_1 - y_2) < 0$、すなわち、負の相関であれば $-1$ です。
- $(x_1 - x_2)(y_1 - y_2) = 0$ の際には、相関係数は計算できません。

(5) 標準偏差〔U〕、共分散〔U²〕、相関係数〔—〕（単位なし）。

(6) 該当する $x_i$、$y_i$ はありません。

**4.7** (1) 表 4.D と図 4.C（いずれも次ページ）の通りです。また、相関係数は 1 です。

データは全て回帰直線（第 5 章）上にあるので、バラつきはありません。

(2) ●身長：平均は $166 + \frac{2}{3}$ であり、$l = -\frac{5}{3}$ なので、級友 A の偏差は $-5l$、級友 C の偏差は $4l$ です。また、分散は
$$\frac{\{(-5)^2 + 4^2 + 1^2\}l^2}{3} = 14l^2$$
なので、標準偏差は $\sqrt{14}\, l$ となります。

●体重：平均は $63 + \frac{1}{3}$ であり、$w = -\frac{5}{6}$ なので、級友 A の偏差は $-5w$、級友 C の偏差は $4w$ となります。また、分散は
$$\frac{\{(-5)^2 + 4^2 + 1^2\}w^2}{3} = 14w^2$$
なので、標準偏差は $\sqrt{14}\, w$ となります。

**表 4.D　身長と体重の相関係数計算用仮想データ（完全版）**

| | 身長〔cm〕 | | | 体重〔kg〕 | | | 相関 |
|---|---|---|---|---|---|---|---|
| | 実値 | 偏差 | 偏差² | 実値 | 偏差 | 偏差² | 偏差² |
| 級友A | 175.0 | 8.33 | 69.44 | 67.5 | 4.17 | 17.36 | 34.72 |
| 級友B | 165.0 | −1.67 | 2.78 | 62.5 | −0.83 | 0.69 | 1.39 |
| 級友C | 160.0 | −6.67 | 44.44 | 60.0 | −3.33 | 11.11 | 22.22 |
| 平均 | 166.7 | | 38.89 | 63.3 | | 9.72 | 19.44 |
| 平方根 | | | 6.24 | | | 3.12 | 1.00 |

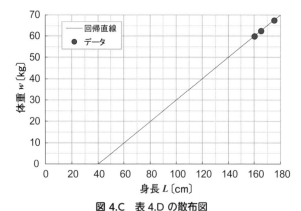

**図 4.C　表 4.D の散布図**

(3)　共分散は、
$$\frac{\{(-5l) \times (-5w) + 4l \times 4w + l \times w\}}{3} = 7lw$$

(4)　与えられたデータ群のように、身長と体重のデータが全て右上がりの回帰直線上に乗ると、上述の通り身長と体重のそれぞれの分散と共分散の係数が全て一致します。この結果、相関係数は 1 になります。

　　もしデータが全て左上がりの回帰直線上に乗ると、相関係数は −1 となります。

　　データが二つしかない場合には、その 2 点を含む直線が必ず一つ存在することになるので、二つのデータが左右または上下に並んでいない限り、必ず相関係数 = ±1 になります。

(5)　**表 4.E** と**図 4.D**（いずれも次ページ）の通りです。また、相関係数は 0.89 です。

　　級友 A、B、C が 1 本の回帰直線に乗っていた（相関係数 = 1）のに、その回帰直線から外れたデータを追加してしまった結果、回帰直線からのバラつきが発生してしまい、相関係数が 1 でなくなってしまいま

表 4.E　身長と体重の相関係数計算用仮想データ（データ追加完全版）

| | 身長〔cm〕 | | | 体重〔kg〕 | | | 相関 |
|---|---|---|---|---|---|---|---|
| | 実値 | 偏差 | 偏差$^2$ | 実値 | 偏差 | 偏差$^2$ | 偏差$^2$ |
| 級友A | 175.0 | 50.00 | 2500.0 | 67.5 | 4.17 | 17.36 | 208.33 |
| 級友B | 165.0 | 40.00 | 1600.0 | 62.5 | −0.83 | 0.69 | −33.33 |
| 級友C | 160.0 | 35.00 | 1225.0 | 60.0 | −3.33 | 11.11 | −116.67 |
| 原点O | 0.0 | −125.00 | 15625.0 | 0.0 | −47.5 | 2256.25 | 5937.50 |
| 平均 | 125.0 | | 6150.0 | 47.5 | | 756.02 | 1929.17 |
| 平方根 | | | 78.4 | | | 27.50 | 0.89 |

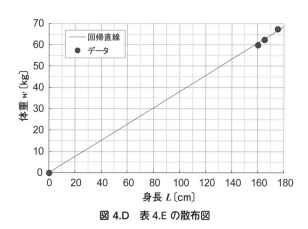

図 4.D　表 4.E の散布図

した。

(6) 図 4.D のグラフを見れば、回帰の非直線性が比較的簡単にわかります。数値的に直線性から外れたかどうかを判別する方法は、次の通りです。

　　まず、データを端（例えば級友 A）から $n = 2$ 個とり、相関係数を求めます。

　　次に、$n$ を 3 から順に増やしながら、それぞれの場合の相関係数を求めていきます。

　　変動係数はデータのバラつきに伴い変動しますので、$n = k$ のときに大きく変わったとしたら、$k$ 番目のデータがこれまでの回帰直線から顕著に外れた可能性を示唆します。なお、1 番目のデータが外れているかもしれないので、もう一方の端や中央値から同じことを繰り返してみてください。

## 第5章

**5.1** (1) 式 (5.3) より、$a = 0.483$、$b = 31.17$。図 5.A にこの線形回帰直線を示します。

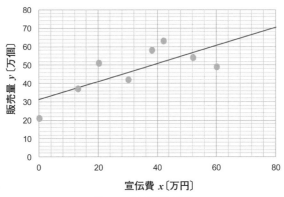

**図 5.A　線形回帰直線**

(2) 宣伝をしなくても 21 万個売れますが、宣伝をすればより売れます。

(3) $0.493 \times 80 + 31.17 = 70.59$〔万個〕

(4) 42 万円以上の宣伝費を掛けたデータが、右下がりになっているのが気になります。まさか本当に下がることは原理的には考えられませんが、もしかすると頭打ちになっているのかもしれません。

**5.2** (1) 少ないです。データは多いほどよく、目安としては 20～40（t 分布）は必要と思ってください。したがって、データ数を増やしたいところです。

(2) 6 人の平均は、身長 171.8 cm、体重 67.9 kg です。ほかの 4 人のデータとあまり代わり映えしません。言い換えれば、この 2 人のデータは適度に散らばっています。

(3) データ数を増やしても周夫と譲のような特殊例が同じ割合で出現するのであれば、この 2 人は特殊ではありません。しかし、女性が良い相関を示したのに男性は示していません。何か男子特有の原因があると考える前に、やはりこの 2 人は特殊と考えるべきでしょう。データ数を増したら、この 2 人以外のデータが増えるだろうと考えます。

すなわち、「データ増しをして、ほかの 4 人と似たデータが増える」ことと同等な、「周夫と譲のデータを 6 人の平均値に変更する」ことを考えます。平均値には、周夫と譲のデータの影響が薄まってはいるものの生き残っています。

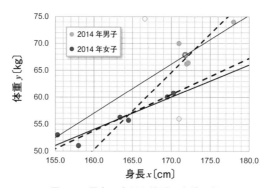

**図 5.B　男女の身長と体重の直線回帰**

　なお、近年データ改ざんに対して厳しい目が向けられるようになって
きました。そもそもありもしないデータを付与するのは論外で、データ
をとっていなかったことにするのもよいとは言えません。上記は、あく
まで回帰直線がどの辺りかを考察しているだけなので、くれぐれもデー
タ改ざんをしないようにしてください。

(4) ● $y$ 方向に関する回帰直線（細実線）のパラメータ：$a = 0.911$、
$b = -88.79$。
● $x$ 方向に関する回帰直線（中太波線）のパラメータ：$a = 0.699$、
$b = 124.84$。
これらの 2 本の回帰直線は、男子の平均点で交差します。

**5.3**　まず、回帰直線は、本来「データがバラつかなければそこにある」という、理
想的な位置を示します。バラつきがどの程度かは示せません。

　次に、相関係数は、相関がどれだけ直線的かを示すとともに、その値が正の
場合にはその直線が右上がり、負の場合には左上がりであることを示します。
バラつくほど値は 0 に近づき、バラつきがなくなると $\pm 1$ になります。直線
がどこにあるかは示せません。

　したがって、本来の位置を回帰直線で、バラつき度合を相関係数でと、合わ
せ技で議論するのがよいです。ただし、回帰直線が水平（出力変数一定）、ま
たは垂直（入力変数一定）の場合、相関性があるとは言えないので、相関係数
は定義できません。

**5.4**

$$\delta \equiv \sum_i (ax_i - y_i)^2 \to \min. \tag{5.A}$$

$$\delta = a^2 \sum_i x_i^2 - 2a \sum_i x_i y_i + \sum_{i=1}^n y_i^2$$

$$\frac{\partial \delta}{\partial a} = 2a \sum_i x_i^2 - 2 \sum_i x_i y_i = 0$$

より、

$$a \sum_i x_i^2 = \sum_i x_i y_i$$

$$\therefore a = \frac{\displaystyle\sum_i x_i y_i}{\displaystyle\sum_i x_i^2} \tag{5.B}$$

**5.5** (1) 式 (5.1) により、$a = 0.5$, $b = -20$。

回帰直線は

$$y\,(体重) = 0.5 \times x\,(身長) - 20$$

です。

(2)
$$S = 17.36 + 0.69 + 11.11 = 29.17$$

小数点以下の丸め方（四捨五入などをどの桁でするか）によっては 29.17 にはならないので、注意してください。

$$S_R = S = 29.17, \quad S_E = 0 = S - S_R$$

(3)
$$R^2 \equiv S_R \div S = 1$$

データが全て回帰直線上にあるだけあって、回帰は完璧です。

(4) 回帰直線は 1 つ前の章末問題 5.4 を利用して、$y = 0.380167765x$ です。

(5) 誤差にかかわる数値の一覧は、表 5.A（次ページ）の通りです。

$S$ は同じで 29.17。$S_E = 1.68$。$S_R = 16.86$。

普通の回帰になっていないので、$S_E + S_R = S$ になりません。

(6) それでもあえて定義通り計算するならば、

$$R^2 \equiv S_R \div S = 0.578$$

グラフと比較すると、もう少し大きい値になってほしいところです。本来、

**表 5.A　章末問題 5.5 の誤差にかかわる数値一覧**

| | 実体重 | | | 回帰体重 | | | | |
|---|---|---|---|---|---|---|---|---|
| | $y$ | $y-\bar{y}$ | $(y-\bar{y})^2$ | $\hat{y}$ | $\delta = \hat{y}-y$ | $\delta^2$ | $\delta\hat{y}$ | $\delta\hat{y}^2$ |
| 級友 A | 067.50 | $-4.167$ | 17.36 | 066.529 | $-0.971$ | 0.9421 | 3.196 | 10.21 |
| 級友 B | 062.50 | $-0.833$ | 00.69 | 062.728 | 0.228 | 0.0518 | $-0.606$ | 0.37 |
| 級友 C | 060.00 | $-3.333$ | 11.11 | 060.827 | 0.827 | 0.6837 | $-2.506$ | 6.28 |
| 総和 | 190.00 | 0 | $S = 29.1$ | 190.084 | 0.084 | $S_E = 1.68$ | 0.084 | $S_R = 16.8$ |
| 平均 | 063.33 | 0 | $\sigma^2 = 9.72$ | 063.361 | 0.028 | 0.5592 | 0.028 | 5.623 |

$$R^2 \equiv \frac{S_R}{S_R + S_E}$$

と定義するべきかもしれませんが、これだと $= 0.909$ と少し大きすぎますか……。

(7) 原点にこだわらない回帰直線は、平均点を通ります。一方、原点にこだわった回帰直線は通りません。惜しいところではありますが、

$$\bar{y}(体重平均) \div \bar{x}(身長平均) = \sum y \,(体重和) \div \sum x \,(身長和)$$
$$= 0.38$$

で、他方、回帰直線の傾きは 0.380167765 です。

データのない点を拘束点にすると、データの平均点を通らなくなります。なお、原点と平均点を通る回帰直線は、また別の回帰思想になります。

**5.6** (1) 例えば、アンケートで図 1.4（6 ページ）のような目盛を示し、「3」 ＝ 大変心地良い、「2」 ＝ 心地良い、「1」 ＝ まあ心地良い、などと言葉を当てはめる方式が考えられます。そして、「3」を選んだ人が何人、などと、確率質量分布を議論します。このとき、3 や 2 は階級値になりますが、必ずしも心地良さを定量的に表していると保証されないことに注意すべきでしょう。

(2) 自由記述方式と、選択肢方式の、大きく 2 通りのやり方が考えられます。いずれにしても、心地良さを表現するときに使われると思われる形容詞を予想し、それらを分類しておく必要があります。

これはクラスタ分類で、距離の概念があいまいになる点に注意が必要でしょう。

(3) 心地良さが脳波のどの部分に対応しているか、脳科学によってある程度はわかっているのですが、高精度の定量評価はまだできません。した

がって、いくつかの方法で分析し、それらを比較しながら総合的に判断することが重要と考えられます。

なお、単に「心地良さ」と言うと何を意味するかが漠然としていますが、かえって数値化しやすいかもしれません。状況や気分で、その時々の心地良さも変わることが予想されるからです。

**5.7** まず、二次曲線に当てはめてよいかどうかを確認します。図 5.C のグラフの形から、身長を $x$、体重を $y$ としたとき、確かに二次曲線に当てはめられそうです。

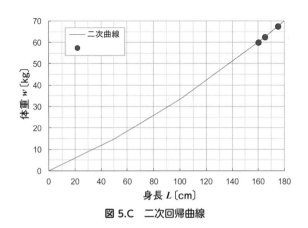

**図 5.C　二次回帰曲線**

式 (5.7) に基づきます。原点を通るので、$c = 0$ です。

ほかの数値が非常に大きくなるので、すぐにでも Excel を使いたくなりますが、こういうときは数字を代入するのは最後にして、とにかく $a$ と $b$ を計算する式を作ります。

すると次のようになり、かなり良好に当てはめられることがわかります。

$$a = \frac{\displaystyle\sum_i x_i^2 y_i \times \sum_i x_i^2 - \sum_i x_i y_i \times \sum_i x_i^3}{\displaystyle\sum_i x_i^4 \times \sum_i x_i^2 - \left(\sum_i x_i^3\right)^2} = 0.000715$$

$$b = \frac{\displaystyle\sum_i x_i^2 y_i \times \sum_i x_i^3 - \sum_i x_i y_i \times \sum_i x_i^4}{\displaystyle\left(\sum_i x_i^3\right)^2 - \sum_i x_i^4 \times \sum_i x_i^2} = 0.2614$$

ここで、

$$\sum_i x_i{}^4 = 234451250, \quad \sum_i x_i{}^3 = 13947500, \quad \sum_i x_i{}^2 = 83450,$$

$$\sum_i x_i{}^2 y_i = 5304750, \quad \sum_i x_i y_i = 31725$$

**5.8** (1) 自然発生的に同じことをする仲間が集まってきたので、クラスタリングでしょう。

(2) クラス分類です。国、都道府県、市町村などのくくりを、まず決めます。

(3) 既存の交通機関のどれが使えるかを選択する、クラス分類と考えられます。ただし、例えば神奈川県鎌倉市から愛知県東海市に行く場合、新幹線は新横浜駅と名古屋駅の間しかないので、まず鎌倉市から新横浜駅まで移動し、最後に名古屋駅から東海市まで移動しますが、この移動はクラスタリングの空間概念と似ています。

(4) 自然発生と考えられるので、クラスタリングです。ただし、分野をあらかじめ決めてから分化を後付けするようなこともあり得ますが、そこまでは考えないことにします。

(5) 確かに状況変化に応じて変化する必要はありますが、機能として必要な部門をあらかじめ設置するので、これはクラス分類と考えます。

(6) フォルダの階層構造を作りデータを整理する行為は、まさにクラス分類です。

**5.9** (1) 一次式と双曲線の和。左上から落ちて緩やかに右上に上がるのが特徴です。

(2) 一次式と対数曲線の和。右上に斜めに真っ直ぐ伸びるのが特徴です。

(3) 指数関数と正弦関数の和。

(4) 対数曲線と二次式の和。右は二次関数で、左が深く落ち込んでいるのが特徴です。

(5) 右下がりの指数曲線と双曲線の和。どれとも言えない右下がりの曲線です。

(6) 一次式と指数関数の和。左下から直線的に上がり、途中から指数関数的に上がります。

**5.10** (1) ●左上の第 2 象限：二つまたは三つが近接する小集団（三つ第 1 象限にはみ出ています）があります。この小集団七つを一つの大集団としましょう。

- ●右下の第 4 象限：放射線状に散らばる集団が、3 列あります。この三つの小集団も同じ仲間でしょう。
- ●左下の第 3 象限：散在しているデータ全体（二つ第 2 象限にはみ出ています）を一つの集団と捉えましょう。
- ●右上の第 1 象限：下半分に 9（10？）の小集団が認められますが、その他は集団とはあまり言えそうもありません。この小集団に左の二つ（一つ？）と上の四つを合わせて、一つの大集団でしょうか。

(2) ぱっと見て、第 4 象限の 15 データは一つにまとまりそうです。また、第 2 象限の二つまたは三つの近接小集団も一つにまとめたくなります。この近接していると言う特徴は、第 1 象限と第 3 象限のデータとの境界線を引くのに役立ちます。この結果、大きく四つの集団に分類されます。あとは、細かく分類していきます。

(3) 図 5.D の通り。

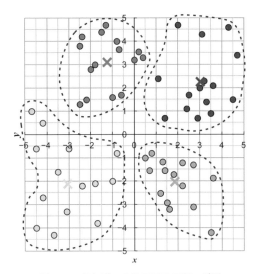

**図 5.D 点在データのクラスタリング例**

(4) 全体的でも局所的でも、集団と思われるものをまずくくりましょう。くくったデータは一つの新しいデータと思ってください。その際には、くくったときの共通の特徴を認識しておくとよいです。

**5.11** 分類に対して何か思想や希望がある場合にはクラス分類、そうでない場合や皆目見当がつかない場合にはクラスタリングが良いと思われます。

表 5.B　クラス分類確率表（完成版）

| 天気 | ○ | △ | × | 計 |
|---|---|---|---|---|
| 快晴 | 1 | 2 | 2 | 5 |
| 晴 | 3 | 4 | 2 | 9 |
| 曇 | 4 | 7 | 0 | 11 |
| 雨 | 3 | 2 | 1 | 6 |

| 気温 | ○ | △ | × | 計 |
|---|---|---|---|---|
| 暑 | 2 | 5 | 4 | 11 |
| 暖 | 6 | 7 | 0 | 13 |
| 普通 | 2 | 2 | 0 | 4 |
| 涼 | 1 | 1 | 1 | 3 |

| 湿度 | ○ | △ | × | 計 |
|---|---|---|---|---|
| 高 | 2 | 4 | 3 | 9 |
| 高め | 6 | 8 | 2 | 16 |
| 普通 | 3 | 3 | 0 | 6 |

| 風 | ○ | △ | × | 計 |
|---|---|---|---|---|
| 無 | 4 | 9 | 4 | 17 |
| 弱 | 4 | 4 | 0 | 8 |
| 中 | 3 | 1 | 1 | 5 |
| 強 | 0 | 1 | 0 | 1 |

　例えば、新種の生物を含めて昆虫と鳥の展示をしたい場合、「昆虫」「鳥」「その他」があらかじめ設定されたクラスになり、さらにさまざまな観点（＝規則）に従って分類していくことで展示が整理されていきます。

　参考まで、機械学習においては、教師あり学習は基本的にはクラス分類を、教師なし学習はクラスタリングをします。

5.12　(1)　表 5.B の通り。

(2)　今日は「晴」「暑」「高湿」「無風」なので、この条件下で○、△、×になる可能性は以下の通り計算できます。圧倒的に△になると思われますので、体調に十分注意して実施することになるでしょう。

● ○になる可能性：$\frac{3}{9} \cdot \frac{2}{11} \cdot \frac{2}{9} \cdot \frac{4}{17} = 0.32\%$

● △になる可能性：$\frac{4}{9} \cdot \frac{5}{11} \cdot \frac{4}{9} \cdot \frac{9}{17} = 4.75\%$

● ×になる可能性：$\frac{2}{9} \cdot \frac{4}{11} \cdot \frac{3}{9} \cdot \frac{4}{17} = 0.63\%$

　なお、○は「100% 活動する」、△は「50% の割合で活動する」、×は「活動しない」と取り扱って同様のことをするのであれば、以下の通り、「活動しない」という結論になります。

● ○：$\frac{3+\frac{4}{2}}{9} \cdot \frac{2+\frac{5}{2}}{11} \cdot \frac{2+\frac{4}{2}}{9} \cdot \frac{4+\frac{9}{2}}{17} = 5.05\%$。

● ×：$\frac{\frac{4}{2}+2}{9} \cdot \frac{\frac{5}{2}+4}{11} \cdot \frac{\frac{4}{2}+3}{9} \cdot \frac{\frac{9}{2}+4}{17} = 7.30\%$。

(3)　基本的には、(2) のように確率計算をします。すなわち、天気から順に、場合に分けて○、△、×の確率を一覧表にします。

　ところで、(1) の表で「0」の箇所には着目すべきです。風が「強（強い）」時は必ず△なので、まず風がどの程度強いかを調べます。強くなければ、今度は天気、気温、湿度を順に調べます。天気が「曇（曇り）」、

または気温が「暖（暖かい）」か「普通」、または湿度が「普通」であれば×はありません。

**5.13** (1) 端のデータ数を増やします。増やせなければ、2回あるいは3回学習に使い、言わば重みを付けることに相当する工夫もできます。

(2) とても難しいです。「学習」とは、つまりクラス分類の規則を覚え込ませるようなことなので、別の規則を新たに教え込むのは本質的に無理で、そのためには全く別の学習をやり直すことになります。つまり、人工知能は基本的に、それぞれ一つの目的に特化しているのです。

(3) 第一に、学習データが悪いことが考えられます。学習内容に偏りがないか、あるいは細かすぎないかなどをチェックしましょう。次に、入出力関係が良くないことが考えられます。階層構造など人工知能の構造が悪いかどうかは、最後の検討項目です。

(4) 入力を何にするかを明確にする必要がありますが、事前作業として、とにかく無駄かもしれない情報を全て与えて学習させてみましょう。また、データの偏りが発生しないように、使うデータを管理、調整（選別）します。さらに、データの信憑性についても可能な限り確認しておくとよいでしょう。これらを自動で行えると、効率的ですね。

## 第6章

**6.1** (1) 分布全体の位置を示す平均と、その広がり方（高さと幅の比率）を示す分散。

(2), (3) 図6.A のヴェン図を用いて説明します。

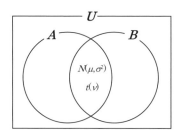

**図 6.A　ヴェン図の中の正規分布**

まず、確率密度分布 $f(x)$ 全体を集合 $U$ とします。

● 集合 $U$：$-\infty$ から $+\infty$ までの $x$ に関する積分値が 1 になるような分布 $f(x)$。

次に、正規分布は次に定義する集合 $A$ と $B$ の積集合の要素です。

- 集合 $A$：$y$ 軸に関して左右対称な分布 $f(x)$。
- 集合 $B$：なだらかな山形（両端が 0 に漸近し、中央にピークを持つ）分布 $f(x)$。

　集合 $B$ の要素は、母数が変わると分布が変わります。例えば、平均が変わると中央のピークは平行移動し、分散が大きくなると山形は広がりピークが低くなります。標準正規分布では $x < -3$、$3 < x$ の範囲でほぼ 0 に漸近し、中央のピーク値は約 0.4 です。

　なお、後述の t 分布も、集合 $A$ と $B$ の積集合の要素です。

**6.2** (1) $f(x) = f(x : 0, 2^2) = \dfrac{1}{\sqrt{2\pi} \cdot 2} \exp\left\{ -\dfrac{x^2}{8} \right\}$

(2) $f(x) = f(x : 5, 1^2) = \dfrac{1}{\sqrt{2\pi}} \exp\left\{ -\dfrac{(x-5)^2}{2} \right\}$

(3) 分散が 0 の分布は、平均のみのデータであり、式で表せません（$f(x) = \emptyset$）。

(4) 分散が負の分布はあり得ません。

**6.3** (1) 標準正規分布を右に 3 だけ平行移動したグラフです。

(2) 標準正規分布を左右に $\sqrt{4} = 2$ 倍広げ、上下に $\dfrac{1}{\sqrt{4}} = \dfrac{1}{2}$ 倍に縮めたグラフです。

(3) 標準正規分布を左に 2 だけ平行移動して、左右に $\sqrt{0.25} = 0.5$ 倍狭め、上下に $\dfrac{1}{\sqrt{0.25}} = 2$ 倍に広げたグラフです。

(4) 標準正規分布を右に 3 だけ平行移動して、左右に $\sqrt{9} = 3$ 倍広げ、上下に $\dfrac{1}{\sqrt{9}} = \dfrac{1}{3}$ 倍に縮めたグラフです。

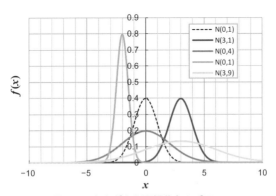

**図 6.B　さまざまな正規分布のグラフ**

**6.4** 表 6.1（121 ページ）は、$0 \leq x \leq x_a$ となる確率（累積分布）の一覧表です。慣れましょう。

(1) $0.341344 \times 2 = 0.682688 \approx 68.3$ [%]
この範囲を「$1\sigma$」と言います。

(2) $0.477249 \times 2 = 0.954498 \approx 95.4$ [%]
この範囲を「$2\sigma$」と言います。

(3) $0.498650 \times 2 = 0.997310 \approx 99.7$ [%]
この範囲を「$3\sigma$」と言います。

(4) $0.99 \div 2 = 0.495$ [%] に最も近い値に対応する $x_a$ は、2.58（正確には $2.578\ldots$）。
この $x_a$ は、両側 1%危険率に対応します。

(5) $0.95 \div 2 = 0.475$ [%] に最も近い値に対応する $x_a$ は、1.96（ほぼ正確な値です）。
この $x_a$ は、両側 5%危険率に対応します。

(6) $0.90 \div 2 = 0.450$ [%] に最も近い値に対応する $x_a$ は、1.64（正確には $1.644\ldots$）。
この $x_a$ は、両側 10%危険率に対応します。

**6.5** (1) 製造される製品が誤差 $x$ になる確率密度。

(2) $1 - 95.4\% = 4.6$ [%]

(3) 4.6%

(4) $3\sigma$。製品の誤差は変わりませんが、許容される誤差が変わります。この結果、不良品とみなされる製品の発生確率は $1 - 99.7$ [%] $= 0.3$ [%] まで下がります。

(5) このままだと不良品の発生確率が上がるので、より大きなコストを掛け（て製品の製造精度を上げて、正規分布の分散を小さくし）なければ、契約違反になってしまいます。

　コストがより大きくなるので、買い手が高い品質を求める代わりに価格交渉をして値上げを試みるのが普通です。もし買い手が値上げにまったく応じる気配がなければ、バラつきの許容誤差を譲歩してもらいましょう。もちろん、「ほかではもっと良い物をもっと安く売っている」と言われないように、製造技術の向上努力を怠りなく！

**6.6** (1) 中央値は 0.1、最小値は $-10$ より大きく、最大値は 10 より小さいので、$-10 \sim 10$ で階級を作ります。

最大値は 8 より小さいので $-10 \sim 8$ でも良いですが、その場合には 0 が中心にならなくなり、わかりにくくなるかもしれません。

階級は 10 ほしいところですが、データ数が少ないので 5 でやってみます。

以上より、表 6.A が適当と考えます。

**表 6.A　度数分布表**

| 階級 | 度数 | PM | PD |
|---|---|---|---|
| $-10 \sim -6$ | 2 | 0.10 | 0.025 |
| $-6 \sim -2$ | 3 | 0.15 | 0.038 |
| $-2 \sim 2$ | 9 | 0.45 | 0.113 |
| $2 \sim 6$ | 5 | 0.25 | 0.063 |
| $6 \sim 10$ | 1 | 0.05 | 0.013 |
| 合計 | 20 | 1.00 | |

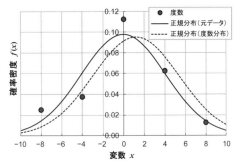

**表 6.B　ヒストグラムの当てはめ**

(2) 平均 $\mu = -0.02$、分散 $\sigma^2 = 16.545$、標準偏差 $\sigma = 4.0675$。

(3) 平均 $\mu = \{(-8) \times 2 + (-4) \times 3 + 0 \times 9 + 4 \times 5 + 8 \times 1\} \div 20$
$$= 1.2$$

分散 $\sigma^2 = \{(-8 - 1.2)^2 \times 2 + (-4 - 1.2)^2 \times 3 + (0 - 1.2)^2 \times 9$
$$+ (4 - 1.2)^2 \times 5 + (8 - 1.2)^2 \times 1\} \div 20 = 17.44$$

標準偏差 $\sigma = 4.1761$

すなわち、階級分布にまとめてしまうと、元データの分布とは若干ずれて見えます。

(4) 表 6.A の通りです。

(5) 表 6.A の通りです。

(6) 図 6.B の通りです。度数のプロットのほうが元データから作った正規分布に、より合っていますね。

**6.7** (1) $z = \dfrac{x + 7}{5}$

(2) $x = -2$ に対応するのは
$$z = \frac{-2 + 7}{5} = 1$$

$x = 13$ に対応するのは
$$z = \frac{13 + 7}{5} = 4$$

$$\therefore\ 1 \le z \le 4$$

(3) $0 \le z \le 1$ になる確率は 0.341、$0 \le z \le 4$ になる確率はほぼ 0.500。
したがって、$1 \le z \le 4$ になる確率は

$$0.500 - 0.341 = 0.159 = 15.9\,[\%]$$

(4) 15.9%

**6.8** 平均 $\mu$ と分散 $\sigma^2$ の定義は、式 (3.1) もしくは式 (3.6) と、式 (3.9) です。連続の確率密度関数である正規分布の平均 $\mu$ と分散 $\sigma^2$ 定義は、確率質量が確率密度（重み）と微小変数幅の積 (6.3 節) であることから、以下となります。

$$\mu \equiv \int_{-\infty}^{\infty} x f(x) dx, \quad \sigma^2 \equiv \int_{-\infty}^{\infty} (x - \mu)^2 f(x) dx$$

これを計算していくと、以下のようになります。

$$\mu \equiv \int_{-\infty}^{\infty} x f(x) dx = \int_{-\infty}^{\infty} \frac{x}{\sqrt{2\pi} \cdot \sigma} \exp\left\{ -\left( \frac{x-\mu}{\sqrt{2} \cdot \sigma} \right)^2 \right\} dx$$

$$= \int_{-\infty}^{\infty} \frac{(x-\mu)+\mu}{\sqrt{2\pi} \cdot \sigma} \exp\left\{ -\left( \frac{x-\mu}{\sqrt{2} \cdot \sigma} \right)^2 \right\} dx$$

ここで、$y \equiv \dfrac{x-\mu}{\sqrt{2} \cdot \sigma}$ とおくと、$\dfrac{dy}{dx} = \dfrac{1}{\sqrt{2} \cdot \sigma}$ なので、$dx = \sqrt{2} \cdot \sigma dy$。

$$\therefore\ \mu = \int_{-\infty}^{\infty} \frac{y}{\sqrt{\pi}} \exp\left( -y^2 \right) \sqrt{2} \cdot \sigma dy$$

$$+ \mu \int_{-\infty}^{\infty} \frac{1}{\sqrt{2\pi}} \exp\left\{ -\left( \frac{x-\mu}{\sqrt{2} \cdot \sigma} \right)^2 \right\} dx$$

$$= -\frac{\sqrt{2} \cdot \sigma}{\sqrt{\pi}} \int_{-\infty}^{\infty} \left\{ \frac{1}{2} \frac{d(-y^2)}{dy} \right\} \exp\left( -y^2 \right) dy + \mu$$

$$(\because\ 正規分布の -\infty \sim \infty の積分は 1)$$

$$= -\frac{\sigma}{\sqrt{2\pi}} \left[ \exp\left( -y^2 \right) \right]_{-\infty}^{\infty} + \mu = \mu$$

$$\sigma^2 \equiv \int_{-\infty}^{\infty} (x - \mu)^2 f(x) dx$$

$$= \int_{-\infty}^{\infty} \frac{(x-\mu)^2}{\sqrt{2\pi} \cdot \sigma} \exp\left\{ -\left( \frac{x-\mu}{\sqrt{2} \cdot \sigma} \right)^2 \right\} dx$$

ここで $y \equiv \dfrac{x-\mu}{\sigma}$ とおくと、$\dfrac{dy}{dx} = \dfrac{1}{\sigma}$ なので、$dx = \sigma dy$。また、$(x-\mu)^2 = y^2 \sigma^2$。

$$\therefore \sigma^2 = \int_{-\infty}^{\infty} \frac{y^2}{\sqrt{2\pi}} \exp\left(-\frac{y^2}{2}\right) dy$$

$$= \frac{\sigma^2}{\sqrt{2\pi}} \int_{-\infty}^{\infty} \exp\left(-\frac{y^2}{2}\right) - \frac{\sigma^2}{\sqrt{2\pi}} \left[y \exp\left(-\frac{y^2}{2}\right)\right]_{-\infty}^{\infty}$$

$$\left(\because \frac{d\left\{y \exp\left(-\frac{y^2}{2}\right)\right\}}{dy} = \exp\left(-\frac{y^2}{2}\right) - y^2 \exp\left(-\frac{y^2}{2}\right)\right)$$

$$= \sigma^2 - 0 = \sigma^2$$

**[別解]**

式 (3.9)

$$\sigma^2 = \int_{-\infty}^{\infty} x^2 f(x) dx - \mu^2$$

を利用すると、次の通りになります。

$$\int_{-\infty}^{\infty} x^2 f(x) dx$$

$$= \int_{-\infty}^{\infty} \frac{1}{\sqrt{2\pi} \cdot \sigma} x^2 \exp\left\{-\left(\frac{x-\mu}{\sqrt{2} \cdot \sigma}\right)^2\right\} dx$$

$$= \int_{-\infty}^{\infty} \frac{(x-\mu)^2 + 2x\mu - \mu^2}{\sqrt{2\pi} \cdot \sigma} \exp\left\{-\left(\frac{x-\mu}{\sqrt{2} \cdot \sigma}\right)^2\right\} dx$$

$$= \int_{-\infty}^{\infty} \frac{(x-\mu)^2}{\sqrt{2\pi} \cdot \sigma} \exp\left\{-\left(\frac{x-\mu}{\sqrt{2} \cdot \sigma}\right)^2\right\} dx$$

$$+ \int_{-\infty}^{\infty} \frac{2x\mu}{\sqrt{2\pi} \cdot \sigma} \exp\left\{-\left(\frac{x-\mu}{\sqrt{2} \cdot \sigma}\right)^2\right\} dx$$

$$- \int_{-\infty}^{\infty} \frac{\mu^2}{\sqrt{2\pi} \cdot \sigma} \exp\left\{-\left(\frac{x-\mu}{\sqrt{2} \cdot \sigma}\right)^2\right\} dx$$

$$= \int_{-\infty}^{\infty} \frac{(x-\mu)^2}{\sqrt{2\pi} \cdot \sigma} \exp\left\{-\left(\frac{x-\mu}{\sqrt{2} \cdot \sigma}\right)^2\right\} dx + 2\mu \cdot \mu - \mu^2 \cdot 1$$

（∵ 第 2 項は平均の計算、第 3 項の正規分布の $-\infty \sim \infty$ の積分は 1）

$$= \int_{-\infty}^{\infty} \frac{(x-\mu)^2}{\sqrt{2\pi} \cdot \sigma} \exp\left\{-\left(\frac{x-\mu}{\sqrt{2} \cdot \sigma}\right)^2\right\} dx + \mu^2$$

ここで、$y \equiv \dfrac{x-\mu}{\sigma}$ とおくと、$\dfrac{dy}{dx} = \dfrac{1}{\sigma}$ なので、$dx = \sigma dy$。また、$(x-\mu)^2 = y^2 \sigma^2$。

$$\therefore \quad \int_{-\infty}^{\infty} x^2 f(x)dx = \int_{-\infty}^{\infty} \frac{\sigma^2}{\sqrt{2\pi}} y^2 \exp\left(-\frac{y^2}{2}\right) dy + \mu^2$$

$$\frac{d\left\{y \exp\left(-\dfrac{y^2}{2}\right)\right\}}{dy} = \exp\left(-\frac{y^2}{2}\right) - y^2 \exp\left(-\frac{y^2}{2}\right)$$

より、

$$\sigma^2 = \frac{\sigma^2}{\sqrt{2\pi}} \int_{-\infty}^{\infty} \exp\left(-\frac{y^2}{2}\right) - \frac{\sigma^2}{\sqrt{2\pi}} \left[y \exp\left(-\frac{y^2}{2}\right)\right]_{-\infty}^{\infty} + \mu^2$$
$$= \sigma^2 - 0 + \mu^2$$

## 第7章

**7.1**　(1)　例えば図 7.1 などのグラフを見るとわかりますが、確率質量の最大値は期待値の近くです。$np$。

(2)　分散 $p(1-p)$ が最大になるときです。$p(1-p)$ が上に凸の関数で、$p$ に関する微分が $1-2p$ なので、$p = 0.5$ のときにバラつき最大となります。

(3)　バラつきを比較する際に用いる変動係数（4.4 節）は、

$$\frac{\sqrt{np(1-p)}}{np} = \sqrt{\frac{1-p}{np}}$$

です。すなわち、$n$ が大きいほど、バラつきは小さくなります。

**7.2**　(1)　$\lambda$ の周辺には違いありません。グラフの形状をみると、$x$ が $\lambda$ より若干小さい値であることが多いようです（整数なので少しずれます）。

(2)　$pn = $ 一定のまま $n \to \infty$ で、二項分布はポアソン分布に近づきます。

(3)　二項分布もポアソン分布も $n \to \infty$ で正規分布に近づきます。

　　二項分布については、$p = 0.5$ に近いほど近づき方が速くなります。他方、二項分布は $pn = $ 一定のまま $n \to \infty$（つまり $p \to 0$）で、一旦ポアソン分布に近づきます。

　　ポアソン分布は、二項分布が正規分布に近づく過程の中で、$p$ が 0.5 から外れた場合に中間的に近づく分布であるとも言えます。

(4)　二項分布の平均 $np$ はその極限であるポアソン分布の平均でもあるので、平均は $\lambda$ です。ここで $p \to 0$ なので、二項分布の分散 $np(1-p) \to np$。したがって、分散は $\lambda$ です。図 7.4 を見ると、$\lambda$ の上昇とともにピークは平均に収束し、平均と分散はともに大きくなっていくのがわかります。

## 7.3 ［解 1］

$\tilde{\mu}_X$

$$= E(X) = \sum_{k=0}^{n} k P(X = k)$$

$$= \sum_{k=1}^{n} k \cdot {}_nC_k p^k (1-p)^{n-k} \quad (\because k = 0 \text{ のとき } k \cdot {}_nC_k p^k (1-p)^{n-k} = 0)$$

$$= \sum_{k=1}^{n} k \cdot \frac{n(n-1)!}{(n-k)!k!} p \cdot p^{k-1} (1-p)^{n-k}$$

$$= np \sum_{k=1}^{n} \frac{(n-1)!}{\{(n-1)-(k-1)\}!(k-1)!} p^{k-1} (1-p)^{(n-1)-(k-1)}$$

$$= np \sum_{k'=0}^{n'} {}_{n'}C_{k'} p^{k'} (1-p)^{n'-k'} \quad (\because n' \equiv n-1, \, k' \equiv k-1)$$

$$= np$$

$$\left( \because \sum_{k'=0}^{n'} {}_{n'}C_{k'} p^{k'} (1-p)^{n'-k'} \text{ は二項分布の全確率質量の和} = 1 \right)$$

$E(X^2)$

$$= \sum_{k=0}^{n} k^2 P(X = k)$$

$$= \sum_{k=1}^{n} k^2 \cdot {}_nC_k p^k (1-p)^{n-k}$$

$$(\because k = 0 \text{ のとき } k^2 \cdot {}_nC_k p^k (1-p)^{n-k} = 0)$$

$$= \sum_{k=1}^{n} \{k(k-1) + k\} \cdot \frac{n}{(n-k)!k!} p^k (1-p)^{n-k}$$

$$= \sum_{k=1}^{n} k(k-1) \cdot \frac{n}{(n-k)!k!} p^k (1-p)^{n-k} + np$$

$$= \sum_{k=2}^{n} \frac{n(n-1)(n-2)!}{(n-k)!(k-2)!} p^2 p^{k-2} (1-p)^{n-k} + np$$

$$(\because k = 1 \text{ のとき } k(k-1) \cdot \frac{n}{(n-k)!k!} p^k (1-p)^{n-k} = 0)$$

$$= n(n-1)p^2 \sum_{k=2}^{n} \frac{(n-2)!}{\{(n-2)-(k-2)\}!(k-2)!}p^{k-2}(1-p)^{(n-2)-(k-2)} + np$$

$$= n(n-1)p^2 \sum_{k''=0}^{n''} {}_{n''}C_{k''}p^{k''}(1-p)^{n''-k''} + np$$

$$(\because\ n'' \equiv n-2,\ k'' \equiv k-2)$$

$$= n(n-1)p^2 + np$$

$$\left( \because \sum_{k''=0}^{n''} {}_{n''}C_{k''}p^{k''}(1-p)^{n''-k''} \text{ は二項分布の全確率質量の和 } = 1 \right)$$

$$\breve{\sigma}_X{}^2 = V(X) = E(X^2) - E^2(X) = n(n-1)p^2 + np - n^2p^2$$

$$= np(1-p)$$

**[解 2]**

「$n$ 回中 $k$ 回起こる」という現象を、$n$ 回の各回で起こった場合に 1、起こらなかった場合に 0 という確率変数を設け、その合計が $k$ になることに置き換えます。このとき、各回の確率変数は独立です。それゆえ、各回において、

$$\begin{cases} E(X_i) = 1 \cdot p + 0 \cdot (1-p) = p \\ E(X_i{}^2) = 1^2 \cdot p + 0^2 \cdot (1-p) = p \\ V(X_i) = E(X_i{}^2) - E^2(X_i) = p - p^2 = p(1-p) \end{cases}$$

です。したがって、以下となります。

$$\begin{aligned} \breve{\mu}_X &= E(X) \equiv E(X_1 + \cdots + X_n) = E(X_1) + \cdots + E(X_n) \\ &= np \\ \breve{\sigma}_X{}^2 &= V(X) \equiv V(X_1 + \cdots + X_n) = V(X_1) + \cdots + V(X_n) \\ &= np(1-p) \end{aligned}$$

**7.4** (1) 1 回の勝敗の確率表は表 7.A (a)（次ページ）のようになり、勝つ確率、引き分ける確率、負ける確率は全て $\frac{1}{3}$ になります。したがって、$n = 6$ 回やって $X = 4$ 回負ける確率 $P[X = 4]$ は、次の通りです。

$$P[X = 4] = {}_6C_4 \left(\frac{1}{3}\right)^4 \left(1 - \frac{1}{3}\right)^{6-4} = \frac{20}{243} = 0.082305 \quad (7.\text{A})$$

(2) 勝敗の確率表は表 7.A (b) のようになり、勝つ確率と負ける確率は 0.31、引き分ける確率は 0.38 となります。お互いともグーが出やすい分、引

**表 7.A　じゃんけん勝敗表**

(a) 平等版

| 自分＼相手 | | $\frac{1}{3}$ グー | $\frac{1}{3}$ チョキ | $\frac{1}{3}$ パー | 合計 |
|---|---|---|---|---|---|
| $\frac{1}{3}$ | グー | $\frac{1}{9}$ | $\frac{1}{9}$ | $\frac{1}{9}$ | $\frac{1}{3}$ |
| $\frac{1}{3}$ | チョキ | $\frac{1}{9}$ | $\frac{1}{9}$ | $\frac{1}{9}$ | $\frac{1}{3}$ |
| $\frac{1}{3}$ | パー | $\frac{1}{9}$ | $\frac{1}{9}$ | $\frac{1}{9}$ | $\frac{1}{3}$ |
| 合計 | | $\frac{1}{3}$ | $\frac{1}{3}$ | $\frac{1}{3}$ | |

(b) グー優先

| 自分＼相手 | | 0.5 グー | 0.2 チョキ | 0.3 パー | 合計 |
|---|---|---|---|---|---|
| 0.5 | グー | 0.25 | 0.1 | 0.15 | 0.5 |
| 0.2 | チョキ | 0.1 | 0.04 | 0.06 | 0.2 |
| 0.3 | パー | 0.15 | 0.06 | 0.09 | 0.3 |
| 合計 | | 0.5 | 0.2 | 0.3 | 1 |

(c) 個人依存

| 自分＼相手 | | 0.6 グー | 0.1 チョキ | 0.3 パー | 合計 |
|---|---|---|---|---|---|
| 0.3 | グー | 0.18 | 0.03 | 0.09 | 0.3 |
| 0.3 | チョキ | 0.18 | 0.03 | 0.09 | 0.3 |
| 0.4 | パー | 0.24 | 0.04 | 0.12 | 0.4 |
| 合計 | | 0.6 | 0.1 | 0.3 | 1 |

(d) 個人依存

| 自分＼相手 | | 0.4 グー | 0.1 チョキ | 0.5 パー | 合計 |
|---|---|---|---|---|---|
| 0.0 | グー | 0 | 0 | 0 | 0 |
| 0.5 | チョキ | 0.2 | 0.05 | 0.25 | 0.5 |
| 0.5 | パー | 0.2 | 0.05 | 0.25 | 0.5 |
| 合計 | | 0.4 | 0.1 | 0.5 | 1 |

き分ける確率が上がってしまったのです。ただし、勝つ確率と負ける確率が等しいので勝負を決める手段としては問題にはなりません。

　6 回やって 4 回負ける確率は、次の通りです。引き分ける確率が上がった分、(1) より確率は下がりました。

$$P[X = 4] = {}_6C_4 \cdot 0.31^4 (1 - 0.31)^{6-4} = 0.065953 \tag{7.B}$$

(3)　生理的な理由でグー、チョキ、パーを出す確率が等しくならないとすると、器用さや緊張のしやすさなどの、体質や性格により、人それぞれの確率になり得ます。例えば、比較的パーを出しがちな自分が、グーを出しがちな相手とじゃんけんした場合には、表 7.A (c) のように自分が相手より有利（勝つ確率 = 0.36、引き分ける確率 = 0.33、負ける確率 = 0.31）です。すなわち相手が「何を出しがちか」を見抜けると、じゃんけんで勝ちやすくなります。当たり前の勝負の厳しさを物語ってますね。

　　　統計では、このように一つ一つを丹念に検討していきましょう。

(4)　最初がグーだと緊張しがちとも考えられます。また、グーを続けてはまずいと思い意図的にグーを変えるのであれば、パーになりがちとも考えられます。例えば、表 7.A (d) の相手のようにグーないしパーを出しがちですと、「相手がチョキをほとんど出してこない」という仮説を立て、「チョキに勝てるグーを出さずに勝負する」という戦略が考えられます。

この場合、勝つ確率は 0.45、引き分けの確率は 0.30、負ける確率は 0.25 です。

$$P[X=4] = {}_6C_4 \cdot 0.25^4(1-0.25)^{6-4} = 0.032959 \tag{7.C}$$

**7.5** (1) $P[X=k] = {}_{25}C_k \cdot \left(\dfrac{1}{3}\right)^k \left(\dfrac{2}{3}\right)^{25-k}$

(2) $\breve{\mu}_X = np = \dfrac{1}{3} \times 25 = 8.33$

　　　他方、表の「期待値」列の総和が二項分布の平均です。同じ値ですね。

(3) $(\text{偏差}^2) \times P(X)$

(4) $\breve{\sigma}_X{}^2 = np(1-p) = \dfrac{1}{3} \times 25 \times \dfrac{2}{3} = 5.56$

　　　表の「変動」列の総和が二項分布の分散です。やはり同じですね。

(5) 図 7.A の実線の通り。

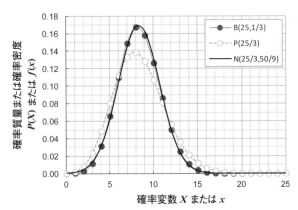

**図 7.A　二項分布、ポアソン分布、及び正規分布の比較グラフ**

(6) $\lambda = np = 8.33$

　　　グラフは図 7.A の ○ の通り。稀な現象ではないので、一致しません。

(7)
$$\begin{cases} \breve{\mu}_X = np = 8.33 \\ \breve{\sigma}_X{}^2 = np(1-p) = 5.56 \end{cases}$$

　　　グラフは図 7.A の ● の通り。ほぼ完全に一致しています。つまり、$n = 25$ でかなり全数調査に近いということです。ただ、$n \neq 0.5$ なので、その分、左にゆがんでいます。

**7.6** (1) たまたま回数と確率が同じなので、表 7.5（143 ページ）が使えます。同表によると（計算しても求められます）、発生確率は 8.62% です。

　　　つまり、珍事とは言えませんので、弱いとは言えません。

(2) 簡単に考えると、100 人中 8.23 人程度は 11 回負けて然るべきで、15 人はその約 2 倍です。この問題は、表 7.5 の 26 通りの負け数から、100 回抽出した場合に、負け数 11 回を 15 回とる確率を求める問題に帰着できます。

この確率は、次の通り 1% 程度となり、珍事と言えます。

$$P\left[X = 15\right] = {}_{100}C_{15} \cdot 0.0862^{15}\left(1 - 0.0862\right)^{100-15}$$
$$= 0.0128428$$

ちなみに、16 人以上となると、確率質量が急激に低下します。したがって、「うち 15 人以上が 11 回負ける」と言い直しても、珍事であることに変わりはないようです。

$$P[X = 16] = {}_{100}C_{16} \cdot 0.0862^{16}(1 - 0.0862)^{100-16} = 0.006436$$
$$P[X = 17] = {}_{100}C_{17} \cdot 0.0862^{17}(1 - 0.0862)^{100-17} = 0.0029999$$
$$P[X = 18] = {}_{100}C_{18} \cdot 0.0862^{18}(1 - 0.0862)^{100-18} = 0.0013049$$

(3) 12、13、14 人が 11 回負ける確率は、以下の通りです。12 人と 13 人の間に珍事かどうかの境界線があるようです。

$$P[X = 12] = {}_{100}C_{12} \cdot 0.0862^{12}(1 - 0.0862)^{100-12} = 0.0634384$$
$$P[X = 13] = {}_{100}C_{13} \cdot 0.0862^{13}(1 - 0.0862)^{100-13} = 0.0405086$$
$$P[X = 12] = {}_{100}C_{12} \cdot 0.0862^{12}(1 - 0.0862)^{100-12} = 0.0237462$$

**7.7** 8 時間に 26 人来たので、1 時間あたりに $\dfrac{26}{8} = 3.25$〔人〕来たことになります。この 3.25 が頻繁といえるかどうかはさておき、時間を単位として、$\lambda = 3.25$ のポアソン分布を考えます。すると、あと 1 時間で $x$ 人患者が来る確率 $f(x)$ は、次式で与えられます。

$$f(x) = \frac{3.25^x}{x!}e^{-3.25} \tag{7.D}$$

(1) $x = 3$ となる確率は、$f(3) = 22.2$〔%〕。

(2) $x \leq 3$ となる確率は、$f(0) + f(1) + f(2) + f(3) = 59.1$〔%〕。

(3) **表 7.B**（次ページ）を作りましょう。患者が 11 人以上来る確率はほとんど 0 であり、また、患者が 10 人来る期待値は 9 人来る期待値より小さいです。そこで、患者が 11 人以上来ることはまずないと腹をくくり、患者数が 0 人から 10 人までの期待値の総和、約 3.24 人という期待値を得ることができます。ここで、期待値は患者数と確率の積です。

**表 7.B　患者数と確率等**

| 患者数 | 確率 | 期待数 |
| --- | --- | --- |
| 0 | 0.03877 | 0.00000 |
| 1 | 0.12602 | 0.12602 |
| 2 | 0.20478 | 0.40955 |
| 3 | 0.22184 | 0.66552 |
| 4 | 0.18025 | 0.72098 |
| 5 | 0.11716 | 0.58580 |
| 6 | 0.06346 | 0.38077 |
| 7 | 0.02946 | 0.20625 |
| 8 | 0.01197 | 0.09576 |
| 9 | 0.00432 | 0.03890 |
| 10 | 0.00140 | 0.01405 |
| 11〜 | 0.00056 | — |
| 合計 | 1.00000 | 3.24360 |

**7.8**　(1)　実は、

$$\sum_{n=0}^{\infty} \frac{1}{n!} \equiv \exp(1) = e$$

は、ネイピア数の定義の一つです。

(2)　$f(x) = \exp x$ とすると、

$$f^{(n)}(0) = f(0) = 1$$

$$\therefore \ \exp x = \sum_{n=0}^{\infty} \frac{x^n}{n!}$$

(3)　$P[X = k]$

$$= \frac{n(n-1)\cdots(n-k+1)}{n^k k!} \cdot (np)^k \frac{(1-p)^n}{(1-p)^k}$$

$$= \frac{1 \cdot \left(1 - \dfrac{1}{n}\right) \cdots \left(1 - \dfrac{k-1}{n}\right)}{k!} \cdot (np)^k \frac{\left\{1 - \dfrac{(np)}{n}\right\}^{\frac{-n}{np}\cdot(-np)}}{\left\{1 - \dfrac{(np)}{n}\right\}^k}$$

$$= \frac{1 \cdot \left(1 - \dfrac{1}{n}\right) \cdots \left(1 - \dfrac{k-1}{n}\right)}{k!} \cdot (np)^k \frac{\left[\left\{1 - \dfrac{(np)}{n}\right\}^{-\frac{n}{np}}\right]^{-np}}{\left\{1 - \dfrac{(np)}{n}\right\}^k}$$

(4) $n \to \infty$ で、$P[X = k] = \dfrac{1}{k!} \cdot (np)^k \dfrac{e^{-np}}{1^k} = \dfrac{\lambda^k}{k!} e^{-\lambda}$

$$\left( \because e \equiv \lim_{x \to \infty} \left\{ 1 - \frac{1}{x} \right\}^{-x} = \lim_{x \to \infty} \left\{ 1 + \frac{1}{x} \right\}^{x} \right)$$

(5) $\displaystyle \sum_{k=0}^{\infty} \frac{\lambda^k}{k!} e^{-\lambda} = e^{-\lambda} \sum_{k=0}^{\infty} \frac{\lambda^k}{k!}$  （$\because$ 上記 (2)）

$$= e^{-\lambda} e^{\lambda} = 1。$$

**7.9** (1) $P(X = x) = {}_4C_x p^x (1-p)^{4-x}$

(2) $\breve{\mu}_X = \{ (0 \times 9) + (1 \times 29) + (2 \times 33) + (3 \times 26) + (4 \times 3) \} \div 100$

$= 1.85$ 〔人〕

$\breve{\sigma}_X{}^2 = \{ (0 - 1.85)^2 \times 9 + (1 - 1.85)^2 \times 29 + (2 - 1.85)^2 \times 33$

$\qquad + (3 - 1.85)^2 \times 26 + (4 - 1.85)^2 \times 3 \} \div 100$

$= 1.0075$ 〔人〕

(3) $\breve{\mu}_X = np = 4 \times p = 1.85$ なので、$p = 0.4625$。

(4) 図 7.D の通りです。

**表 7.C 二項分布への当てはめ結果**

| 男の数 | 該当組数 | 当てはめ組数 |
|---|---|---|
| 0 | 9 | 8.35 |
| 1 | 29 | 28.73 |
| 2 | 33 | 37.08 |
| 3 | 26 | 21.27 |
| 4 | 3 | 4.58 |
| 計 | 100 | 100.00 |

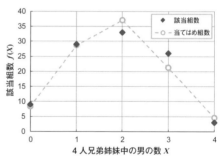

**表 7.D 二項分布への当てはめ結果**

# 第 8 章

**8.1** (1) 時間の単位を年とします。

$${}^{60}_{27}\mathsf{Co} : f_{\mathsf{Co}}(t) = 100 \cdot 0.5^{\frac{t}{5.2713}}, \quad {}^{134}_{55}\mathsf{Cs} : f_{\mathsf{Cs}}(t) = 100 \cdot 0.5^{\frac{t}{2.0648}}$$

(2) 残存量は、

$$f_{\mathsf{Co}}(1) = 100 \cdot 0.5^{\frac{1}{5.2713}} = 87.7, \quad f_{\mathsf{Cs}}(1) = 100 \cdot 0.5^{\frac{1}{2.0648}} = 71.5$$

したがって、崩壊量は、

$${}^{60}_{27}\mathsf{Co}\ は\ 100 - 87.7 = 12.3, \quad {}^{134}_{55}\mathsf{Cs}\ は\ 100 - 71.5 = 28.5。$$

(3) $0.5^{\frac{t}{5.2713}} = 5 \cdot 0.5^{\frac{t}{2.0648}}$ より、

$$\frac{t}{5.2713} \ln 0.5 = \ln 5 + \frac{t}{2.0648} \ln 0.5$$

$$\therefore t = 7.88 \text{ [年後]}$$

**8.2** (1) $\lambda = 0.012 \div 12 = 0.001$。したがって、$F(t) = 1 - e^{-0.001t}$。

(2) $1 - R(t) = 1 - F(t)\, e^{-0.001t}$

(3) $1 - R(5) = e^{-0.001 \cdot 5} = 99.5\%$

(4) 1 年経過した時点で故障してしまっている確率は、

$$F(12) = 1 - e^{-0.001 \cdot 12} = 1.19 \text{ [\%]}$$

1% 以上なので「起こる可能性はある」、すなわち珍事ではないということになります。保証がどうなっているかにもよりますが、故障したら運が悪かったと思って諦めざるを得ません。

**8.3** (1) $1\,[\text{km}^2] \div 25 = 0.04\,[\text{km}^2]$

(2) $f(x) = 25e^{-25x}$。なお、これを確率にするには、微小移動面積 $dx$ を乗じて

$$f(x)dx = 25e^{-25x}dx$$

とします。(1) より $0.04\,\text{km}^2$ 以上歩くと、次の 1 人に遭う可能性が出てくると考えられます。そこで、少なくとも $dx < 0.04\,[\text{km}^2]$ であるべきです。

(3) $F(x) = 1 - e^{-25x}$

(4) 単純には、(1) を参照すると珍事と想像できます。すなわち、$0.1\,\text{km}^2$ 歩く間に人に遭遇する確率は、

$$F(0.1) = 1 - e^{-25 \cdot 0.1} = 91.8 \text{ [\%]}$$

したがって、この現象が起こる確率は 8.2% です。ここで、危険率を 10% にすると珍事であり、5% にすると珍事ではなくなります。最後は捉え方の問題になります。

(5) 題意と必ずしも一致しませんが、まずは参考までに与えられた問題を、「どれだけ歩いても人と遭遇しない状況が奇異であるか」と解釈すると、

$$F(x) = 1 - e^{-25x} \geq 99 \text{ [\%]}$$

を解くことになり、$e^{-25x} \leq 0.01$ より $x \geq 0.184$ です。

さて、確率密度を使うと

$$f(x)dx = 0.01 \cdot 25e^{-25x} \leq 0.01$$

を解くことになり、$e^{-25x} \leq 0.04$ より $x \geq 0.129$ です。つまり、
$0.129\,\mathrm{km}$ 歩く間に、誰とも遭遇しなかったら珍事と言えます。ここで、
前者と後者が一致しないのは、連続関数に有限の $dx$ を設けたことによ
る誤差です。

なお、もし移動面積を (1) の答えにすると、両者は一致します。(1)
が例 8.2（151 ページ）のベンチ幅に相当しているからです。

**8.4** (1) $mg - R = m\alpha$

下向きに移動しているので、下向きを正方向としています。

(2) $\dfrac{dv}{dt} = \alpha$

(3) $R = kv$

(1) の式は「$R$ が速度の反対方向に作用する」ことを前提に表現した
ので、$R$ は大きさだけを考慮します。

(4) $mg - kv = m\dfrac{dv}{dt}$

(5) $v = C + ae^{bt}$ を代入して、

$$mg - k(C + ae^{bt}) = mabe^{bt} \rightarrow mg - kC = a(k + mb)e^{bt}$$

$t$ によらずこの式が成り立つためには、（両辺）$= 0$、すなわち、

$$C = \frac{mg}{k}, \quad b = -\frac{k}{m}$$

$$\therefore v = \frac{mg}{k} + ae^{-\frac{k}{m}t} \quad (a \text{ は } 0 \text{ 以外の任意の実数})$$

また、

$$\alpha = -a\frac{k}{m}e^{-\frac{k}{m}t}$$

雨粒の自然落下の速度は指数分布の累積分布 $F(x)$ と同型に、加速度は
指数分布の確率密度分布 $f(x)$ と同型になります。

**8.5** (1) 故障率 $\lambda$ が大きいほど、早期に壊れます。したがって、部品 C です。

(2) $(1 - R_A)(1 - R_B)(1 - R_C) = e^{-0.7t} \cdot e^{-0.02t} \cdot e^{-0.005t} = e^{-0.725t}$

(3) 4 年後までに壊れる確率は、

$$R(4) = 1 - e^{-0.725 \cdot 4} = 0.945$$

より、$1 - 0.945 = 5.5$ [%]。

(4) $R_A = 1 - e^{-0.7t}$ を微分して、$f_A(t) = 0.7e^{-0.7t}$ を得ます。

$$\therefore f_A(4) = 0.7e^{-0.7 \cdot 4} = 0.0426$$

同様にして、

$$f_B(4) = 0.02e^{-0.02 \cdot 4} = 0.0185$$

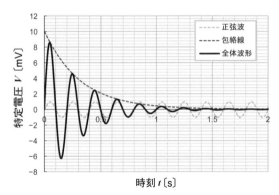

図 8.A　減衰打撃の測定信号履歴

$$f_C(4) = 0.005e^{-0.005 \cdot 4} = 0.0049$$

それぞれに 1 年を乗じると、4 年目に壊れる確率になります。この総和は 6.6% です。

　(3) の 94.5% と比べると顕著に低いですが、これは、部品（特に A）がもっと早くに壊れてしまう可能性が高いことを表しています。

**8.6**　(1)　$t_0 = 0$ なので、

$$式 (8.12) \to \eta\pi f t = \ln\left(\frac{V_0}{V}\right)$$
$$\to \frac{V_0}{V} = \exp(\eta\pi f t)$$
$$\to V = V_0 \exp(-\eta\pi f t)$$

指数分布の確率密度関数と同型になります。

(2)　$f_1(t) = 10\exp(-0.2\pi 5t)$、$f_2(t) = \sin(2\pi 5t)$ の例を図 8.A に示します。

## 第 9 章

**9.1**　(1)　$f(x) = \dfrac{1}{\sqrt{2\pi}}\exp\left(-\dfrac{x^2}{2}\right)$

(2)　平均 $\mu = 0$、分散 $\sigma^2 = 1$ の正規分布が、標準正規分布。

(3)　0.03989（4% 弱と覚えましょう）。

**9.2**　(1)　母集団。大量のデータがある自然現象なので正規分布と考えられます。

(2)　標本集団

(3)　標本数が 20 なので、両者は十分一致していると考えられます。

(4)
$$\mu_0 = \frac{\mu_x - \mu}{\sqrt{\dfrac{\sigma^2}{n}}} = \frac{548 - \mu}{\sqrt{\dfrac{6}{20}}}$$

より、

$$548 - 1.645\sqrt{\frac{6}{20}} \approx 547.1 \leq \mu \leq 548 + 1.645\sqrt{\frac{6}{20}} \approx 548.9$$

製品の平均値は 547.1 MPa 以上と推定されます。ただし、母分散がありバラついているので、全製品のうち何 % が仕様の 540 MPa を満足しているかを求めるには、別途計算が必要です。

**9.3** (1) $p = 0.5$ のときに二項分布は左右対称形になるので、より正規分布と一致します。ただし、0.4 でもかなり左右対称形になっているのが見てわかります。

(2) 頂点部分を見ると、$n = 30$ でほぼ一致しているのがわかります。頂点以外では、見分けがつかないほど良く一致しています。

　数学的には、$p = 0.5$ が前提で、$n \geq 30$ のときに $B(n, p)$ が $N\{np, np(1 - p)\}$ で近似できることが証明されています。

**9.4** (1) 平均 $\widetilde{\mu} = 50$、分散 $\widetilde{\sigma}^2 = 100$（標準偏差 $\widetilde{\sigma} = 10$）

(2) 表 9.1 を完成させると、表 9.A のようになります。

　87 点もとって偏差値が 49.14 とは、簡単な試験だったのか、あるいは皆、相当、出来が良かったのか……。

　平均 $\mu = 87.4$ 点、分散 $\sigma^2 = 21.84$ 点$^2$、標準偏差 $\sigma = 4.67$ 点。

(3) 表 9.A の通り。まず、得点を標準正規分布に乗るように変換します。

$$z = \frac{x - 87.4}{4.67}$$

他方で偏差値の定義は $y = 10z + 50$ です。

$$\therefore y = \frac{10(x - 87.4)}{4.67} + 50$$

(4) 正規分布では中心付近にデータが密集するので、平均付近で少し頑張れば順位は上がりますが、残念ながら偏差値はほとんど変わりません。

　一方、点が平均点より離れるに従い、順位があまり変わらないにもかかわらず、偏差値の変化が顕著に大きくなっていきます。

　これが、誰もが努力の割に偏差値が上がらずに苦しんだり、反対に、思った以上に偏差値が高く、調子に乗ってしまい後悔したりする理由です。

(5) 偏差値 40 は、平均より 10 違うので、標準正規分布における確率変数

**表 9.A　試験結果（完成版）**

| 名　前 | 素点 | 偏差$^2$ | 偏差値 |
|---|---|---|---|
| 優二郎 | 83 | 19.36 | 40.58 |
| 巫美子 | 91 | 12.96 | 57.70 |
| 美　鈴 | 79 | 70.56 | 32.03 |
| 沙三郎 | 84 | 11.56 | 42.72 |
| Rainbow | 88 | 0.36 | 51.28 |
| 聡一郎 | 96 | 73.96 | 68.40 |
| 美悠貴 | 85 | 5.76 | 44.86 |
| 晶　冠 | 89 | 2.56 | 53.42 |
| 雅一郎 | 92 | 21.16 | 59.84 |
| 則四郎 | 87 | 0.16 | 49.14 |
| 平均 | 87.4 | 21.84 | 50.00 |
| 標準偏差 | | 4.67 | |

$-1$ に、また偏差値 60 は 1 に対応しています。つまり、偏差値 40〜60 は $1\sigma$ です。図 9.2（171 ページ）より 68.27%。

　　ちなみに、偏差値 70 を超えるには $2\sigma$ より外、すなわち、図 9.3 よりトップの 2.28% にいる必要があります。

(6)　分布のピークが 2 か所ある、左右非対称、山形をしていないなどの、正規分布の特徴から大きく外れるデータです。

**9.5**　(1)　$B(10,\, 0.5)$

(2)　4、5、6 回

(3)　$p = 0.5$ なので対称性については問題ありません。$n = 10$ なので、まあ一致しているとみなしてよいでしょう。

　　平均 $\overline{X} = 10 \times 0.5 = 5$、分散 $\sigma_X{}^2 = 10 \times 0.5 \times 0.5 = 2.5$、標準偏差 $\sigma_X = 2.5^{0.5} = 1.58$ の正規分布 $N(5,\, 2.5)$ に近似させます。

(4)　階級値を連続変数に置き換えるときは一般的に、4 回は 3.5〜4.5 回などと換算します。階級表の要領です。

　　したがって、3.5〜6.5 という連続変数範囲に置き換わります。

(5)　$z = \dfrac{(x - \mu_x)}{\sigma_x}$ で置き換えて、

$$\frac{3.5 - 5}{1.581} \le z \le \frac{6.5 - 5}{1.581}$$

すなわち、$-0.9487 \le z \le 0.9487$。

(6)　表 6.1 より、$z = 0.94$ の累積確率は 0.326391220、$z = 0.95$ の累積確率は 0.328943874 なので、$z = 0.9487$ の累積確率を近似的に

表 9.B　コイントスの確率表

| 表の回数 | | | 確率（密度） | |
|---|---|---|---|---|
| 偏差$^2$ | 偏差 | 実値 | 二項分布 | 正規分布 |
| 25 | −5 | 0 | 0.0009766 | 0.0017001 |
| 16 | −4 | 1 | 0.0097656 | 0.0102848 |
| 9 | −3 | 2 | 0.0439453 | 0.0417071 |
| 4 | −2 | 3 | 0.1171875 | 0.1133717 |
| 1 | −1 | 4 | 0.2050781 | 0.2065766 |
| 0 | 0 | 5 | 0.2460938 | 0.2523133 |
| 1 | 1 | 6 | 0.2050781 | 0.2065766 |
| 4 | 2 | 7 | 0.1171875 | 0.1133717 |
| 9 | 3 | 8 | 0.0439453 | 0.0417071 |
| 16 | 4 | 9 | 0.0097656 | 0.0102848 |
| 25 | 5 | 10 | 0.0009766 | 0.0017001 |
| | 期待値 | | 5 | |
| | 分散 | | 2.5 | |
| | 標準偏差 | | 1.5811388 | |

$$0.326391220 + (0.328943874 - 0.326391220) \times 0.87 = 0.328612$$

と求めます。

$$\therefore\ 0.328612 \times 2 \approx 0.657$$

なお、二項分布で求めると表 9.B のようになり、

$$0.2050781 + 0.2460938 + 0.2050781 \approx 0.656$$

と、ほぼ一致しました。表 9.B は、表計算ソフトウェア Excel があれば簡単にできますが、表 6.1 があって PC がない場合には正規分布に近似するのも有効です。

**9.6** (1) 一般的には、推定とは「直接知ることができない事象を、例えば数学的手法によって少しでも明らかにしようとする行為」全般を指します。この章向けに説明すると、原因（母集団）がわかっているときに、結果（標本集団）の確率を議論することを推定、結果から原因を確率論的に推定することを検定と区別します。また、本書では、両者を合わせて「予測」と呼びます。

(2) 標準正規分布に変換した際に、変換後の確率変数が平均を中心に $\pm 3\sigma$ の領域に入ること。ほとんど全ての場合に入りますので、$3\sigma$ から外れた事象は相当奇異であると言って差し支えないでしょう。

(3) 分散 $\sigma_x{}^2$ は、要素がどの程度散らばっているかを示す概念です。分散

$\sigma_x{}^2$ は $S$（変動）÷ $n$（要素数）で定義され、データ群内の議論に対して用います。一方、不偏分散 $\tilde{\sigma}_x{}^2$ は $S$（変動）÷ $\nu$（自由度）で定義され、母集団を推定する際など、情報が欠落した状況で分散の代わりに用います。

**9.7** (1) 破壊試験

(2) まず、40 ロットは標本数としては十分なので、正規分布で母平均を推定して差し支えありません。また、不偏分散ではなく分散を使って差し支えありません。不偏分散 $\tilde{\sigma}^2 = 8$ なので、

分散 $\sigma^2 = 8 \times (40 - 1) \div 40 = 7.8$

したがって、片側 5% 検定で推定される母平均の範囲は、以下の式より計算できます。あくまで平均値だけの議論ですが、出荷する製品の平均引張強度が $400\,\mathrm{MPa}$ を超える製品を 95% 以上の確率で出荷できるので、合格です（バラつきが大きければそうも言い切れなくなってきます）。

$$- \infty \leq \frac{402 - \mu}{\sqrt{\dfrac{7.8}{40}}} \leq 1.645$$

$$\therefore 402 - 1.645\sqrt{\frac{7.8}{40}} = 401.27 \leq \mu$$

(3) 商売的に考えると、契約上、下限値のみ設定されていたら片側検定、上限値も設定されていたら両側検定します。しかし、数学的（統計学的）にはもう少し深い事情があります。両側検定する意味は、ある程度以上、製品の引張強度が強すぎても製品として良くないとみなすことです。引張強度を上げるにはコストが掛かりますので、一般的には引張強度の高い鋼ほど価格が上がります。

　つまり、買う側にしてみれば、安価に良い材料を買えるので片側検定してもらいたいところですが（実は強すぎると加工性が悪くなるので強ければ良いというわけでもありませんが……[55]）、売る側はコストが掛かるだけでうれしくないので、両側検定したいところです。

**9.8** 表 9.C の通り。

**表 9.C サイコロを振って出る目の数の平均**

(a) 1 回

| 偏差$^2$ | 偏差 | 得点 | 確率 |
|---|---|---|---|
| 6.25 | −2.5 | 1 | 0.167 |
| 2.25 | −1.5 | 2 | 0.167 |
| 0.25 | −0.5 | 3 | 0.167 |
| 0.25 | 0.5 | 4 | 0.167 |
| 2.25 | 1.5 | 5 | 0.167 |
| 6.25 | 2.5 | 6 | 0.167 |
| | | 平均 | 3.5 |
| | | 分散 | 2.917 |
| | | 標準偏差 | 1.708 |

(b) 2 回

| 偏差$^2$ | 偏差 | 得点 | 実値 | 確率 | 組合せ |
|---|---|---|---|---|---|
| 6.25 | −2.5 | 1.0 | 2 | 0.028 | 1 |
| 4.00 | −2.0 | 1.5 | 3 | 0.056 | 2 |
| 2.25 | −1.5 | 2.0 | 4 | 0.083 | 3 |
| 1.00 | −1.0 | 2.5 | 5 | 0.111 | 4 |
| 0.25 | −0.5 | 3.0 | 6 | 0.139 | 5 |
| 0.00 | 0.0 | 3.5 | 7 | 0.167 | 6 |
| 0.25 | 0.5 | 4.0 | 8 | 0.139 | 5 |
| 1.00 | 1.0 | 4.5 | 9 | 0.111 | 4 |
| 2.25 | 1.5 | 5.0 | 10 | 0.083 | 3 |
| 4.00 | 2.0 | 5.5 | 11 | 0.056 | 2 |
| 6.25 | 2.5 | 6.0 | 12 | 0.028 | 1 |
| | | | 平均 | 3.5 | |
| | | | 分散 | 1.458 | |
| | | | 標準偏差 | 1.208 | |

**9.9** (1) $B(n, r)$

(2) $N(nr, nr(1 - r))$。$X$ は $x$ に変えています。

(3)
$$x \to z = \frac{x - nr}{\sqrt{nr(1 - r)}} = \frac{x - 400r}{\sqrt{400r(1 - r)}}$$

の変換をすると、$z$ は標準正規分布に従います。したがって、$x = 24$ の場合の確率 95% に対応する範囲は、

$$-1.960 \leq \frac{24 - 400r}{20\sqrt{r(1 - r)}} \leq 1.960$$

となります。これは、式 (7.9) と比較すると、産まれる雛の期待値と実数の差に関する 95% 両側検定の式になっていることがわかります。

(4) まず、標本分散 $\approx$ 母分散を利用すると、分母の $r$ を $\dfrac{24}{400} = 0.06$ で近似してよいので、

$$-1.960 \leq \frac{24 - 400r}{20\sqrt{400\left(1 - \dfrac{24}{400}\right)}} = \frac{x - 400r}{4.75} \leq 1.960$$

$$\therefore 0.037 \leq r \leq 0.083$$

本来 400 個の卵から、14.69〜33.31 個（詳細に計算した値なので、$400 \times 0.037$ や $400 \times 0.083$ と若干違った値です）の雛が産まれる確率が 95% だったわけです。

**9.10** (1) $f(x) = \dfrac{1}{12\sqrt{2\pi}} \exp\left\{-\dfrac{(x-48)^2}{2 \cdot 12^2}\right\}$

(2) これを $x \to z = \dfrac{x-48}{12}$ で、標準正規分布に変換すると、$x = 50$ と 60 は、$z = \dfrac{1}{6}$ と 1 に対応します。$z = \dfrac{1}{6} \sim 1$ の累積確率は、表から $0.341 - 0.0662 = 0.275$ です。

　したがって、50 点以上 60 点以下の受験生は、全受験生の 27.5% います。

(3) 27.5% の割合で 360 人なので、全受験人数は $360 \div 0.275 = 1310$〔人〕。

(4) 1310 人中 460 人が合格しているので、合格者の上位割合が $\dfrac{460}{1310} = 35.1$〔%〕と出ます。この合否ラインの $z$ は、表より 0.382。

　つまり、$x = 52.584$ より、合格点は 53 点だったと予測できます。

## 第 10 章

**10.1** (1) 0.362

(2) 中央はより尖っていますが、周囲は平たい、頂きを押し潰して左右に広げた形をしています。すなわち、より遠くまでバラついています。

(3) 0.408、0.463

(4) 急激に標準正規分布に近づいていきます。

(5) 約 1.39

(6) $0 \leq t \leq 3$ の範囲にある確率の倍を 1 から引けばよいです。

$$\therefore \ 1 - 0.471167 \times 2 = 0.05777$$

(7) 両側 5% を除いた中央部は 95%、その半分は 47.5%。

$$\therefore \ 約 2.79$$

**10.2** $t$ は式 (10.A) で計算され、自由度 $\nu = 10 - 1 = 9$ です。不偏標準偏差とは、不偏分散の平方根です。

$$t = \frac{0.264 - \mu}{\sqrt{\dfrac{0.15^2}{10}}} \tag{10.A}$$

(1) まず、$\mu > 0.3$ ならば $t < -0.76$。

　0.3 mg 未満になってはいけないので、片側検定をします。つまり、$t$ の最大値の $-0.76$ が中心から負側 45% に入っていれば、今回の現象はあり得るとします。ここで、累積確率の 0.45 は $t_a = $ 約 1.82 に対応しており、$-1.82 \leq -0.76$。

したがって、仮説「製薬工程 A が正しく管理されている」を棄却できません。

(2) 次に、$\mu$ が未知数となり、0.264 との上下関係が未知なので、今度は両側検定します。

ここで、累積確率の 0.475 は $t_a =$ 約 2.26 に対応しており、$-2.26 \leq t \leq 2.26$。したがって、確率 95% で、$0.2863 \leq \mu \leq 0.3077$ にあります。

上記の 2 種類の推定について、違和感があるかもしれません。95% という大きな数値は、「可能性」ではなく「確実性」を意味しており、これがイメージしにくいのではないでしょうか。

目標平均値 0.3 mg に対して標本平均が 0.264 mg なので、約 12% ずれています。一方で、不偏標準偏差が 0.15 mg と、目標平均値の 50% に達しています。これだけバラつくと、標本平均が母平均を 12% 程度下回っているからと言って、実際にそれだけずれているかどうかはわかりません。この状況を、「絶対に管理が行き届いていないとは 95% の確率で言えない」、あるいは「絶対に平均値が所定の値になっていないとは 95% の確率で言えない」などと表現しているのです。

95% の確率で「工程管理が行き届いている」とは言っていません。

**10.3** (1) $\dfrac{\Gamma\left(\dfrac{\nu+1}{2}\right)}{\sqrt{\nu\pi} \cdot \Gamma\left(\dfrac{\nu}{2}\right)}$ には変数が入ってないので、結局

$$f(t:\nu) = G\left(1 + \frac{t^2}{\nu}\right)^{-\frac{\nu+1}{2}}$$

の形であることがわかります。こんな単純な形が、正規分布と似た形になるのです。

(2) 微分してみましょう。第 4 因数が $t = 0$ で 0 になるので、元の式における（　）内の形がカーブの丸みを出しています。乗数が大きくなるほど、丸みが鋭くなっていきます。

また、$t \to \pm\infty$ で第 3 因数が 0 になりますが、これは $t$ 軸に漸近することを示しています。

$$\frac{df}{dt} = \frac{df}{d\left(1 + \dfrac{t^2}{\nu}\right)} \frac{d\left(1 + \dfrac{t^2}{\nu}\right)}{dt}$$

$$= G\frac{-(\nu + 1)}{2}\left(1 + \frac{t^2}{\nu}\right)^{-\frac{\nu + 1}{2} - 1}\left(\frac{2t}{\nu}\right)$$

ところで、$f(t : \nu)$ の右辺第 2 因数の $t$ が 2 乗でなくても、偶数乗であれば左右対称になり、奇数乗だと非対称になります。

**10.4**　(1)　①後半戦の各試合の打率は 0.25、0.4、0.0、0.2 で、平均は 0.2125 です。一方、②後半戦 4 試合を総じて、16 打数 4 安打なので、平均打率は 0.25 です。

両者の違いは、表向きは 1 試合の打数が毎試合異なるために発生する数学的な差異ですが、本質的には各試合を要素とみるか、各打席を要素とみるかの違いです。

(2)　試合を要素としますので、「$n = 4$ の標本の母平均は 0.325 か」という検定をします。ここで、不偏分散 $\widetilde{\sigma}^2 \approx 0.0273$、$\nu = 3$ の t 分布を参照し、両側 95% 検定します。

0.475 に対応するのは $t_a = 2.78$（正確には 2.77645）なので、以下の通り珍事ではないという結論になります。たった 4 試合では何も言えないのです。

$$-2.78 \le \frac{0.2125 - \widetilde{\mu}}{\sqrt{\dfrac{0.0273}{4}}} = \frac{0.2125 - \widetilde{\mu}}{0.0826} \le 2.78$$

$$\therefore\ -0.017 \le \widetilde{\mu} \le 0.442。$$

なお、範囲の下限値が実際にはあり得ない負になりますが、これは数学的な数値であって、実際に考えるときには、下限値は 0 と解釈します。

(3)　打席が要素の場合、より単純に「$n = 16$ 打席中 $X = 4$ 回安打を打てたかどうか」を確率 $p = 0.325$ の二項分布で判定することができます。二項分布を正規分布 $N(16 \cdot 0.325,\ 16 \cdot 0.325 \cdot 0.675) = N(5.2, 3.51)$ で近似してみましょう。

変換：$x \to z = \dfrac{x - 5.2}{\sqrt{3.51}}$ で標準正規分布に従います。$x = 4$ は $z = -0.6405$ に変換され、一方で $-\infty \le z \le -0.6405$ の累積確率、すなわち $0.6405 \le z \le \infty$ の累積確率は、

$$0.5 - 0.238914 = 0.261086$$

したがって、実際の成績よりも悪い ＝ 打てない可能性は 26.1% あり、珍事ではないと言うことになります。

**10.5** (1) 標本分散を母分散の代わりに用いるにはデータ数が少ないですが、不偏標本分散を用いて t 分布に基づく推定が可能です。ただし、精度は若干落ちます。

(2) $$t = \frac{402 - \widetilde{\mu}}{\sqrt{\dfrac{8}{11}}} = \frac{402 - \widetilde{\mu}}{0.8528028} \tag{10.B}$$

(3) 403 以上であればよいので、片側検定をしましょう。仮説：「$\widetilde{\mu} > 403$」とすると、式 (10.B) より $t < -1.173$ かどうかを確認する問題となります。

$\nu = 10$ の片側 90% 検定なので、表 10.2 より累積確率 0.40 に対応する $t_a$ の約 1.35（正確には 1.372184）の正負を逆転させて、$-1.35 \leq t$ であればよいとなります。$-1.173$ はその範囲内なので、仮説は棄却できません。標本平均以上の母平均も、場合によっては期待できるのです。

(4) この問題では $\widetilde{\mu}$ が未知数で、その範囲を求めるので、今度は両側検定します。

累積確率 0.45 に対応する $t_a = $ 約 1.82（正確には 1.812461）。したがって、確率 90% で $-1.82 \leq t \leq 1.82$、すなわち、式 (10.B) より

$$400.45433 \leq \widetilde{\mu} \leq 403.54567$$

となります。

(5) この問題では $\widetilde{\mu}$ の上限が設定されないので、片側検定をします。

確率 95% で $t_a$ は同じなので、$-1.82 \leq t$、すなわち

$$400.45433 \leq \widetilde{\mu}$$

となります。

仕様（満足すべき引張強度）は 400 MPa なので、十分では・ない・とは言え・ない、という結論になります。

章末問題 9.7（174 ページ）と比較してみましょう。推定範囲は標本数が少ない分、広くなっています。つまり不確実さが高くなっています。

**10.6** (1) $\overline{x} = 292.7$ [m]、$\sigma_x = 160.2$ [m$^2$]

(2) $t$ は式 (10.C) で計算され、自由度 $\nu = 3 - 1 = 2$ です。

$$t = \frac{292.7 - \mu}{\sqrt{\dfrac{160.2}{2}}} = \frac{292.7 - \mu}{8.95} \tag{10.C}$$

95% の両側推定をしますので、$-4.30 \leq t \leq 4.30$ より、

$$272.5 \leq \mu \leq 312.9$$

(3) 初心者とゴルフマニアでハンデを変えないと、ゲームとして面白くなくなってしまいます。

まず、初心者のハンデを考えてみます。このゴルファーは最低でも 272.5 m 飛ばしてくると考えてよいので、$272.5\,[\mathrm{m}] - 85\,[\mathrm{m}] = 187.5\,[\mathrm{m}]$ 以上のハンデは付けてあげたいところです。

次にマニアのハンデですが、同様にして $272.5\,[\mathrm{m}] - 135\,[\mathrm{m}] = 137.5\,[\mathrm{m}]$ 以上のハンデを設定するのでしょう。

あとは、景品を簡単にとられないように、お客のゴルフ体験度合をどう推し量るか……ゲーム参加の際にアンケート調査でもしてみるのがよいでしょう。

# 第11章

**11.1** (1) 自由度 $5 - 1 = 4$、信頼性係数が 95% ということは危険率が 5% なので、例 11.1 と同じく $Z_a = 9.48772904$ です。一方、$Z = 4 \times 0.42 \div 0.2 = 8.4$。

ギリギリですが、$Z < Z_a$ なので、「影響を受けたとは言えない」という結論になります。

(2) 自由度 $5 - 1 = 4$、危険率が 10% ということは信頼性係数が 90% なので、$Z_a = 7.77944034$ です。これに対応する標本分散の上限値は、$Z_a \times 0.34 \div 4 = 0.66$ です。

$$\therefore\ \sigma^2 \leq 0.66$$

(3) 自由度 $6 - 1 = 5$、この問題では母集団がわからないので、両側検定する必要があります。すなわち、片側危険率は 2.5% となり、2.5% に対応する $Z_a = 12.832502$、97.5% に対応する $Z_b = 0.83121162$ です。

したがって、母分散 $\tilde{\sigma}^2$ は $0.38 \times 5 \div Z_b = 0.148$ から $0.38 \times 5 \div Z_a = 2.286$ の間に、確率 95% で入ります。

**11.2** (1) 0.049787068

(2) $1 - 0.157299207 = 0.842700793$

(3) 7.6

(4) 67% に対応する 3.2。

**11.3** (1) 仮説：「過酷気象によりバラつきは変化していない」として、式 (11.7) に母分散 $\sigma^2 = 8.5$、本日の標本分散 $\sigma_x^2 = 11.7$、抽出数 $n = 3$ を代

入して、式 (11.A) の通り $Z = 4.13$ を得ます。

$$Z = {\chi_k}^2 = \frac{n\sigma_x^2}{\sigma^2} = \frac{3 \cdot 11.7}{8.5} = 4.13 \tag{11.A}$$

一方、自由度 $3 - 1 = 2$ における危険率 10% とは、表 11.1 より $Z$ = 約 4.6（正確には 4.606170186 です）に対応します。$4.13 < 4.6$ なので、事実は危険域には入っていません。すなわち、仮説は棄却できず「過酷気象によりバラつきは変化していないことはない」とは言えません。

(2) $Z = 4.13$ に対応する累積確率は表 11.1（193 ページ）より、約 0.13（正確には 0.12682 です）。すなわち、この程度以上の変動は 13% の確率で起こり得るので、珍事とは言いにくいことになります。

(3) 90% の確率に対応する $Z$ は約 4.6 なので、$\sigma^2 < 19.55$ であれば 90% の確率で起こり得ます。そして、8.5 も 11.7 も、この範囲内にあります。

(4) 抽出数 $n = 3$、標本分散 $\sigma^2 = 11.7$ を既知として、母分散 $\tilde{\sigma}^2$ を検定しましょう。

両側 90% 区間とは累積確率が 0.95 から 0.05 の区間であり、自由度 $\nu = 2$ においては約 $0.1 \leq Z \leq$ 約 6.0 の範囲となります。したがって、式 (11.A) より $5.85 \leq \sigma^2 \leq 351$ に 90% の確率で入ります。確かに、8.5 はこの範囲内にあり、(3) の結論と矛盾がありません。

**11.4** (1) 母分散 $\tilde{\sigma}^2$ の検定なので、信頼性 90% とは両側 90% 検定を意味します。すなわち、累積確率値 $a$ が 0.05〜0.95 に対応する、

$$\chi_{n-1}^2(0.95) \leq Z \leq \chi_{n-1}^2(0.05)$$

を求めます。ここで、$\chi_{n-1}^2(0.05)$ とは、表 11.1 において、自由度 $\nu = n - 1$、累積関数値 $a = 0.05$ となる変数値です。

(2) **表 11.A**（次ページ）の通り。

- 分散：標本数 $n$ と標本不偏分散（表では「不偏分散」と表記）$\tilde{\sigma}^2$ から標本分散（表では「分散」と表記）$\sigma^2$ をまず計算します。
- 推定幅：0.95 対応値（検定上限母分散値）$\tilde{\sigma}^2(0.95)$ から 0.05 対応値（検定下限母分散値）$\tilde{\sigma}^2(0.05)$ を引いた値です。
- 対応値の空欄：$n = 5$ と 10 における対応値、すなわち予測母分散 $\tilde{\sigma}^2$ は、(1) に基づいて計算します。$\chi_{5-1}^2(0.05) = 9.49$（表 11.1 からは約 9.4 と読み取ればよいです）、$\chi_{10-1}^2(0.95) = 3.33$（同じく約 3.3 です）であり、対応値としての予測母分散

**表 11.A　標本集団の情報と母分散の推定範囲一覧（完全版）**

| 標本数 | 分散 | 不偏分散 | 推定幅 | 0.95 対応値 | 0.05 対応値 |
|---|---|---|---|---|---|
| 2 | 5.00 | 10 | 2540.541 | 2.603 | 2543.144 |
| 3 | 6.67 | 10 | 191.619 | 3.338 | 194.957 |
| 4 | 7.50 | 10 | 81.426 | 3.839 | 85.264 |
| 5 | 8.00 | 10 | 52.065 | 4.216 | 56.281 |
| 6 | 8.33 | 10 | 39.133 | 4.517 | 43.650 |
| 7 | 8.57 | 10 | 31.924 | 4.765 | 36.689 |
| 8 | 8.75 | 10 | 27.321 | 4.976 | 32.298 |
| 9 | 8.89 | 10 | 24.117 | 5.159 | 29.276 |
| 10 | 9.00 | 10 | 21.747 | 5.319 | 27.067 |
| 11 | 9.09 | 10 | 19.916 | 5.462 | 25.379 |
| 12 | 9.17 | 10 | 18.454 | 5.591 | 24.045 |

$$\widetilde{\sigma}^2 = n\sigma^2 \div \chi^2$$

です。

(3) 標本数 $n$ が増えると、母分散 $\widetilde{\sigma}^2$ 推定幅（表では「推定幅」と表記）は急激に狭まり、$n \to \infty$ で

母分散 $\widetilde{\sigma}^2 \to$ 標本不偏分散 $\breve{\sigma}^2 =$ 標本分散 $\sigma^2$

（∵ $n \to \infty$ で標本分散 $\sigma^2 \to$ 母分散 $\widetilde{\sigma}^2$、かつ

標本不偏分散 $\breve{\sigma}^2 \to$ 標本分散 $\sigma^2$）

したがって、標本を作り、分散 $\sigma^2$ または不偏分散 $\breve{\sigma}^2$ が計算された場合、その値がどれほど真実に近いかは、やはり標本数 $n$ に本質的に依存していることがわかります。90% の両側推定では、$n = 10$ で、計算された標本不偏分散 $\breve{\sigma}^2$ の値の概ね 2 倍の範囲内に、母分散 $\widetilde{\sigma}^2$ が検定できるイメージです。

**11.5** (1) 誤

母平均の予測には、標準正規分布または t 分布を用います。カイ二乗分布は、母分散の予測に用います。

(2) 誤

カイ二乗分布は左右対称ではありません。t 分布と、ついでながら正規分布は左右対称です。

(3) 正

ただし、近づき方はゆっくりです。

(4) 正

　　99% の確率で入る領域のほうが、90% で入る領域より広いです。

(5) 正

　　母集団の予測は、結果から原因を予測することなので、全て検定と言ってよいですし、仮説を立てる予測は一般的に検定と言います。

　　参考まで、他方で、標本集団の評価には仮説は要りません。

# 第 12 章

**12.1** ウェルチの t 検定の問題です。

(1) 表 12.A の通り。

(2) 標本集団（標本データ）

(3) 母集団（母データ）

(4) ウェルチの t 検定

(5) 日本人母親の身長の母平均と、白人母親の身長の母平均。

(6) $t = \dfrac{(160.1 - 168.1)}{\sqrt{\dfrac{19.9}{9} + \dfrac{80.1}{9}}} = -2.42$

(7) $-2.42 \leq t \leq 2.42$ となる確率は、自由度 18 の t 分布では 97.4%。

(8) $t$ が 97.4% これより大きくなる（= 標本身長差が大きくなる）確率は、2.6%。

　　5% 以下なので、人種間の身長差がないとした前提では、大変珍し

**表 12.A　F 市在住の日本人と白人の母親の身長一覧（答え）**

| | 日本人の母親 | | | | 白人の母親 | | |
|---|---|---|---|---|---|---|---|
| 名前 | 身長 | | | 名前 | 身長 | | |
| | 元値 | 偏差 | 偏差$^2$ | | 元値 | 偏差 | 偏差$^2$ |
| 百合江 | 158.2 | −1.9 | 3.5 | Scarlett | 158.4 | −9.7 | 94.7 |
| 弥　生 | 162.3 | 2.2 | 5.0 | Patricia | 174.8 | 6.7 | 44.5 |
| 優　美 | 168.2 | 8.1 | 66.1 | Helen | 159.6 | −8.5 | 72.8 |
| 花　蓮 | 158.3 | −1.8 | 3.1 | Lune | 177.8 | 9.7 | 93.5 |
| 冴由里 | 159.8 | −0.3 | 0.1 | Rose | 174.1 | 6.0 | 35.6 |
| 真理子 | 155.7 | −4.4 | 19.1 | Irina | 157.3 | −10.8 | 117.3 |
| 雪　子 | 151.9 | −8.2 | 66.7 | Romy | 169.6 | 1.5 | 2.2 |
| 雅　美 | 165.8 | 5.7 | 32.8 | Micaela | 156.8 | −11.3 | 128.4 |
| 美　和 | 161.4 | 1.3 | 1.8 | Aurora | 182.5 | 14.4 | 206.5 |
| 鋭利子 | 159.1 | −1.0 | 0.9 | Emma | 170.4 | 2.3 | 5.2 |
| 平均値 | 160.1 | 分散 | 19.9 | 平均値 | 168.1 | 分散 | 80.1 |

い現象が起きています。と言うことは、その前提を破棄せざるを得ません。人種差が存在しないとは言えません。

**12.2** ピアソンのカイ二乗検定のうち、適合度検定の問題です。

(1) 同じ枚数ずつあるので、4枚ずつです。

(2) ピアソンのカイ二乗検定（適合度検定）。

(3) $\chi^2 = \frac{(6-4)^2}{4} + \frac{(3-4)^2}{4} + \frac{(2-4)^2}{4} + \frac{(1-4)^2}{4} = 4.67$

(4) 0.198

(5) この手札よりもさらに不ぞろいになる確率が19.8%あります。

5%より高いので、この手札は不ぞろいではありますが、珍しいとまでは言えません。

第2章の章末問題2.3（39ページ）と同じ状況です。比較してみましょう。

**12.3** ピアソンのカイ二乗検定のうち、独立性検定の問題です。

(1) 表12.Bに理想値を、表12.CにZ値を一覧で示します。

$$f_{21}^* = 41 \times 92 \div 195 = 19.34$$

などとなります。

(2) 対応する累積分布値 = 0.178。10%検定をしても、独立とは言えません。

すなわち、選択される飲み物とケーキの間には相関があります。

**表 12.B　類題 12.1 の理想値**

| $Z_{ij}$ | チョコレート | イチゴ | チーズ | 合計 |
|---|---|---|---|---|
| コーヒー | 0.006 | 0.867 | 0.948 | 1.8209 |
| 紅茶 | 0.005 | 0.775 | 0.846 | 1.6264 |
| 合計 | 0.012 | 1.642 | 1.794 | 3.4473 |

**表 12.C　類題 12.1 の Z 値**

| $f_{ij}^*$ | チョコレート | イチゴ | チーズ | 合計 |
|---|---|---|---|---|
| コーヒー | 19.34 | 40.1 | 32.55 | 92 |
| 紅茶 | 21.66 | 44.9 | 36.45 | 103 |
| 合計 | 41 | 85 | 69 | 195 |

(3)
$$Z_{i=1} = \frac{195^2}{92 \cdot 103} \left\{ \left(\frac{19^2}{41}\right) + \left(\frac{46^2}{85}\right) + \left(\frac{27^2}{69}\right) - \left(\frac{92^2}{195}\right) \right\}$$
$$= 3.4473$$

$$Z_{i=2} = \frac{195^2}{92 \cdot 103} \left\{ \left(\frac{22^2}{41}\right) + \left(\frac{39^2}{85}\right) + \left(\frac{42^2}{69}\right) - \left(\frac{103^2}{195}\right) \right\}$$
$$= 3.4473$$

これらの式でも同様に $Z$ 値を出せますので、参考までに出題しました。公式として覚えておいてもよいでしょう。

**12.4** (1)　$1 - 0.415227 = 0.584773$

(2)　$1.0$

(3)　自由度が $(5, 1)$ のときの $F = 0.1$ の場合の累積分布値は、$0.764605$。問題の $F$ の場合の累積分布値は、$1 - 0.764605 = 0.235395$。

　　したがって、自由度が $(1, 5)$ のときの、$F = 10$ の場合の累積分布値です。

　　自由度が入れ替わると言うことは、分子と分母が入れ替わることなので、結局、同じ現象に着目しています。他方、分子と分母の値が乖離した際の F 値の変化の方向が逆なので、累積分布値は足したら 1 になります。この特徴は、F 分布の重要な特徴の一つです。

(4)　$F(9, 5) = \frac{5}{7} \cdot \frac{20}{4} = 3.57$

　　表 12.10（218 ページ）から、大体 $0.087$ 位（実際には $0.0874$）であることがわかります。

**12.5**　ピアソンのカイ二乗検定のうち、適合度検定の問題です。

(1)　$Z = \chi^2 = \frac{(x - 50)^2}{50} + \frac{\{(100 - x) - 50\}^2}{50}$
　　$= \frac{x^2 - 100x + 2500}{25}$

(2)　この場合、男女どちらが多くても題意に沿わないですが、実は両側ではなく片側 5% 危険率です（理由は後述）。つまり、カイ二乗累積確率値が 0〜0.95 に対応する $Z$ を計算します。ここで、自由度 $= 2 - 1 = 1$ です（∵ 性を男女いずれかと考えます）。表 11.1（193 ページ）より、0.05 に対応する $Z_a = 3.9$（3.6 と 4.0 の間で 4.0 に近いので。正確には 3.9894228）。

　　$\therefore \dfrac{x^2 - 100x + 2500}{25} \leq 4$

これを解いて、$(x-50)^2 \leq 100$、すなわち

$$-10 \leq x - 50 \leq 10$$

$$\therefore\ 40 \leq x \leq 60\ \text{〔人〕}$$

おや、片側検定だったにもかかわらず、男 < 女 の場合も、男 > 女 の場合も答えとして出ました。

　もし両側検定をしたら、$0.025 \sim 0.975$ が範囲なので、0.025 に対応する $Z_a = 5$（4.8 と 5.2 の間。正確には 5.02388647）、0.975 に対応する $Z_b = 0.001$（0.000 と 0.002 の間。正確には 0.000982069）より、図 12.A（次ページ）に示すように、

$$0.001 \leq \frac{x^2 - 100x + 2500}{25} \leq 5$$

と二つの連立不等式になります。$x = 50$ というまっとうな値が範囲外、すなわち、危険領域内とみなされるので、明らかに不適切です。$Z$ の計算に $x$ の 2 乗が出てくるのでこうなります。カイ二乗分布の特徴の一つです。

　参考までに、解くべき方程式は

$$0.025 \leq (x-50)^2 \leq 125$$

であり、すなわち、次の二つの連立方程式を解くことになります。

$$\begin{cases} ① & 0.025 \leq (x-50)^2 \\ ② & (x-50)^2 \leq 125 \end{cases}$$

①：$x - 50 \leq -0.158$ または $0.158 \leq x - 50$ より、$x \leq 4842$ または $50.158 \leq x$。

②：$-11.08 \leq x - 50 \leq 11.08$ より、$38.92 \leq x \leq 61.08$。

　これらの積集合が解なので、$50.158 \leq x \leq 61.08$ となります。$x$ は人なので、端数をなくして $51 \leq x \leq 61$ です。おかしな答えですね。

(3)　これも片側ですが、今後は 男 < 女 の場合のみを問われていますので、最後に可能性をさらに半分にします。

　カイ二乗累積確率値が $0.99\sim$ に対応する $Z$ を計算することになります。表 11.1 より同様に、0.01 に対応する $Z_a = 6.6$（正確には 6.634896712）。

$$\therefore\ 6.6 \leq \frac{x^2 - 100x + 2500}{25}$$

これを解くと、$165 \leq (x-50)^2$ より、$x - 50 \leq -12.85$ または $12.85 \leq x - 50$。男 < 女 なので、$x < 27$〔人〕。

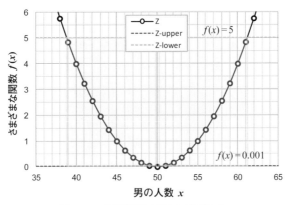

**図 12.A　両側検定の解を示すグラフ**

　　ここで可能性を半分にするので元々片側 2% で推定すべきと言う意見も当然ありますが、取りあえず数字に従って答えを出して、これはさらに半分の 0.5% 分の事象であると理解できれば、それでよいです。

**12.6**　ウェルチの t 検定の問題です。

$$t = \frac{785 - 792}{\sqrt{\dfrac{2507}{35} + \dfrac{3387}{34}}} = 1.167$$

（自由度）$= (35 - 1) + (34 - 1) = 67$

　標準正規分布で代用してよいので、表 10.2（そもそも自由度 67 の値は載せていません）ではなく表 6.1（121 ページ）を用いて、両側 5% 危険率範囲は $-1.96 \sim 1.96$（すでに散々出てきましたが、累積確率 0.475 に対応する確率変数が 0.06 と 0.07 の間なので。正確には 1.959963985）。

　1.167 はこの範囲に入っていますので、学力レベルに差はないとみてよいでしょう。

**12.7** (1), (2)　表 12.D の通り。

**表 12.D　ある機械の破損履歴（完成版）**

| 機械番号 | 故障時間 | 故障確率 | | ワイブル変数 | |
|---|---|---|---|---|---|
| | 〔h〕 | $N_{liv}$ | $F_{ave}$ | $X$ | $Y$ |
| 3 | 620 | 1 | 0.0909 | 6.4304 | −2.3508 |
| 7 | 789 | 2 | 0.1818 | 6.6715 | −1.6062 |
| 1 | 1230 | 3 | 0.2727 | 7.1155 | −1.1443 |
| 6 | 1344 | 4 | 0.3636 | 7.2042 | −0.7941 |
| 10 | 1458 | 5 | 0.4545 | 7.2856 | −0.5006 |
| 2 | 1793 | 6 | 0.5455 | 7.4924 | −0.2376 |
| 8 | 2359 | 7 | 0.6364 | 7.7668 | 0.0116 |
| 9 | 2789 | 8 | 0.7273 | 7.9343 | 0.2619 |
| 5 | 3671 | 9 | 0.8182 | 8.2091 | 0.5336 |
| 4 | 4028 | 10 | 0.9091 | 8.3019 | 0.8748 |

(3)　図 12.B を参照。$m$ は回帰直線の傾きなので 1.59。
また、$b = -m \ln \eta$ なので、$\eta = 2328$。

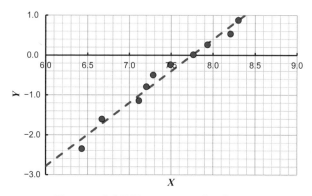

**図 12.B　章末問題 12.7 のワイブルプロット**

**12.8**　ほんの参考まで、この解答には採点基準例を付記しておきます。

| | |
|---|---|
| 　母分散が等しいかどうかわからないので、<u>ウェルチの t 検定</u>を行います。まず、t 値を出します。その際、①母分散と標本分散を等しいとして、②不偏分散を用いるので人数から 1 を引き、分散をそのまま使い、式の形を間違わないようにします。 | ウェルチの t 検定：1 点<br>①：1 点<br>②：1 点<br>t を求める式：1 点 |

$$t = \frac{49.3 - 47.6}{\sqrt{\dfrac{95.2}{(100-1)} + \dfrac{114.8}{(100-1)}}} = 1.167$$

| | |
|---|---|
| この値は、t 検定をしてしまうと 1.173 になります。 | t の計算：2 点<br>不注意ミスなど減点。<br>t 検定をした場合、<br>1.173 で 2 点与える。 |
| 　危険率の指定がないので、逆にこの _t_ 値がどの程度の両側危険率に対応しているかを調べます。 | t の使い方：1 点 |
| 　$t = 1.167$（t 検定では 1.173）は、両側危険率約<u>24.5%</u>（t 検定では 24.2%）に対応。大抵の表には自由度 198 までは掲載されていないので、正規分布で代用してかまいません。正規分布では 24.3%（t 検定では 24.1%）になります。 | 24.5%（24.3%）：1 点<br>t 検定をした場合、<br>24.2%（24.1%）で<br>1 点与える。 |
| 　以上より、24.5% の確率で「同じ母平均の場合であっても<u>もっと外れる</u>」ので、例えば危険率 10% の検定をしたとしても、これでは母平均に優位差がある（＝ダイエット食品の効果があった）とは言えません。 | もっと外れる：1 点<br>結論：1 点<br>**【合計 10 点】** |

**12.9**　(1) $\dfrac{t}{\eta}$

　　　　　時間とともに破損確率が比例して上がっていきます。

(2) 破損確率の反比例係数。すなわち、大きいほど、破損確率の時間変化が小さいことを意味します。

(3) その機械（系）全体を構成する部品（弱点の可能性）の数。多いほど局所的な原因が全体に悪影響を及ぼす確率が高くなります。$m = 0$ のときには局所的原因がなくなり、時間変化もなくなります。

**12.10**　(1) メンデルの法則では、血液型 OA と OB の両親からは、全ての血液型が確率 25% で出現します。

(2) $Z = \chi^2 = \dfrac{(29-25)^2}{25} + \dfrac{(19-25)^2}{25} + \dfrac{(33-25)^2}{25} + \dfrac{(19-25)^2}{25}$
$= 6.08$

(3) 自由度は $4 - 1 = 3$。$Z \geq 6.08$ に対応する累積確率は約 11%。
危険率 10% 推定では珍事とは言えませんが、危険率 15% 推定では珍事となります。一般的には危険率は 10% 以下なので、まあ珍事とは言えないでしょう。

**12.11** ●女子：変動 $S = 100.07$、自由度 $\nu = 5$ より、不偏分散 $\overset{\smile}{\sigma}^2 = 20.01$
●男子：変動 $S = 66.90$、自由度 $\nu = 5$ より、不偏分散 $\overset{\smile}{\sigma}^2 = 13.38$
したがって、$\dfrac{20.01}{13.38} = 1.50$ は $F(5, 5)$ に従います。
この値は、表 12.10 を見ると、累積確率値が 0.333610 に対応しています。
したがって、女子のバラつきがこれ以上になる確率、あるいは男子のバラつきがこれ以下になる確率は 33.4% で、珍事とは言えないでしょう。

**12.12** ほんの参考まで、(1) の解答には採点基準例を付記しておきます。

(1) A 市の賛成者割合 $p_A = \dfrac{71}{125}$、反対者割合 $(1 - p_A)$ $= \dfrac{125 - 71}{125}$ です。また、B 市は $p_B = \dfrac{93}{208}$、$(1 - p_B) = \dfrac{208 - 93}{208}$ です。 | $p_A,\ (1 - p_A),\ p_B,$ $(1 - p_B)$：各 1 点

これは、二者択一問題なので、二項分布です。そして、人数が多く、確率が 0.5 に近いので、平均が $np$、分散が $np(1-p)$ の正規分布で近似できます。 | 理由と二項分布：各 1 点  理由、平均、分散、正規分布：各 1 点

$t = \dfrac{(p_A n_A - p_B n_B) - 0}{\sqrt{\dfrac{p_A (1 - p_A) n_A}{n_A - 1} + \dfrac{p_B (1 - p_B) n_B}{n_B - 1}}}$ | $t$ を求める式：1 点  $t$ の値：2 点  $t$ の計算：2 点  不注意ミスなど減点。

$= \dfrac{\left(\dfrac{71}{125} 125 - \dfrac{93}{208} 208\right) - 0}{\sqrt{\dfrac{\dfrac{71}{125}\dfrac{54}{125} 125}{125 - 1} + \dfrac{\dfrac{93}{208}\dfrac{115}{208} 208}{208 - 1}}}$

$= 0.1716875$

両側危険率 5% を設定します。ここまで標本数が多ければ、表 6.1（121 ページ）を参照できます。累積確率値が <u>0.025</u>に対応する $x_a$ のは <u>1.96</u>で、<u>0.17</u> は <u>−1.96〜1.96 の範囲に入っている</u>ので、<u>「賛成率に乖離かある」と言う仮説は支持されません</u>ので、棄却します。

| |
|---|
| 両側：1 点 |
| 正規分布を使用可：1 点 |
| 0.025、1.96：各 1 点 |
| 理由：1 点 |
| 結論：1 点 |
| **【合計 21 点】** |

(2) 試しに代表者を全員足してみましょう。$125 + 208 = 333$〔人〕中、$71 + 93 = 164$〔人〕が賛成意見だったので、$164 \div 333 = 0.4925$ という五分五分の結果だったわけです。

　これでは、全住民を対象に全員投票をしないといけないかもしれません。もし、その結果やはり五分五分だったとしたら、折衷案の議論をしないといけないでしょう。

# 本書の数値の表現について

　数式中の数値の表現については、以下の通りに統一させていただきます。循環小数は循環小数表記を致します。また、数値イメージしにくい無理数等は、参考値として近似数値を ( ) で追記させていただきます。

　《例》 $= \dfrac{1}{13.\dot{3}}$

　《例》 $= \sqrt[5]{\dfrac{122}{100}} (\approx 1.041)$

　ここで、小数点以下桁数は、工学においては状況次第で決定されるべきです。例えば最小加工単位 0.001 の精密な加工に参照する場合にはそれより 1 桁小さい値が必要ですし、人数等の自然数が問題であれば小数点以下 1 桁が妥当ということになります。0.50 と 0.5 は、数値としては同じでも工学においては意味が違うのです。

　また、工学においては現場で汚れが付いたり、資料の印刷や複写をする際に紙に染みが付く可能性があります。数学でよく用いる・等の記号の使用は余り好ましくありません。したがって、循環小数は適切な桁で四捨五入することも多くなります。

　《例》 $166.\dot{6}$ と書かずに 166.7 と書く。

　斯様に、数式においては数学的な書き方をしながら、文章や表中では工学的な観点から敢えて近似値で表記すべきときもあることをご理解いただければ幸いです。

　表現には充分注意したつもりではありますが、至らない点もあるかと存じます。その際にはご指摘いただければ幸いです。

# 参考文献

1) K. M. Adhikari: "Body Mass Index: An Emerging Age-Independent Anthropometric Criteria", *Indian Pediatrics*, 36 (1999) pp. 612–613.
2) WHO: "BMI classification".
3) Viltor Mayer Schönberger, Kenneth Cukier, 斎藤栄一郎 訳："ビッグデータの正体", 講談社.
4) Hirotoshi Hishida: "Study on Viscoplastic Constitutive Equation and Its Application to Some Engineering Problems", 東京大学大学院工学系研究科博士論文 (1992).
5) 矢川元基 編："ニューラルネットワーク", 計算力学と CAE シリーズ, 倍風館.
6) 岡谷貴之："深層学習", 機械学習プロフェッショナルシリーズ, 講談社.
7) 馬場口登, 山田誠二："人工知能の基礎", 第 2 版, オーム社.
8) 木舩蒼馬, 菱田博俊, 齋藤和博, 河野 淳, 菱田啓子："イヤフォン難聴のメカニズムの工学的アプローチの試み", 産業保健人間工学会, 産業保健人間工学会第 23 回大会, 平成 30 年 10 月 13～14 日, 近畿大学, No. 1-1, 産業保健人間工学 (2018) pp. 19–22.
9) 菱田博俊, 桑田明徳, 菱田啓子："音の心地良い聴覚情報としての有効活用の試行——第一報 音響難聴に関する諸調査および諸考察", 産業保健人間工学会, 12, 産業保健人間工学会第 15 回大会抄録集, 産業保健人間工学会, 2010 年 10 月 2 日～3 日, 近畿大学本部キャンパス (2010-10) pp. 68–71.
10) 菱田博俊, 菱田啓子："あなたの耳大丈夫？", 令和元年鎌倉市民健康セミナー, 令和元年 8 月 22 日及び 24 日, 鎌倉市深沢学習センター及び鎌倉市第一小学校 (2019).
11) 林 周二："統計学講義", 第 2 版, 丸善.
12) 栗原伸一, 丸山敦史："統計学図鑑", オーム社.
13) 斎藤 毅："集合と位相", 大学数学の入門 8, 東京大学出版会.
14) 国沢清典："確率論とその応用", 岩波全書 (1982).
15) 福島正俊："確率論", 裳華房 (1998).
16) 野矢茂樹："論理トレーニング 101 題", 産業図書 (2001).
17) IT 用語辞典の Web サイト：e-words.jp
18) 菱田博俊："わかりやすい材料学の基礎", 成山堂 (2012) pp. 41–42.
19) 菱田博俊, 御法川 学, 直井 久："機械デザイン", コロナ社 (2002) p. 118.
20) 菱田博俊, 御法川 学, 直井 久："機械デザイン", コロナ社 (2002) pp. 84–86.
21) 菱田博俊："青少年の為の統計学入門", 現代図書 (2015) pp. 145–149.
22) 菱田博俊："青少年の為の統計学入門", 現代図書 (2015).
23) 総務省統計局："身長と体重の平均値", 21 章「保健衛生」.
24) 菱田博俊："身長と体重の統計データ" (2014).
25) 国税庁長官官房企画課："民間給与実態統計調査（平成 22 年分）" (2011).
26) 菱田博俊："身長と体重の統計データ" (2017).
27) 気象庁："東京の日平均記憶の付き平均値", 国土交通省 (2019).

28) 菱田博俊：“大学生の英語の能力と関心の統計データ” (2014).

29) 菱田博俊：“中学校成績の統計データ” (2014).

30) 総務省統計局；“日本人の身長と体重” (2019).

31) OECD：“Society at a Glance 2009”, Asia/Pacofoc 2011 (2011).

32) 編/佐藤方彦：“日本人の事典”, 朝倉書店 (2003).

33) 株式会社ワコール：“World Women Now〜世界女性のこころとからだ〜調査”, Wacoal Communication (2002-11).

34) 河内まき子：“AIST 人体寸法データベース 1991–92 解説書”, 産業技術総合研究所 (2005-1) pp. 28–46.

35) Hirotoshi Hishida, Masakatsu Ueno, Kazuhiro Higuchi, Takashi Hatakeyama: “Prediction of Helical/Sinusoidal Buckling”, IADC/SPE (Int. Assoc. of Dril. Contractors/Soc. Of Pet. Engineers) *Asia Pacifoc Dril., Tech. Conf.*, Kuala Lumpur, Malaysia, IADC/SPE (1996-8) pp. 175–184.

36) 菱田博俊, 直井 久, 山崎智史：“直管材に関する座屈式およびその運用方法”, 配管技術, 804/60-2 (2018) pp. 6–13.

37) 菱田博俊, 御法川 学, 直井 久：“機械デザイン”, コロナ社 (2002) pp. 59–60.

38) 菱田博俊：“青少年の為の統計学入門”, 現代図書 (2015) pp. 41–42.

39) 菱田博俊, 御法川 学, 直井 久：“機械デザイン”, コロナ社 (2002) pp. 115–116.

40) 菱田博俊：“わかりやすい材料学の基礎”, 成山堂 (2012) pp. 53–55.

41) 菱田博俊, 御法川 学, 直井 久：“機械デザイン”, コロナ社 (2002) pp. 101–104.

42) 菱田博俊, 御法川 学, 直井 久：“機械デザイン”, コロナ社 (2002) pp. 111–112.

43) 菱田博俊：“わかりやすい材料学の基礎”, 成山堂 (2012) pp. 56–57.

44) Siméon Denis Poisson: “Recherches sur la probabilite des jugements (Researches on the Probabilities)” (1837).

45) Владислав Иосифович Борткевич: “Das Gesetz der kleinen Zahlen (The Law of Small Numbers)”, Leipzig (1898).

46) teramonagi (Twitter ID: @teramonagi)：“ポアソン分布と指数分布のいけない関係”, 第 20 回 R 勉強会＠東京 (2012-1).

47) 東京大学教養統計学講座, 講義ノート (1983).

48) JIS-Z8115:2000：“信頼性用語 Glossary of Terms Used in Reliablity”.

49) NASA SSP 30000 S. 9.

50) 菱田博俊：“わかりやすい材料学の基礎”, 成山堂 (2012) pp. 23–25.

51) 清水良一：“中心極限定理”, シリーズ新しい応用の数学 (14), 教育出版 (1976).

52) 菱田博俊, 御法川 学, 直井 久：“機械デザイン”, コロナ社 (2002) pp. 84–89.

53) 菱田博俊：“わかりやすい材料学の基礎”, 成山堂 (2012) pp. 155–172.

54) 菱田博俊：“わかりやすい材料学の基礎”, 成山堂 (2012) pp. 41–44.

55) 菱田博俊：“わかりやすい材料学の基礎”, 成山堂 (2012) p. 71.

56) 列国議会同盟：“一院制又は下院議会の女性議員比率 2018 年版” (2019-3).

57) 菱田博俊：“青少年のための統計学入門”, 現代図書, pp. 80–81.

58) 菱田博俊：“青少年のための統計学入門”, 現代図書, pp. 91–93.

59) 菱田博俊：“青少年のための統計学入門”, 現代図書, pp. 126–130.

# 索　引

〈著者略歴〉

**菱 田 博 俊**（ひしだ　ひろとし）

工学院大学 工学部 機械工学科 人間工学研究室 准教授
　　　大学院工学系研究科 システムデザイン専攻 副専攻長
1992年　東京大学 大学院工学系研究科 原子力工学専攻 博士課程 修了
1992年　新日本製鐵株式会社 技術開発本部
1998年　法政大学工学部・理工学部、法政大学 大学院工学系研究科 兼任講師
2010年より現職

理工系のための数学入門
確率・統計

| 2020 年 4 月 6 日 | 第 1 版第 1 刷発行 |
| 2024 年 2 月 10 日 | 第 1 版第 2 刷発行 |

著　　者　菱 田 博 俊
発 行 者　村 上 和 夫
発 行 所　株式会社 オーム社
　　　　　郵便番号　101-8460
　　　　　東京都千代田区神田錦町 3-1
　　　　　電話　03(3233)0641(代表)
　　　　　URL　https://www.ohmsha.co.jp/

© 菱田博俊 2020

組版 Green Cherry　印刷・製本　壮光舎印刷
ISBN978-4-274-22514-7　Printed in Japan

**本書の感想募集**　https://www.ohmsha.co.jp/kansou/
本書をお読みになった感想を上記サイトまでお寄せください。
お寄せいただいた方には、抽選でプレゼントを差し上げます。